高等职业教育系列教材

电气控制与PLC

主　编　徐乐文　蒋蒙安

副主编　王晓娟　耿秀明　柳智鑫

参　编　李　岩　邢树忠　杨打生

机 械 工 业 出 版 社

全书共分 6 个模块：模块 1 为开篇导学，主要介绍了常用低压电器的工作原理和使用方法，以及 PLC 的基础知识；模块 2 为低压电器基本控制电路及 S7-200 PLC 基本指令应用，通过 10 个任务介绍了基本电气控制电路及 PLC 实现方法；模块 3 为步进顺序控制方法及其应用，通过 4 个任务介绍了顺序控制系统设计方法和步进指令及其应用；模块 4 为 S7-200 的功能指令及其应用，也通过 4 个任务介绍了常用功能指令及其应用，并简单地介绍了变频器的工作原理及应用；模块 5 为 PLC 的功能模块及通信，通过 6 个任务介绍了其功能；模块 6 为实验与实训项目，共有 10 个项目可供实验与实训使用。

　　本书适用于高职电气自动化、机电一体化、楼宇智能化和应用电子技术等相关专业教学使用，也可供有关工程技术人员阅读参考使用。

　　为配合教学，本书配有电子课件，读者可以登录机械工业出版社教材服务网 www.cmpedu.com 免费注册后下载，或联系编辑索取（QQ：1239258369，电话（010）88379739）。

图书在版编目（CIP）数据

电气控制与 PLC / 徐乐文，蒋蒙安主编．—北京：机械工业出版社，2014.1（2021.7 重印）
高等职业教育系列教材
ISBN 978-7-111-45422-9

Ⅰ．①电…　Ⅱ．①徐…②蒋…　Ⅲ．①电气控制—高等职业教育—教材②p1c 技术—高等职业教育—教材　Ⅳ．①TM571.2②TM571.6

中国版本图书馆 CIP 数据核字（2014）第 007658 号

机械工业出版社（北京市百万庄大街 22 号　邮政编码 100037）
责任编辑：刘闻雨　曹帅鹏
责任印制：张　博

涿州市般润文化传播有限公司印刷

2021 年 7 月第 1 版·第 7 次印刷
184mm×260mm·18.5 印张·457 千字
标准书号：ISBN 978-7-111-45422-9
定价：55.00 元

电话服务

客服电话：010-88361066
　　　　　010-88379833
　　　　　010-68326294

封底无防伪标均为盗版

网络服务

机 工 官 网：www.cmpbook.com
机 工 官 博：weibo.com/cmp1952
金 书 网：www.golden-book.com
机工教育服务网：www.cmpedu.com

高等职业教育系列教材机电类专业
委员会成员名单

出 版 说 明

《国家职业教育改革实施方案》（又称"职教 20 条"）指出：到 2022 年，职业院校教学条件基本达标，一大批普通本科高等学校向应用型转变，建设 50 所高水平高等职业学校和 150 个骨干专业（群）；建成覆盖大部分行业领域、具有国际先进水平的中国职业教育标准体系；从 2019 年开始，在职业院校、应用型本科高校启动"学历证书+若干职业技能等级证书"制度试点（即 1+X 证书制度试点）工作。在此背景下，机械工业出版社组织国内 80 余所职业院校（其中大部分院校入选"双高"计划）的院校领导和骨干教师展开专业和课程建设研讨，以适应新时代职业教育发展要求和教学需求为目标，规划并出版了"高等职业教育系列教材"丛书。

该系列教材以岗位需求为导向，涵盖计算机、电子、自动化和机电等专业，由院校和企业合作开发，多由具有丰富教学经验和实践经验的"双师型"教师编写，并邀请专家审定大纲和审读书稿，致力于打造充分适应新时代职业教育教学模式、满足职业院校教学改革和专业建设需求、体现工学结合特点的精品化教材。

归纳起来，本系列教材具有以下特点：

1) 充分体现规划性和系统性。系列教材由机械工业出版社发起，定期组织相关领域专家、院校领导、骨干教师和企业代表召开编委会年会和专业研讨会，在研究专业和课程建设的基础上，规划教材选题，审定教材大纲，组织人员编写，并经专家审核后出版。整个教材开发过程以质量为先，严谨高效，为建立高质量、高水平的专业教材体系奠定了基础。

2) 工学结合，围绕学生职业技能设计教材内容和编写形式。基础课程教材在保持扎实理论基础的同时，增加实训、习题、知识拓展以及立体化配套资源；专业课程教材突出理论和实践相统一，注重以企业真实生产项目、典型工作任务、案例等为载体组织教学单元，采用项目导向、任务驱动等编写模式，强调实践性。

3) 教材内容科学先进，教材编排展现力强。系列教材紧随技术和经济的发展而更新，及时将新知识、新技术、新工艺和新案例等引入教材；同时注重吸收最新的教学理念，并积极支持新专业的教材建设。教材编排注重图、文、表并茂，生动活泼，形式新颖；名称、名词、术语等均符合国家有关技术质量标准和规范。

4) 注重立体化资源建设。系列教材针对部分课程特点，力求通过随书二维码等形式，将教学视频、仿真动画、案例拓展、习题试卷及解答等教学资源融入到教材中，使学生学习课上课下相结合，为高素质技能型人才的培养提供更多的教学手段。

由于我国高等职业教育改革和发展的速度很快，加之我们的水平和经验有限，因此在教材的编写和出版过程中难免出现疏漏。恳请使用本系列教材的师生及时向我们反馈相关信息，以利于我们今后不断提高教材的出版质量，为广大师生提供更多、更适用的教材。

机械工业出版社

前　言

　　"电气控制与 PLC"是高职高专电类专业重要的专业课之一，它不仅包括电气控制技术的一些相关基础知识，还包括 PLC 原理及应用。PLC 的出现大大简化了复杂的继电接触器控制系统，是当今电气自动化领域中不可替代的智能控制器件。

　　本书按照国家"十二五"规划对高职教育发展提出的要求，是为了探索校企合作，产、学研相结合，以项目为导向，任务为驱动的工学结合，教、学、做一体化的教学模式而编写的。在阐述电气控制与 PLC 相关知识的同时，力求培养学生的动手能力和实际操作能力。

　　全书共分 6 个模块。主要以电气控制电路、西门子 PLC 为重点介绍常用电气控制电路的设计和安装，包括从硬件设计、安装到软件编程、调试和运行的全过程。模块 1 为开篇导学，主要讲解常用低压电器元器件和 PLC 的基础知识；模块 2 为 10 个任务，主要以项目为载体讲解电气控制电路的安装、调试和西门子 S7-200 PLC 基本指令及应用；模块 3 为 4 个任务，主要以项目为载体讲解西门子 S7-200 PLC 顺序控制系统的设计方法和步进控制指令及应用；模块 4 也为 4 个任务，主要以项目为载体讲解西门子 S7-200 PLC 功能指令及应用；模块 5 为 6 个任务，主要讲解 PLC 特殊功能模块及通信；模块 6 为实验与实训，精编了 10 个实验与实训项目，之后为附录 A、B，电气图形符号一览表和 S7-200 PLC 常用特殊内部寄存器和指令表。

　　本教材以模块构建教学体系，以具体项目任务为教学主线，通过不同的项目将理论知识和技能训练相结合，循序渐进，由浅入深，融理论教学与实际操作于一体。教材内容力争先进实用，例证丰富，图文并茂；教材形式期望简明扼要，通俗易懂，便于自学。

　　本书主编为徐乐文、蒋蒙安；副主编为王晓娟、耿秀明、柳智鑫，参编为李岩、邢树忠、杨打生。具体分工与责任如下：蒋蒙安任总策划；模块 1、模块 5 和附录由耿秀明编写；模块 2 由柳智鑫编写；模块 3 和模块 6 的项目 7～10 由王晓娟编写；模块 4 由徐乐文编写；模块 6 的项目 1～6 由徐乐文编写，蒋蒙安、邢树忠、李岩、杨打生参与了编写。最后，全书由徐乐文、蒋蒙安统稿编定。

　　本书的编写得到了学校领导及教师的支持和关心，在此，本书编写组全体人员向他们表示真挚的感谢！

　　由于水平有限，编者同时承担的教学、研究任务较多，加之时间仓促，书中难免存在疏漏之处，恳请有关专家和广大读者批评指正。

编者

目　　录

模块 1　开篇导学

本篇要点
- 常用低压电器元件的结构与工作原理
- 常用低压电器元件的选择及常见故障处理
- PLC 基础知识及结构原理
- 西门子 S7-200 系列 PLC
- PLC 控制系统设计方法

　　电气控制与 PLC 应用技术是高职高专电类专业最重要的专业课程之一，它不仅包括电气控制技术的一些相关基础知识，还包括 PLC 原理及应用。随着科学技术的发展，电气控制技术逐步发展到普遍应用微型机技术的程度，传统电气控制技术虽然有些已经被淘汰，但其最基础的部分对任何先进的控制系统来说仍然是必不可少的。

　　在工矿企业的电气控制设备中，采用的基本上都是低压电器。因此，低压电器是电气控制中的基本组成元件，控制系统的优劣和低压电器的性能有直接的关系。作为电气工程技术人员，应该熟悉低压电器的结构、工作原理和使用方法。可编程序控制器在电气控制系统中需要大量的低压控制电器才能组成一个完整的控制系统，因此熟悉低压电器的基本知识是学习可编程序控制器的基础。

1.1　导学1　常用低压电器

　　电器是一种能根据外界信号（机械力、电动力和其他物理量）和要求，手动或自动地接通、断开电路，以实现对电路或非电对象的切换、控制、保护、检测、变换和调节的元件或设备。

　　低压电气元器件通常是指工作在交流电压小于 1200V、直流电压小于 1500V 的电路中，起通、断、保护、控制或调节作用的各种电气元器件。常用的低压电气元器件有刀开关、熔断器、断路器、接触器、继电器、按钮和行程开关等，学习识别与使用这些电气元器件是掌握电气控制技术的基础。低压电气元器件的分类见表 1-1。

表 1-1　低压电气元器件的分类

分类方式	类型	说明
按功能用途分类	低压配电电器	主要用于低压配电系统中，实现电能的输送、分配及保护电路和用电设备的作用。包括刀开关、组合开关、熔断器和自动开关等
	低压控制电器	主要用于电气控制系统中，实现发布指令、控制系统状态及执行动作等作用。包括接触器、继电器、主令电器和电磁离合器等
按工作原理分类	电磁式电器	根据电磁感应原理来动作的电器。如交流、直流接触器，各种电磁式继电器，电磁铁等

分类方式	类 型	说 明
按工作原理分类	非电量控制电器	依靠外力或非电量信号（如速度、压力、温度等）的变化而动作的电器。如转换开关、行程开关、速度继电器、压力继电器、温度继电器等
按动作方式分类	自动电器	自动电器指依靠电器本身参数变化（如电、磁、光等）而自动完成动作切换或状态变化的电器。如接触器、继电器等
	手动电器	手动电器指依靠人工直接完成动作切换的电器。如按钮、刀开关等

在我国工业控制电路中最常用的三相交流电压等级为 380V，只有在特定行业环境下才用其他电压等级，如煤矿井下的电钻用 127V、运输机用 660V、采煤机用 1140V 等。

单相交流电压等级最常见的为 220V，机床、热工仪表和矿井照明等采用 127V 电压等级，其他电压等级如 6V、12V、24V、36V 和 42V 等一般用于安全场所的照明、信号灯以及作为控制电压。

直流常用电压等级有 110V、220V 和 440V，主要用于动力；6V、12V、24V 和 36V 主要用于控制；在电子线路中还有 5V、9V 和 15V 等电压等级。

1.1.1 输入低压电器

输入低压电器是指电气控制系统中电路输入部分常用的电气设备或可编程序控制器（Programmable Logic Controller，PLC）输入端的设备，主要包括按钮、行程开关、刀开关、转换开关和低压断路器等。

1. 按钮

按钮是一种手动电器，通常用来接通或断开小电流控制的电路。它不直接去控制主电路的通断，而是在控制电路中发出"指令"去控制接触器、继电器等电器，再由它们去控制主电路，其结构简单，控制方便，在低压控制电路中得到广泛应用。

（1）结构及工作原理

按钮一般有按钮帽、复位弹簧、动触点、静触点和外壳等组成。

按钮根据触点结构的不同，可分为常开按钮、常闭按钮，以及将常开和常闭封装在一起的复合按钮等几种。图 1-1 为按钮结构示意图。

复合按钮由按钮帽、复位弹簧、桥式触点和外壳等组成，其结构如图 1-2 所示。触点采用桥式触点，触点额定电流在 5A 以下，分常开触点和常闭触点两种。在外力作用下，常闭触点先断开，然后常开触点再闭合；复位时，常开触点先断开，然后常闭触点再闭合。

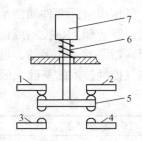

图 1-2　复合按钮结构图

1、2—常闭触点；3、4—常开触点；
5—桥式触点；6—复位弹簧；7—按钮帽

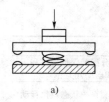
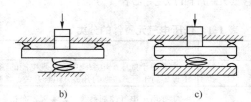

a)　　　　　　　　b)　　　　　　　　c)

图 1-1　按钮结构示意图

a) 常开按钮　b) 常闭按钮　c) 复合按钮

除了这种常见的直上直下的操作形式即揿钮式按钮之外，还有自锁式、紧急式、钥匙式和旋钮式按钮，图 1-3 为这些按钮的外形。

图 1-3　几种按钮的外形

其中紧急式表示紧急操作，按钮上装有蘑菇形钮帽，颜色为红色，一般安装在操作台（控制柜）明显位置上。

（2）表示方式

1）颜色。按使用场合、作用不同，通常将按钮帽做成红、绿、黑、黄、蓝、白、灰等颜色。其中表 1-2 给出了按钮帽颜色的含义。

表 1-2　按钮帽颜色的含义

颜　色	含　义	举　例
红	处理事故	紧急停机 扑灭燃烧
	"停止"或"断电"	正常停机 停止一台或多台电动机 装置的局部停机 切断一个开关 带有"停止"或"断电"功能的复位
绿	"起动"或"通电"	正常起动 起动一台或多台电动机 装置的局部起动 接通一个开关装置（投入运行）
黄	参与	防止意外情况 参与抑制反常的状态 避免不需要的变化（事故）
蓝	上述颜色未包含的任何指定用意	凡红、黄和绿色未包含的用意，皆可用蓝色
黑、灰、白	无特定用意	除单功能的"停止"或"断电"按钮外的任何功能

2）型号。按钮型号标志组成及其含义如图 1-4 所示。

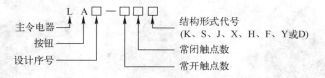

图 1-4　按钮的型号及含义

其中，结构形式代号的含义为：K 为开启式，S 为防水式，J 为紧急式，X 为旋钮式，H 为保护式，F 为防腐式，Y 为钥匙式，D 为带灯按钮。

3）电气符号。按钮的图形符号及文字符号如图 1-5 所示。

（3）选择及常见故障的处理方法

按钮主要根据使用场合、用途、控制需要及工作状况等进行选择。

1）根据使用场合，选择控制按钮的种类，如开启式、防水式、防腐式等。

2）根据用途，选用合适的形式，如钥匙式、紧急式、带灯式等。

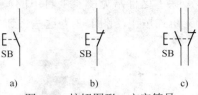

图 1-5　按钮图形、文字符号

a) 常开触点　b) 常闭触点　c) 复合触点

3）根据控制电路的需要，确定不同的按钮数，如单钮、双钮、三钮、多钮等。

4）根据工作状态指示和工作情况的要求，选择按钮及指示灯的颜色。

按钮的常见故障及其处理方法见表 1-3。

表 1-3　按钮的常见故障及其处理方法

故障现象	产生原因	处理方法
按下起动按钮时有触电感觉	1. 按钮的防护金属外壳与连接导线接触 2. 按钮帽的缝隙间充满铁屑，使其与导电部分形成通路	1. 检查按钮内连接导线 2. 清理按钮及触点
按下起动按钮，不能接通电路，控制失灵	1. 接线头脱落 2. 触点磨损松动，接触不良 3. 动触点弹簧失效，使触点接触不良	1. 检查启动按钮连接线 2. 检修触点或调换按钮 3. 重绕弹簧或调换按钮
按下停止按钮，不能断开电路	1. 接线错误 2. 尘埃或机油、乳化液等流入按钮形成短路 3. 绝缘击穿短路	1. 更改接线 2. 清扫按钮并相应采取密封措施 3. 调换按钮

2．行程开关

行程开关按触点的性质可分为有触点式和无触点式。

有触点的行程开关又称为位置开关，其工作原理和按钮相同，区别在于它不是靠手的按压，而是利用生产机械运动的部件碰压而使触点动作来发出控制指令。它用于控制生产机械的运动方向、速度、行程大小或位置等，其结构形式多种多样。无触点的行程开关又称为接近开关。

（1）结构及工作原理

位置开关的种类很多，常用的位置开关种类有按钮式、单轮旋转式、双轮旋转式，它们的外形如图 1-6 所示。

图 1-6　位置开关外形

a) 按钮式　b) 单轮旋转式　c) 双轮旋转式

各种系列的位置开关基本结构大体相同，都是由操作头、触点系统和外壳组成，其结构如图1-7所示。

操作头接受机械设备发出的动作指令或信号，并将其传递到触点系统，触点系统再将操作头传递来的动作指令或信号通过本身的结构功能变成电信号，输出到有关控制电路。

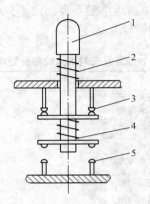

图1-7　位置开关结构示意图

1—顶杆；2—弹簧；3—常闭触点；4—触点弹簧；5—常开触点

（2）表示方式

1）型号。位置开关的型号标志组成及其含义如图1-8所示。

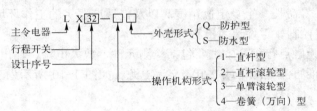

图1-8　位置开关型号及含义

2）电气符号。位置开关的图形符号及文字符号如图1-9所示。

（3）选用及常见故障处理方法

位置开关在选用时，应根据不同的使用场合，满足额定电压、额定电流、复位方式和触点数量等方面的要求。

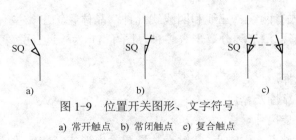

图1-9　位置开关图形、文字符号

a) 常开触点　b) 常闭触点　c) 复合触点

1）根据应用场合及控制对象选择位置开关的种类。

2）根据安装环境选择防护形式，如开启式或保护式。

3）根据控制电路的电压和电流选择位置开关的额定电压和额定电流。

4）根据机械与位置开关的传力与位移关系选择合适的头部形式。

位置开关的使用。

1）位置开关安装时位置要准确，否则不能达到位置控制和限位的目的。

2）应定期检查位置开关，以免触点接触不良而达不到位置和限位控制的目的。

位置开关的常见故障及其处理方法见表1-4。

表1-4 位置开关的常见故障及处理方法

故 障 现 象	产 生 原 因	处 理 方 法
挡铁碰撞开关，触点不动作	1. 开关位置安装不当 2. 触点接触不良 3. 触点连接线脱落	1. 调整开关的位置 2. 清洗触点 3. 紧固连接线
位置开关复位后，常闭触点不能闭合	1. 触杆被杂物卡住 2. 动触点脱落 3. 弹簧弹力减退或被卡住 4. 触点偏斜	1. 清扫开关 2. 重新调整动触点 3. 调换弹簧 4. 调换触点
杠杆偏转后触点未动	1. 行程开关位置太低 2. 机械卡阻	1. 将开关向上调到合适位置 2. 打开后盖清扫开关

（4）接近开关

无触点行程开关又称为接近开关，是一种无接触式开关型传感器，当物体与之接近到一定距离时，信号机构将发出"动作"信号，它既具有行程开关的特性又具有传感器的性能。由于它具有非接触式触发、动作速度快、可在不同的检测距离内动作、发出的信号稳定无脉动、工作稳定可靠、寿命长、重复定位精度高以及能适应恶劣的工作环境等特点，常用于高频计数、测速、位置控制、零件尺寸检测等场合。

1）结构原理。无触点行程开关主要包括检测元件、放大电路、输出驱动电路 3 部分，一般采用 5V～24V 的直流电源，或 220V 交流电源。如图 1-10 所示为三线式有源型接近开关结构框图。

图 1-10 三线式有源型接近开关结构框图

接近开关输出形式有两线、三线和四线式几种，晶体管输出类型有 NPN 和 PNP 两种，它的外形有方形、圆形、槽形和分离形等多种，图 1-11 为接近开关外形图，图 1-12 为接近开关符号图。

2）接近开关的选择。

① 工作频率、可靠性及精度。

② 检测距离、安装尺寸。

③ 触点形式（有触点、无触点）、触点数量及输出形式（NPN 型、PNP 型）。

④ 电源类型（直流、交流）、电压等级。

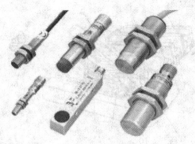

图 1-11 接近开关外形

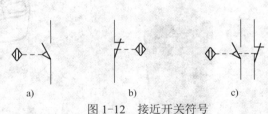

a)   b)   c)

图 1-12　接近开关符号

a) 常开触点　b) 常闭触点　c) 复合触点

3）几种常见的接近开关。

接近开关按检测元件工作原理可分为高频振荡型、超声波型、电容型、电磁感应型、永磁型、霍尔元件型与磁敏元件型等。不同形式的接近开关所检测的物体不同。

电容式接近开关可以检测各种固体、液体或粉状物体，其主要由电容式振荡器及电子电路组成，它的电容位于传感界面，当物体接近时，将改变它的电容值而使其振荡，从而产生输出信号。

霍尔接近开关用于检测磁场，一般用磁钢作为被检测体。其内部的磁敏感器件仅对垂直于传感器端面的磁场敏感，当磁极 S 极正对接近开关时，接近开关的输出产生正跳变，输出为高电平，若磁极 N 极正对接近开关时，则输出为低电平。

超声波接近开关适于检测不能或不可触及的目标，其控制功能不受声、电、光等因素干扰，检测物体可以是固体、液体或粉末状的物体，只要能反射超声波即可。其主要由压电陶瓷传感器、发射超声波和接收反射波用的电子装置及调节检测范围用的程控桥式开关等几个部分组成。

高频振荡型接近开关用于检测各种金属，主要由高频振荡器、集成电路或晶体管放大器和输出器 3 部分组成。其基本工作原理是当有金属物体接近振荡器的线圈时，该金属物体内部产生的涡流将吸取振荡器的能量，致使振荡器停振。振荡器的振荡和停振这两个信号，经整形放大后转换成开关信号输出。

3．刀开关

刀开关是一种手动低压电器，主要作为隔离电源开关使用，用在不频繁接通和分断电路中，常用的刀开关有 HD 型单投刀开关、HS 型双投刀开关、HR 型熔断器式刀开关、HZ 型组合开关、HK 型刀开关、HY 型倒顺开关等。

（1）结构及工作原理

刀开关有开启式负荷开关和封闭式负荷开关之分，以开启式负荷开关为例，图 1-13 所示为胶底瓷盖刀开关。

刀开关由操作手柄、熔丝、触刀、触刀座和瓷底座等部分组成，带有短路保护功能。图 1-14 所示为胶底瓷盖刀开关结构图。

刀开关在安装时，手柄要向上，不得倒装或平装，避免由于重力自动下落，引起误动合闸。接线时，应将电源线接在上端，负载线接在下端，这样断开后，刀开关的触刀与电源隔离，既便于更换熔丝，又可防止可能发生的意外事故。

图1-13 胶底瓷盖刀开关

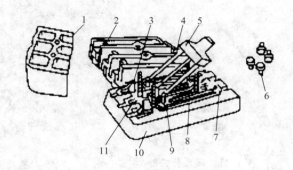

图1-14 胶底瓷盖刀开关结构图

1—上胶盖；2—下胶盖；3—插座；4—触刀；5—瓷柄；6—胶盖紧固螺钉；
7—出线座；8—熔丝；9—触刀座；10—瓷底座；11—进线座

（2）表示方式

刀开关的主要类型有：带灭弧装置的大容量刀开关，带熔断器的开启式负荷开关（胶盖开关），带灭弧装置和熔断器的封闭式负荷开关等。常用的产品有：HD11～HD14 和 HS11～HS13 系列刀开关，HK1、HK2 系列胶盖开关，HH3、HH4 系列封闭式开关熔断器组。

刀开关按刀数的不同分有单极、双极、三极等几种。

1）型号。刀开关的型号标志组成及其含义如图1-15所示。

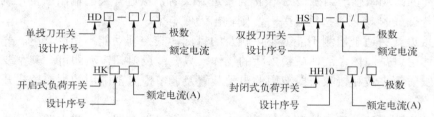

图1-15 刀开关的型号及含义

2）电气符号。刀开关的图形符号及文字符号如图1-16所示。

（3）刀开关的主要技术参数选择与常见故障的处理方法

刀开关的主要技术参数有额定电压、额定电流、通断能力、动稳定电流、热稳定电流等。

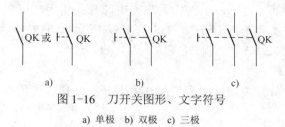

图1-16 刀开关图形、文字符号

a) 单极　b) 双极　c) 三极

1）通断能力是指在规定条件下，能在额定电压下接通和分断的电流值。

2）动稳定电流是指电路发生短路故障时，刀开关并不因短路电流产生的电动力作用而发生变形、损坏或触刀自动弹出之类的现象，这一短路电流（峰值）即称为刀开关的动稳定电流。

3）热稳定电流是指电路发生短路故障时，刀开关在一定时间内（通常为 1s）通过某一短路电流，并不会因温度急剧升高而发生熔焊现象，这一最大短路电流称为刀开关的热稳定电流。

刀开关选择要注意如下几点。

1）根据使用场合，选择刀开关的类型、极数及操作方式。

2）刀开关额定电压应大于或等于电路电压。

3）刀开关额定电流应等于或大于电路的额定电流。对于电动机负载，开启式刀开关额定电流可取电动机额定电流的 3 倍；封闭式刀开关额定电流可取电动机额定电流的 1.5 倍。

刀开关的使用要注意如下几点。

1）负荷开关应垂直安装在控制屏或开关板上使用。

2）对负荷开关接线时，电源进线和出线不能接反。开启式负荷开关的上接线端应接电源进线，负载则接在下接线端，便于更换熔丝。

3）封闭式负荷开关的外壳应可靠的接地，防止意外漏电使操作者发生触电事故。

4）更换熔丝应在开关断开的情况下进行，且应更换与原规格相同的熔丝。

刀开关的常见故障及其处理方法见表 1-5。

表 1-5　刀开关的常见故障及其处理方法

故 障 现 象	产 生 原 因	处 理 方 法
合闸后一相或两相没电	1. 插座弹性消失或开口过大 2. 熔丝熔断或接触不良 3. 插座、触刀氧化或有污垢 4. 电源进线或出线头氧化	1. 更换插座 2. 更换熔丝 3. 清洁插座或触刀 4. 检查进出线头
触刀和插座过热或烧坏	1. 开关容量太小 2. 分、合闸时动作太慢造成电弧过大，烧坏触点 3. 夹座表面烧毛 4. 触刀与插座压力不足 5. 负载过大	1. 更换较大容量的开关 2. 改进操作方法 3. 用细锉刀修整 4. 调整插座压力 5. 减轻负载或调换较大容量的开关
封闭式负荷开关的操作手柄带电	1. 外壳接地线接触不良 2. 电源线绝缘损坏碰壳	1. 检查接地线 2. 更换导线

4. 转换开关

转换开关是一种多挡位、多触点、能够控制多电路的主令电器，主要用于各种控制设备中电路的换接、遥控和电流表、电压表的换相测量等，也可用于控制小容量电动机的起动、换向、调速。万能转换开关具有体积小、功能多、结构紧凑、选材讲究、绝缘良好、转换操作灵活、安全可靠的特点。万能转换开关派生产品有挂锁型开关和暗锁型开关，可用做重要设备的电源切断开关，能够防止误操作以及控制非授权人员的操作。

（1）结构及工作原理

常用的转换开关主要有两大类，即万能转换开关和组合开关。二者的结构和工作原理基本相似，在某些特定应用场合下二者可相互替代。以万能转换开关为例，它由操作机构、定位装置和触点等组成。

触点为双断点桥式结构，动触点设计成自动调整式以保证通断时的同步性。静触点装在触点座内，每个触点座内可安装 2～3 对触点。

定位装置操作时轮之间的摩擦为滚动摩擦，故所需操作力小，定位可靠，寿命长。此外，这种机构还起一定的速动作用，既有利于提高分断能力，又能加强触点系统动作的同步性。

触点的通断由凸轮控制，万能转换开关凸轮控制器，如图 1-17 所示。

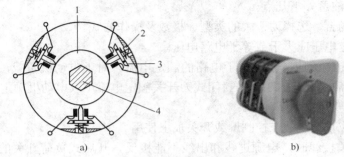

图 1-17　万能转换开关

a) 结构图　b) 外形图

1—凸轮；2—触点弹簧；3—触点；4—转轴

万能转换开关手柄的操作位置是以角度来表示的，不同型号的万能转换开关，其手柄有不同的操作位置。其具体操作位置可从电气设备手册中万能转换开关的"定位特征表"中查找到。为适应不同的需要，手柄还可做成带信号灯的，钥匙型的等多种形式。

（2）表示方式

1）型号。万能转换开关的型号组成及其含义如图 1-18 所示。

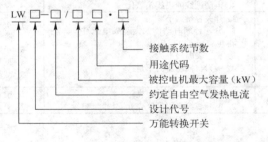

接触系统节数

用途代码

被控电机最大容量（kW）

约定自由空气发热电流

设计代号

万能转换开关

图 1-18　万能转换开关型号及含义

2）电气符号。万能转换开关的触点在电路图中的图形符号如图 1-19 所示。但由于其触点的分合状态与操作手柄的位置有关，为此，在电路图中除画出触点的图形符号外，还应有操作手柄位置与触点分合状态的表示方法。虚线代表手柄所处位置，点代表触点是否导通。另一种方法是，在电路图中触点图形符号上标出触点编号，再用接通表表示操作手柄不同位置的触点分合状态，如图 1-19b 所示。

常用的转换开关有 LW2、LW5、LW6、LW8、LW9、LWl2、LWl6、VK、3LB 和 HZ 等系列，其中 LW2 系列用于高压断路器操作电路的控制，LW5、LW6 系列多用于电力拖动系统中对电路或电动机实行控制，LW6 系列还可装成双列式，列与列之间用齿轮啮合，并由同一手柄操作，此种开关最多可装 60 对触点。

（3）转换开关的选择与常见故障的处理方法

转换开关的选择可以根据以下几个方面进行。

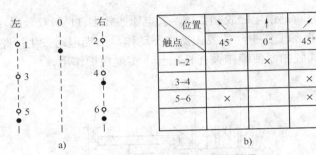

图 1-19 万能转换开关的图形符号

a) 画点标记表示　b) 接通图表示

注：×表示触点接通

1）额定电压和工作电流。

2）手柄形式和定位特征。

3）触点数量和接线图编号。

4）面板形式及标志。

万能转换开关的常见故障及其处理方法见表 1-6。

表 1-6　万能转换开关常见故障及处理方法

故障现象	产生原因	处理方法
手柄转动后，内部触点未动作	1. 手柄的转动连接部件磨损 2. 操作机构损坏 3. 绝缘杆变形 4. 轴与绝缘杆装配不紧	1. 调换手柄 2. 修理操作机构 3. 更换绝缘杆 4. 紧固轴与绝缘杆
开关接线柱相间短路	因铁屑或油污附在接线柱间形成导电将胶木烧焦或绝缘破坏形成短路	清扫开关或调换开关

5. 低压断路器

低压断路器在电气电路中起接通、分断和承载额定工作电流的作用，并能在电路和电动机发生过载、短路、欠电压的情况下进行可靠的保护。它的功能相当于刀开关、过电流继电器、欠电压继电器、热继电器及漏电保护器等电器部分或全部的功能总和，是低压配电网中一种重要的保护电器。常用的低压断路器有 DZ 系列、DW 系列和 DWX 系列。

（1）结构及工作原理

断路器开关是靠操作机构手动或电动合闸的，触点闭合后，自由脱扣机构将触点锁在合闸位置上。当电路发生故障时，通过各自的脱扣器使自由脱扣机构动作，自动跳闸以实现保护作用。图 1-20 所示为 DZ 系列低压断路器外形图。

图 1-20　DZ 系列低压断路器外形

断路器主要由 3 个基本部分组成，即触点、灭弧系统、各种脱扣器等操作机构，脱扣器包括过电磁脱扣器、欠电压脱扣器、热脱扣器、分励脱扣器和复式脱扣器等。低压断路器的结构示意如图 1-21 所示，低压断路器包含电磁脱扣器、热脱扣器和欠电压脱扣器 3 类。

图中断路器处于闭合状态，3 个主触点通过传动杆 3 与锁扣 4 保持闭合，锁扣可绕轴 5

转动。断路器的自动分断是由电磁脱扣器 6、欠电压脱扣器 11 和双金属片 12 使锁扣 4 被杠杆 7 顶开而完成的。正常工作中，各脱扣器均不动作，而当电路发生短路、欠电压或过载故障时，分别通过各自的脱扣器使锁扣被杠杆顶开，实现保护作用。

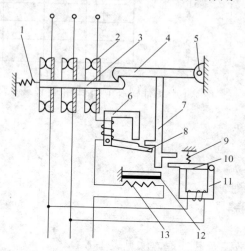

图 1-21　低压断路器结构示意图

1—弹簧；2—主触点；3—传动杆；4—锁扣；5—轴；6—电磁脱扣器；7—杠杆；

8、10—衔铁；9—弹簧；11—欠电压脱扣器；12—双金属片；13—发热元件

电磁脱扣器用于电路的短路和过电流保护，当电路的电流大于整定的电流值时，过电流脱扣器所产生的电磁力使衔铁 8 吸合，通过杠杆使挂钩脱扣，主触点在弹簧 1 的拉力下迅速断开，实现断路器的跳闸功能。

热脱扣器用于电路的过负荷保护，工作原理和热继电器相同。（热继电器相关内容详见 1.1.3。）

欠电压脱扣器用于失电压保护，欠电压脱扣器的线圈直接接在电源上，衔铁 10 处于吸合状态，断路器可以正常合闸；当停电或电压很低时，欠电压脱扣器的吸力小于弹簧的反力，弹簧 9 使衔铁向上使挂钩脱扣，实现断路器的跳闸功能。

不同断路器的保护是不同的，使用时应根据需要选用。在图形符号中也可以标注其保护方式。

（2）表示方式

1）型号。低压断路器的标志组成及其含义如图 1-22 所示。

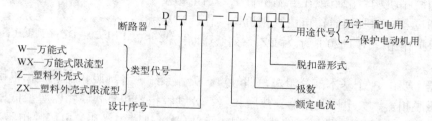

图 1-22　低压断路器型号及含义

2）电气符号。低压断路器的图形符号及文字符号如图 1-23 所示。

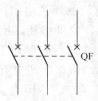

图 1-23　低压断路器图形、文字符号

（3）低压断路器的选择与常见故障的处理方法

低压断路器的选择应注意以下几点。

1）低压断路器的额定电流和额定电压应大于或等于电路、设备的正常工作电压和工作电流。

2）低压断路器的极限通断能力应大于或等于电路最大短路电流。

3）欠电压脱扣器的额定电压等于电路的额定电压。

4）过电流脱扣器的额定电流大于或等于电路的最大负载电流。

低压断路器开关的使用。

1）当断路器与熔断器配合使用时，熔断器应装于断路器之前，以保证使用安全。

2）电磁脱扣器的整定值不允许随意改动，使用一段时间后应检查其动作的准确性。

3）断路器在分断短路电流后，应在切除前级电源的情况下及时检查触点。如有严重的电灼痕迹，则可用干布擦去；若发现触点烧毛，则可用砂纸或细锉小心修整。

使用低压断路器来实现短路保护比熔断器优越，因为当三相电路短路时，很可能只有一相的熔断器熔断，造成断相运行。对于低压断路器来说，只要造成短路都会使开关跳闸，将三相同时切断。另外还有其他自动保护作用。但其结构复杂、操作频率低、价格较高，因此适用于要求较高的场合，如电源总配电盘。低压断路器常见故障及其处理方法见表 1-7。

表 1-7　低压断路器常见故障及其处理方法

故 障 现 象	产 生 原 因	处 理 方 法
手动操作断路器不能闭合	1. 电源电压太低 2. 热脱扣器的双金属片尚未冷却复原 3. 欠电压脱扣器无电压或线圈损坏 4. 储能弹簧变形，导致闭合力减小 5. 反作用弹簧力过大	1. 检查电路并调高电源电压 2. 待双金属片冷却后再合闸 3. 检查电路，施加电压或调换线圈 4. 调换储能弹簧 5. 重新调整弹簧反力
电动操作断路器不能闭合	1. 电源电压不符 2. 电源容量不够 3. 电磁铁拉杆行程不够 4. 电动机操作定位开关变位	1. 调换电源 2. 增大操作电源容量 3. 调整或调换拉杆 4. 调整定位开关
电动机起动时断路器立即分断	1. 过电流脱扣器瞬时整定值太小 2. 脱扣器某些零件损坏 3. 脱扣器反力弹簧断裂或落下	1. 调整瞬间整定值 2. 调换脱扣器或损坏的零部件 3. 调换弹簧或重新装好弹簧
分励脱扣器不能使断路器分断	1. 线圈短路 2. 电源电压太低	1. 调换线圈 2. 检修线路调整电源电压
欠电压脱扣器噪声大	1. 反作用弹簧力太大 2. 铁心工作面有油污 3. 短路环断裂	1. 调整反作用弹簧 2. 清除铁心油污 3. 调换铁心
欠电压脱扣器不能使断路器分断	1. 反力弹簧弹力变小 2. 储能弹簧断裂或弹簧力变小 3. 机构生锈卡死	1. 调整弹簧 2. 调换或调整储能弹簧 3. 清除锈污

6．熔断器

熔断器是一种广泛应用的最简单有效的保护电器。熔断器串联连接在被保护电路中，当电路短路时，电流很大，熔体急剧升温，立即熔断，所以熔断器可用于短路保护。

由于用电设备过载时所通过的过载电流能在熔体上积累热量，当用电设备连续过载一定时间后熔体积累的热量也能使其熔断，所以熔断器也可用做过载保护。

熔断器具有结构简单、体积小、重量轻、使用维护方便、价格低廉、分断能力较强、限流能力良好等优点，因此在电路中得到广泛应用。

（1）结构及工作原理

熔断器种类很多，按结构分为开启式、半封闭式和封闭式；按有无填料分为有填料式、无填料式；按用途分为工业用熔断器、保护半导体器件熔断器及自复式熔断器等；按形式分为有管式、插入式、螺旋式、卡式等，其中部分熔断器的外形和符号如图1-24所示。

图1-24　熔断器的外形

熔断器一般分成熔体座和熔体两部分。熔断器的主要元件是熔体，它是熔断器的核心部分，常做成丝状或片状。在小电流电路中，常用铅锡合金和锌等低熔点金属做成圆截面熔丝；在大电流电路中则用银、铜等较高熔点的金属做成薄片，便于灭弧。

熔断器使用时应当串联在所保护的电路中。当电路正常工作时，熔体允许通过一定大小的电流而不熔断；当电路发生短路或严重过载时，熔体温度上升到熔点而熔断，将电路断开，从而保护了电路和用电设备。以螺旋式熔断器为例，有熔断快、分断能力强、体积小、结构紧凑、更换熔丝方便、安全可靠和熔丝断后标志明显等优点。

螺旋式熔断器主要由瓷帽、熔体、瓷套、上下接线端及底座等组成，如图1-25所示。

（2）表示方式

1）型号。熔断器的型号标志组成及其含义如图1-26所示。

2）电气符号。熔断器的图形符号和文字符号如图1-27所示。

（3）熔断器的选择与常见故障的处理方法

熔断器的主要技术参数包括额定电压、熔体额定电流、熔断器额定电流、极限分断能力等。

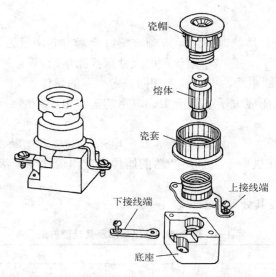

图 1-25　RL1 系列螺旋式熔断器外形及结构

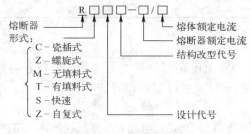

图 1-26　熔断器型号含义

图 1-27　熔断器图形、文字符号

1）额定电压：指保证熔断器能长期正常工作的电压。

2）熔体额定电流：指熔体长期通过而不会熔断的电流。

3）熔断器额定电流：指保证熔断器能长期正常工作的电流。

4）极限分断能力：指熔断器在额定电压下所能开断的最大短路电流。在电路中出现的最大电流一般是指短路电流值，所以，极限分断能力也反映了熔断器分断短路电流的能力。

熔断器的选择主要是正确选择熔断器的类型和熔体的额定电流。

1）应根据使用场合选择熔断器的类型。电网配电一般用管式熔断器；电动机保护一般用螺旋式熔断器；照明电路一般用瓷插熔断器；保护晶闸管则应选择快速熔断器。

2）熔体额定电流的选择。

① 对于变压器、电炉和照明等负载，熔体的额定电流应略大于或等于负载电流。

② 对于输配电电路，熔体的额定电流应略大于或等于电路的安全电流。

③ 对电动机负载，熔体的额定电流应等于电动机额定电流的 1.5～2.5 倍。

熔断器的使用应注意如下问题。

1）对不同性质的负载，如照明电路、电动机电路的主电路和控制电路等，应分别保护，并装设单独的熔断器。

2）安装螺旋式熔断器时，必须注意将电源线接到瓷底座的下接线端（即低进高出的原则），以保证安全。

3）瓷插式熔断器安装熔丝时，熔丝应顺着螺钉旋紧方向绕过去，同时应注意不要划伤熔丝，也不要把熔丝绷紧，以免减小熔丝截面尺寸或插断熔丝。

4）更换熔体时应切断电源，并应换上相同额定电流的熔体。

5）熔断器的额定电压应大于或等于实际电路的工作电压；熔断器额定电流应大于或等于所装熔体的额定电流。

6）为防止发生越级熔断，上、下级（即供电干、支线）熔断器间应有良好的协调配合，为此，应使上一级（供电干线）熔断器的熔体额定电流比下一级（供电支线）大 1～2 个级差。

熔断器的常见故障及其处理方法见表 1-8。

表 1-8　熔断器的常见故障及其处理方法

故 障 现 象	产 生 原 因	处 理 方 法
电动机起动瞬间熔体即熔断	1. 熔体规格选择太小 2. 负载侧短路或接地 3. 熔体安装时损伤	1. 调换适当的熔体 2. 检查短路或接地故障 3. 调换熔体
熔丝未熔断但电路不通	1. 熔体两端或接线端接触不良 2. 熔断器的螺帽盖未旋紧	1. 清扫并旋紧接线端 2. 旋紧螺帽盖

1.1.2　输出低压电器

输出低压电器是指在电气控制系统中输出电路部分常采用的低压电气设备或 PLC 输出端的设备，主要包括接触器、电磁阀、指示灯及电铃显示器等。

1. 接触器

接触器是用于远距离频繁地接通和切断交直流主电路及大容量控制电路的一种自动控制电器。其主要控制对象是电动机，也可以用于控制其他电力负载、电热器、电照明、电焊机与电容器组等。接触器具有操作频率高、使用寿命长、工作可靠、性能稳定、维护方便等优点，同时还具有低压释放保护功能，因此，在电力拖动和自动控制系统中，接触器是运用最广泛的低压电器之一。接触器是电力拖动与自动控制系统中一种非常重要的低压电器，它主要利用电磁吸力和弹簧反力的配合作用，实现触点闭合与断开，是一种电磁式的自动切换电器。

（1）结构及工作原理

按控制电流性质不同，接触器分为交流接触器和直流接触器。如图 1-28 所示为几种接触器外形图。

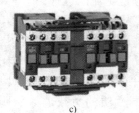

a)　　　　　　　　　b)　　　　　　　　　c)

图 1-28　接触器外形

a) CZ0 直流接触器　b) CJX1 系列交流接触器　c) CJX2-N 系列可逆交流接触器

由于交流接触器应用极为普遍，型号规格繁多，外形结构各异，为了使应用具有代表性，这里以国产交流接触器为例来介绍其结构原理。

它分别由电磁系统、触点系统、灭弧状置和其他部件组成。图 1-29 为交流接触器的结构示意图。

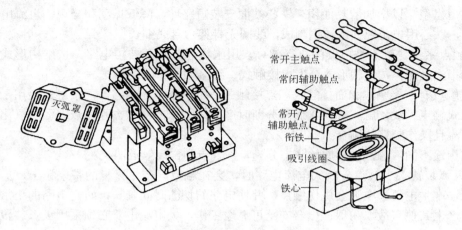

图 1-29　交流接触器结构示意图

交流接触器工作时，一般当施加在线圈上的交流电压大于线圈额定电压值的 85%时，使衔铁带动触点动作。触点动作时，常闭触点先断开，常开触点后闭合，主触点和辅助触点是同时动作的。当线圈中的电压值降到某一数值时，衔铁复位，使主触点和辅助触点复位。这个功能就是接触器的失电压保护功能。

1）电磁系统。电磁系统是各类电磁式电器的感测部分，它的主要作用是将电磁能转换为机械能，带动触点动作，完成接通或分断电路。电磁系统主要由吸引线圈、铁心和衔铁等几部分组成。按动作方式可分为转动式和直线运动式两大类。常见的电磁系统结构图如图 1-30 所示。

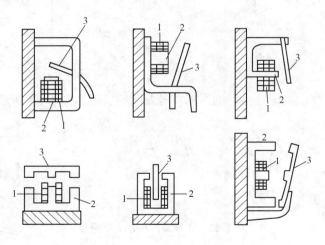

图 1-30　几种常见电磁系统结构图

1—线圈　2—铁心　3—衔铁

工作原理：当线圈通入电流后，将产生磁场，磁通通过铁心在衔铁和工作间隙形成闭合回路，产生电磁吸力，将衔铁吸向铁心。同时衔铁还要受到复位弹簧的反作用力，只有当电磁吸力大于弹簧的反作用力时，衔铁才能被铁心吸住。电磁系统又常称为电磁机构。

电磁铁分为交流电磁铁和直流电磁铁。交流电磁铁一般采用硅钢片叠压后铆成，线圈有骨架，成短粗型，以增加散热面积。铁心端面安装短路环，降低振动和噪声。直流电磁铁通入直流电，铁心用电工纯铁或铸钢制成，线圈无骨架，且成细长型。

2）触点系统。触点是电器的执行部分，用来接通或断开被控电路。按结构形式分为桥式触点和指式触点，按接触形式分为点接触式、线接触式和面接触式。

桥式触点有点接触式和面接触式，点接触式适用于小电流电路，面接触式适用于大电流电路。指式触点为线接触式，在接通和分断时产生滚动摩擦，以去除触点表面的氧化膜，适用于大电流且操作频繁的场合。

根据用途不同，触点按其原始状态分为常开触点和常闭触点两类。

3）灭弧装置。当触点分断大电流电路时，会在触点间产生大量的带电粒子，形成炙热的电子流，产生电弧。电弧会烧伤触点，并使电路的切断时间延长，妨碍电路的正常分断，严重时会产生其他事故。为保证电器安全可靠地工作，大电流电器必须采用灭弧装置使电弧迅速熄灭。

常见的灭弧方式有栅片灭弧方式和吹弧灭弧方式，如图 1-31 所示。

（2）表示方式

1）型号。接触器的标志组成及其含义如图 1-32 所示。

a)　　b)

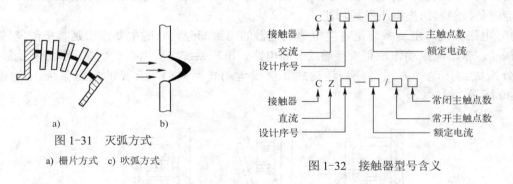

图 1-31　灭弧方式

a) 栅片方式　c) 吹弧方式

C J □ — □ / □
接触器
交流
设计序号
主触点数
额定电流
C Z □ — □ / □□
接触器
直流
设计序号
常闭主触点数
常开主触点数
额定电流

图 1-32　接触器型号含义

2）电气符号。交、直流接触器的图形符号及文字符号如图 1-33 所示。

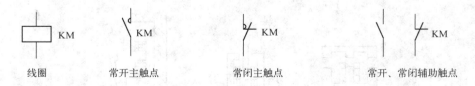

KM
KM
KM
KM
线圈
常开主触点
常闭主触点
常开、常闭辅助触点

图 1-33　接触器图形、文字符号

（3）接触器的选择及常见故障处理方法

接触器的主要技术参数有额定电压、额定电流、吸引线圈的额定电压、电气寿命、机械

寿命和额定操作频率等。

接触器铭牌上的额定电压是指主触点的额定电压,交流有 127V、220V、380V、500V 等档次;直流有 110V、220V、440V 等档次。

接触器铭牌上的额定电流是指主触点的额定电流,有 5A、10A、20A、40A、60A、100A、150A、250A、400A 和 600A 等档次。

接触器吸引线圈的额定电压交流有 36V、110V、127V、220V、380V 等档次;直流有 24V、48V、220V、440V 等档次。

接触器的电气寿命用其在不同使用条件下无须修理或更换零件的负载操作次数来表示。接触器的机械寿命用其在需要正常维修或更换机械零件(包括更换触点)前,所能承受的无载操作循环次数来表示。

额定操作频率是指接触器的每小时操作次数。

接触器选择需要考虑如下方面。

1)接触器类型的选择。接触器的类型有交流和直流两类,应根据负载电流的类型和负载的轻重来选择。若接触器控制的电动机起动或正反转频繁,则一般将接触器主触点的额定电流降一级使用。

2)接触器操作频率的选择。操作频率是指接触器每小时通断的次数。当通断电流较大及通断频率较高时,会使触点过热甚至熔焊。操作频率若超过规定值,则应选用额定电流大一级的接触器。

3)接触器额定电压和电流的选择。主触点的额定电流(或电压)应大于或等于负载电路的额定电流(或电压);吸引线圈的额定电压,则应根据控制电路的电压来选择;当电路简单、使用电器较少时,可选用 380V 或 220V 电压的线圈;若线路较复杂、使用电器超过 5个时,则应选用 110V 及以下电压等级的线圈。

接触器的使用应注意如下方面。

1)接触器安装前应先检查线圈的额定电压是否与实际需要相符。

2)接触器的安装多为垂直安装,其倾斜角不得超过 5°,否则会影响接触器的动作特性;安装有散热孔的接触器时,应将散热孔放在上下位置,以降低线圈的温升。

3)接触器安装与接线时应将螺钉拧紧,以防振动松脱。

4)接线器的触点应定期清理,若触点表面有电弧灼伤时,应及时修复。

接触器常见故障及其处理方法见表 1-9。

表 1-9　接触器常见故障及其处理方法

故 障 现 象	产 生 原 因	处 理 方 法
接触器不吸合或吸不牢	1. 电源电压过低 2. 线圈断路 3. 线圈技术参数与使用条件不符 4. 铁心机械卡阻	1. 调高电源电压 2. 调换线圈 3. 调换线圈 4. 排除卡阻物
线圈断电,接触器不释放或释放缓慢	1. 触点熔焊 2. 铁心极面有油污 3. 触点弹簧压力过小或复位弹簧损坏 4. 机械卡阻	1. 排除熔焊故障,修理或更换触点 2. 清理铁心极面 3. 调整触点弹簧力或更换复位弹簧 4. 排除卡阻物

故障现象	产生原因	处理方法
触点熔焊	1. 操作频率过高或过负载使用 2. 负载侧短路 3. 触点弹簧压力过小 4. 触点表面有电弧灼伤 5. 机械卡阻	1. 调换合适的接触器或减小负载 2. 排除短路故障更换触点 3. 调整触点弹簧压力 4. 清理触点表面 5. 排除卡阻物
铁心噪声过大	1. 电源电压过低 2. 短路环断裂 3. 铁心机械卡阻 4. 铁心极面有油垢或磨损不平 5. 触点弹簧压力过大	1. 检查电路并提高电源电压 2. 调换铁心或短路环 3. 排除卡阻物 4. 用汽油清洗极面或更换铁心 5. 调整触点弹簧压力
线圈过热或烧毁	1. 线圈匝间短路 2. 操作频率过高 3. 线圈参数与实际使用条件不符 4. 铁心机械卡阻	1. 更换线圈并找出故障原因 2. 调换合适的接触器 3. 调换线圈或接触器 4. 排除卡阻物

2．电磁阀

电磁阀是控制系统的执行器。其作用是根据控制设备发出的电信号，开启和关闭管路。电磁阀为常闭式，即在不通电的情况下，阀关闭；通电后，阀开启。其主要组成部分为电磁机构，原理同前，不再赘述。

电磁阀使用时应注意如下几点。

1）安装时电磁阀线圈朝上，并保持垂直位置，电磁阀上的箭头或标记应与管道流向一致，不得安装在有泄露的地方。

2）电磁阀的工作介质应清洁无颗粒杂质，阀前应安装 80～100 目/寸的过滤器，电磁阀的主阀芯、动铁心、定铁心表面上的污物及过滤器须定期清洗干净。

3）电磁阀使用于长期连续工作的系统中，应设旁通装置。

4）应根据具体的工作环境和控制方式选取电磁阀。

3．指示灯和电铃

指示灯和电铃都属于指示装置，用于提示工作人员当前系统的工作状态或警示作用。

当通过电流时指示灯点亮，会发出不同颜色的亮光，一般以不同的颜色代表不同的状态，比如红色代表停止，绿色代表运行，黄色闪烁代表故障警报等。图形符号如图1-34a 所示。

当通电后电铃会发出声音，用于警示作用。图形符号如图1-34b 所示。

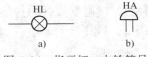

图1-34 指示灯、电铃符号

a) 指示灯 b) 电铃

1.1.3 控制低压电器

控制低压电器是指在低压控制系统中，用于电路的逻辑控制及保护功能的低压电气设备，主要包括非智能控制电器和智能控制电器。常用非智能电器有各类继电器，常用智能电器有可编程序控制器、变频器和软起动器等。继电器具有逻辑记忆功能，能组成复杂的逻辑控制电路，将某种电信号（如电压、电流）或非电信号（如温度、压力、转速、时间等）的变化量转换为开关量，以实现对电路的自动控制功能。

继电器的种类很多，按输入量可分为电压继电器、电流继电器、时间继电器、速度继电器、压力继电器等；按工作原理可分为电磁式继电器、感应式继电器、电动式继电器、电子式继电器等；按用途可分为控制继电器、保护继电器等。

1. 电磁式继电器

中间继电器、电流继电器和电压继电器均属于电磁式继电器，它们的结构、工作原理与接触器相似，主要由电磁系统和触点两部分组成。

（1）中间继电器

中间继电器一般用来控制各种电磁线圈使信号得到放大，或将信号同时传给几个控制元件。中间继电器实质上是一种电压继电器，但它的触点数量较多，容量较小，它是作为控制开关使用的继电器。它在电路中的作用主要是扩展控制触点数和增加触点容量。中间继电器体积小，动作灵敏度高，并在 10A 以下电路中可代替接触器起控制作用。

1）结构及工作原理。

几种常见的中间继电器如图 1-35 所示。

图 1-35　几种常见的中间继电器

中间继电器的基本结构和工作原理与接触器完全相同，故称为接触器式继电器。所不同的是，中间继电器的触点组数多，并且没有主、辅之分，各组触点允许通过的电流大小是相同的，其额定电流约为 5A。

2）表示方法。

型号及含义如图 1-36 所示。符号如图 1-37 所示。

图 1-36　中间继电器型号及含义

3）选择及常见故障处理方法。

中间继电器的选择与使用应注意如下几点。

① 中间继电器一般根据负载电流的类型、电压等级和触点数量来选择。

② 中间继电器的使用与接触器相似，但中间继电器的触点容量较小，一般不能在主电路中应用。

中间继电器的常见故障及检修方法与接触器类似。

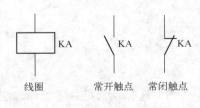

图 1-37　中间继电器符号

（2）电流继电器

电流继电器是反映电流变化的控制电器。电流继电器的线圈匝数少且导线粗，使用时串接于主电路中，与负载相串联，动作触点串接在辅助电路中。

1）结构及工作原理。

几种常见的电流继电器如图 1-38 所示。

图 1-38　几种常见的电流继电器

根据用途电流继电器可分为过电流继电器和欠电流继电器，过电流继电器主要用于重载或频繁起动的场合作为电动机主电路的过载和短路保护。

过电流继电器是对电流上限值进行反应的，当线圈中通过的电流为额定值时，触点不动作，当线圈中通过的电流超过额定值达到某一规定值时，触点动作。

欠电流继电器是对电流下限值进行反应的，当线圈中通过的电流为额定值时，触点动作，当线圈中通过的电流低于额定值而达到某一规定值时，触点复位。

2）表示方法。

电流继电器的型号及含义如图 1-39 所示。两种电流继电器的符号如图 1-40 所示。

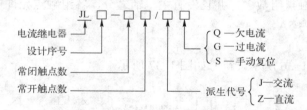

图 1-39　电流继电器型号及含义

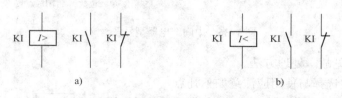

图 1-40　电流继电器符号

a) 过电流继电器　b) 欠电流继电器

3）选择及常见故障处理方法。

电流继电器的选择（以过电流继电器为例）应注意如下几点。

① 过电流继电器线圈的额定电流一般可按电动机长期工作的额定电流来选择，对于频

繁起动的电动机，考虑起动电流在继电器中的热效应，额定电流可选大一级的。

② 过电流继电器的整定值一般为电动机额定电流的 1.7～2 倍，频繁起动场合可取 2.25～2.5 倍。

电流继电器的使用应注意如下几点。

① 安装前先检查额定电流及整定值是否与实际要求相符。

② 安装后应在主触点不带电的情况下，使吸引圈带电操作几次，尝试继电器动作是否可靠。

③ 定期检查各部件是否有松动及损坏现象，并保持触点的清洁和可靠。

电流继电器的常见故障及检修方法与接触器类似。

（3）电压继电器

电压继电器是反映电压变化的控制电器。电压继电器的线圈匝数多且导线细，使用时并接于电路中，与负载相并联，动作触点串接在控制电路中。

1）结构及工作原理。

几种常见的电压继电器如图 1-41 所示。

图 1-41　几种常见的电压继电器

电压继电器根据用途可分为过电压继电器和欠电压继电器，以欠电压继电器为例，通常在电路中起欠电压保护作用。

过电压继电器是对电压上限值进行反应的，当线圈两端所加电压为额定值时，触点不动作，当线圈两端所加电压超过额定值达到某一规定值时，触点动作。

欠电压继电器是对电压下限值进行反应的，当线圈两端所加电压为额定值时，触点动作，当线圈两端所加电压低于额定值而达到某一规定值时，触点复位。

2）表示方法。

电压继电器的型号及含义如图 1-42 所示。两种继电器的符号如图 1-43 所示。

3）选择及常见故障处理方法。

电压继电器线圈的额定电压一般可按电路的额定电压来选择。

电压继电器的使用应注意如下几点。

① 安装前先检查额定电压值是否与实际要求相符。

② 安装后应在主触点不带电的情况下，使吸引圈带电操作几次，尝试继电器动作是否可靠。

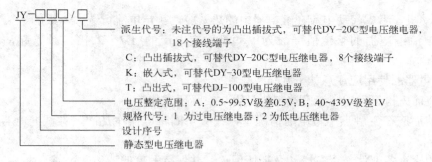

JY-□□□/□

派生代号：未注代号的为凸出插拔式，可替代DY-20C型电压继电器，
　　　　　18个接线端子
C：凸出插拔式，可替代DY-20C型电压继电器，8个接线端子
K：嵌入式，可替代DY-30型电压继电器
T：凸出式，可替代DJ-100型电压继电器
电压整定范围：A：0.5~99.5V级差0.5V；B：40~439V级差1V
规格代号：1为过电压继电器；2为低电压继电器
设计序号
静态型电压继电器

图1-42　电压继电器型号及含义

a)　　　　　　　　　　　　　　b)

图1-43　电压继电器符号

a) 过电压继电器　b) 欠电压继电器

③ 定期检查各部件有否松动及损坏现象，并保持触点的清洁和可靠。

电流继电器的常见故障及检修方法与接触器类似。

2．时间继电器

在自动控制系统中，既需要有瞬时动作的继电器，也需要有延时动作的继电器。时间继电器是一种用于时间控制的继电器。它按照设定时间控制而使触点动作，即由它的感测机构接收信号，经过一定时间延时后执行机构才会动作，并输出信号以操纵控制电路。

时间继电器按动作原理分为空气阻尼式、电磁阻尼式、电子式和电动式。

时间继电器按延时方式有以下两种。

通电延时：接受输入信号后延迟一定的时间，输出信号才发生变化。当输入信号消失后，输出瞬时复原。

断电延时：接受输入信号时，瞬时产生相应的输出信号。当输入信号消失后，延迟一定的时间，输出才复原。

（1）结构工作原理

几种形式的时间继电器如图1-44所示。

电子式时间继电器具有体积小、延时精度高、寿命长、工作稳定可靠、安装方便、触点输出容量大和产品规格全等优点，广泛应用于电力拖动、顺序控制及各种生产过程的自动控制系统中。随着电子技术的飞速发展，电子式时间继电器得到了更加广泛的应用，一定情况下可取代空气阻尼式、电动式等时间继电器。电子式时间继电器按其构成分为晶体管时间继电器和数字式时间继电器，按其输出形式分为有触点型和无触点型。

现以JS20系列电子式时间继电器为例，说明其工作原理，如图1-45所示。

当电源接通后，经稳压二极管 $VD_1 \sim VD_4$ 提供电压，再经波段开关串联电阻 R10、RP1、R2 向电容 C2 充电。C2 上的电压由 0 按规律上升，当此电压大于晶闸管 V6 上的峰点电压 UP 时，晶闸管 V6 导通，输出脉冲电压触发晶闸管 VT，使其导通，同时继电器 KA 动作。从时间继电器接通电源到 KA 动作为止的这段时间为通电延时动作时间。

图 1-44　几种形式的时间继电器

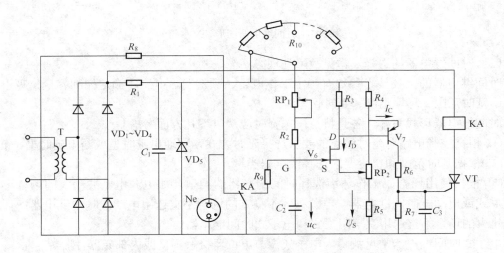

图 1-45　JS20 系列电子式时间继电器工作原理图

　　电磁式时间继电器是在中间继电器铁心上增加一个阻尼铜套，当继电器吸合时，由于衔铁处于释放位置，气隙大，磁通少，阻尼铜套的作用较小，延缓了磁通的变化速度，以达到延时的目的。当断电时，磁通量变化大，阻尼铜套的作用较大，使衔铁延时释放，并达到延时目的。电磁式时间继电器运行可靠，寿命长，允许通电次数多，结构简单，但仅适用于直流电路，延时时间短。一般通电延时 0.1～0.5s，断电延时 0.2～10s，常用做断电延时。

　　空气阻尼式时间继电器是利用空气阻尼作用获得延时，有通电延时和断电延时两类。由电磁机构、延时系统和触点系统组成。延时系统主要由橡皮膜隔成两气室，通过空气压力实现延时。空气阻尼式时间继电器具有结构简单、价格低廉、延时范围较宽、工作可靠、寿命长等优点，常用于机床交流控制电路中。延时时间有 0.4～60s 和 0.4～180s 两种规格。

　　电动式时间继电器由微型同步电动机、减速齿轮机构、电磁离合系统、差动轮系统、触点系统脱扣机构及执行机构组成。电动式时间继电器延时时间长（可达数十小时），延时直观，延时精度高，但结构复杂，体积大，成本高，延时易受电源频率变化的影响。

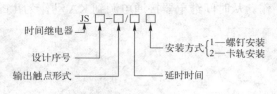

（2）表示方式

1）型号。时间继电器的标志组成及其含义如图1-46所示。

图1-46　时间继电器型号及含义

2）电气符号。时间继电器的图形符号及文字符号如图1-47所示。

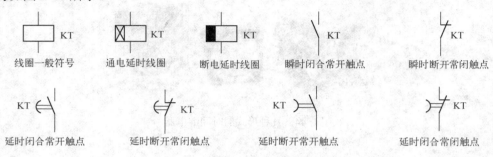

图1-47　时间继电器图形、文字符号

（3）时间继电器的选择及常见故障处理方法

时间继电器的主要技术参数有额定工作电压、额定发热电流、额定控制容量、吸引线圈电压、延时范围、环境温度、延时误差等。

时间继电器形式多样，各具特点，选择时应从以下几方面考虑。

① 根据控制电路对延时触点的要求选择延时方式，即通电延时型或断电延时型。

② 根据延时范围和精度要求选择继电器类型。

③ 根据使用场合、工作环境选择时间继电器的类型。如电源电压波动大的场合可选空气阻尼式或电动式时间继电器，电源频率不稳定的场合不宜选用电动式时间继电器；环境温度变化大的场合不宜选用空气阻尼式和电子式时间继电器。

电子式时间继电器常见故障为电子式调节电位器接触不良或内部元器件脱焊。

空气阻尼式时间继电器常见故障及其处理方法见表1-10。

表1-10　空气阻尼式时间继电器常见故障及其处理方法

故障现象	产生原因	处理方法
延时触点不动作	1. 电磁铁线圈断线 2. 电源电压低于线圈额定电压很多 3. 电动式时间继电器的同步电动机线圈断线 4. 电动式时间继电器的棘爪无弹性，不能刹住棘齿 5. 电动式时间继电器游丝断裂	1. 更换线圈 2. 更换线圈或调高电源电压 3. 调换同步电动机 4. 调换棘爪 5. 调换游丝
延时时间缩短	1. 空气阻尼式时间继电器的气室装配不严，漏气 2. 空气阻尼式时间继电器的气室内橡皮薄膜损坏	1. 修理或调换气室 2. 调换橡皮薄膜
延时时间变长	1. 空气阻尼式时间继电器的气室内有灰尘，使气道阻塞 2. 电磁机构的传动机构缺润滑油	1. 清除气室内灰尘，使气道畅通 2. 加入适量的润滑油

3. 速度继电器

速度继电器是用来反映转速与转向变化的继电器。它可以按照被控电动机转速的大小使控制电路接通或断开。速度继电器通常与接触器配合，实现对电动机的反接制动。速度继电器分为电磁式和电子式两类。其外形如图 1-48 所示。

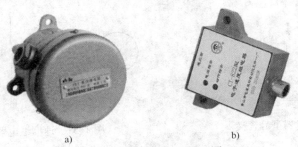

图 1-48　速度继电器外形图

a) 电磁式　b) 电子式

（1）结构及工作原理

电磁式速度继电器主要由转子、定子和触点等部分组成，转子是一个圆柱形永久磁铁，定子是一个笼形空心圆环，并装有笼形绕组。其外形、结构示意图如图 1-49 所示。

 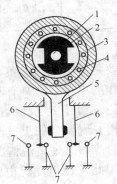

图 1-49　速度继电器结构示意图

1—转轴；2—转子；3—定子；4—绕组；5—胶木摆杆；6—动触点；7—静触点

速度继电器的转轴和电动机的轴通过联轴器相连，当电动机转动时，速度继电器的转子随之转动，定子内的绕组便切割磁力线，产生感应电动势，而后产生感应电流，此电流与转子磁场作用产生转矩，使定子开始转动。电动机转速达到某一值时，产生的转矩能使定子转到一定角度使摆杆推动常闭触点动作；当电动机转速低于某一值或停转时，定子产生的转矩会减小或消失，触点在弹簧的作用下复位。同理，电动机反转时，定子会往反方向转过一个角度，使另外一组触点动作。可以通过观察速度继电器触点的动作与否，来判断电动机的转向与转速。

（2）表示方式

1）型号。速度继电器的标志组成及其含义如图 1-50 所示。

2）电气符号。速度继电器的图形符号及文字符号如图 1-51 所示。

（3）选择及常见故障处理方法

速度继电器主要根据电动机的额定转速来选择。使用时，速度继电器的转轴应与电动机同轴连接；安装接线时，正反向的触点不能接错，否则不能起到反接制动时接通和断开反向电源的作用。

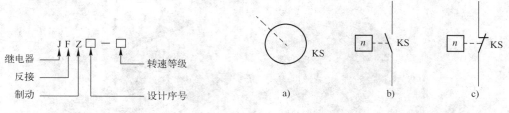

图 1-50　速度继电器型号含义

图 1-51　速度继电器图形、文字符号
a) 转子　b) 常开触点　c) 常闭触点

速度继电器的常见故障及其处理方法见表 1-11。

表 1-11　速度继电器的常见故障及其处理方法

故 障 现 象	产 生 原 因	处 理 方 法
制动时速度继电器失效，电动机不能制动	1. 速度继电器胶木摆杆断裂 2. 速度继电器常开触点接触不良 3. 弹性动触片断裂或失去弹性	1. 调换胶木摆杆 2. 清洗触点表面油污 3. 调换弹性动触片

4．热继电器

热继电器主要是用于电气设备（主要是电动机）的过载保护。热继电器是一种利用电流热效应原理工作的电器，它具有与电动机容许过载特性相近的反时限动作特性，主要与接触器配合使用。三相异步电动机在实际运行中，常会遇到因电气或机械原因等引起的过电流（过载和断相）现象。如果过电流不严重，持续时间短，绕组不超过允许温升，则这种过电流是允许的；如果过电流情况严重，持续时间较长，则会加快电动机绝缘老化，甚至烧毁电动机，因此，在电动机电路中应设置电动机保护装置。常用的电动机保护装置种类很多，使用最多、最普遍的是双金属片式热继电器。目前，双金属片式热继电器均为三相式，有带断相保护和不带断相保护两种。几种常用的热继电器外形如图 1-52 所示。

（1）结构及工作原理

热继电器主要由热元件、双金属片和触点等 3 部分组成。双金属片是热继电器的感测元件，由两种线膨胀系数不同的金属片用机械碾压而成。线膨胀系数大的称为主动层，小的称为被动层。图 1-53 是热继电器的结构示意图。

热元件串联在电动机定子绕组中，电动机正常工作时，热元件产生的热量虽然能使双金属片弯曲，但还不能

图 1-52　热继电器外形

使继电器动作。当电动机过载时，流过热元件的电流增大，经过一定时间后，双金属片推动导板使继电器触点动作，其常闭触点串接于控制电路，从而切断电动机的控制电路。

电动机断相运行是电动机烧毁的主要原因之一，因此要求热继电器还应具备断相保护功能，如图 1-53b 所示，热继电器的导板采用差动机构，在断相工作时，其中两相电流增大，

一相逐渐冷却，这样可使热继电器的动作时间缩短，从而更有效地保护电动机。

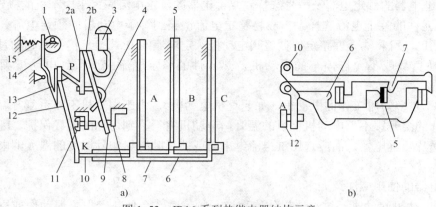

图 1-53　JR16 系列热继电器结构示意

a) 结构示意图　b) 差动式断相保护示意图

1—电流调节凸轮；2—2a、2b 簧片；3—手动复位按钮；4—弓簧；5—双金属片；6—外导板；7—内导板；8—常闭静触点；9—动触点；10—杠杆；11—调节螺钉；12—补偿双金属片；13—推杆；14—连杆；15—压簧

　　热继电器具有反时限保护特性，即过载电流大，动作时间短；过载电流小，动作时间长。当电动机的工作电流为额定电流时，热继电器应长期不动作。

（2）表示方法

1）型号。热继电器的型号标志组成及其含义如图 1-54 所示。

2）电气符号。热继电器的图形符号及文字符号如图 1-55 所示。

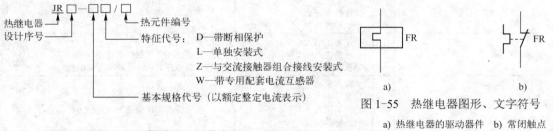

图 1-54　热继电器型号含义

图 1-55　热继电器图形、文字符号

a) 热继电器的驱动器件　b) 常闭触点

（3）选择及常见故障处理方法

　　热继电器的主要技术参数包括额定电压、额定电流、相数、热元件编号及整定电流调节范围等。

　　热继电器的整定电流是指热继电器的热元件允许长期通过又不致引起继电器动作的最大电流值。对于某一热元件，可通过调节其电流调节旋钮，在一定范围内调节其整定电流。

　　热继电器主要用于电动机的过载保护，使用中应考虑电动机的工作环境、起动情况、负载性质等因素，具体应按以下几个方面来选择。

　　选用热继电器作为电动机的过载保护时，应使电动机在短时过载和起动瞬间不受影响。

　　① 热继电器的类型选择。一般轻载起动、短时工作，可选择二相结构的热继电器；当电源电压的均衡性和工作环境较差或多台电动机的功率差别较显著时，可选择三相结构的热

继电器；对于三角形联结的电动机，应选用带断相保护装置的热继电器。

② 热继电器的额定电流及型号选择。热继电器的额定电流应大于电动机的额定电流。

③ 热元件的整定电流选择。一般将整定电流调整到等于电动机的额定电流。对过载能力差的电动机，可将热元件整定值调整到电动机额定电流的 0.6～0.8 倍；对起动时间较长，拖动冲击性负载或不允许停车的电动机，热元件的整定电流应调节到电动机额定电流的 1.1～1.15 倍。

④ 对于重复短时工作的电动机（如起重机电动机），由于电动机不断重复升温，热继电器双金属片的温升跟不上电动机绕组的温升，电动机将得不到可靠的过载保护。因此，不宜选用双金属片热继电器，而应选用过电流继电器或能反映绕组实际温度的温度继电器来进行保护。

热继电器的使用应注意如下几点。

① 当电动机起动时间过长或操作次数过于频繁时，会使热继电器误动作或烧坏电器，故这种情况一般不用热继电器作过载保护。

② 当热继电器与其他电器安装在一起时，应将它安装在其他电器的下方，以免其动作特性受到其他电器发热的影响。

③ 热继电器出线端的连接导线应合适选择。若导线过细，则热继电器可能提前动作；若导线太粗，则热继电器可能滞后动作。

热继电器的常见故障及其处理方法见表 1-12。

表 1-12　热继电器的常见故障及其处理方法

故障现象	产生原因	处理方法
热继电器误动作或动作太快	1. 整定电流偏小 2. 操作频率过高 3. 连接导线太细	1. 调大整定电流 2. 调换热继电器或限定操作频率 3. 选用标准导线
热继电器不动作	1. 整定电流偏大 2. 热元件烧断或脱焊 3. 导板脱出	1. 调小整定电流 2. 更换热元件或热继电器 3. 重新放置导板并试验动作灵活性
热元件烧断	1. 负载侧电流过大 2. 反复 3. 短时工作 4. 操作频率过高	1. 排除故障调换热继电器 2. 限定操作频率或调换合适的热继电器
主电路不通	1. 热元件烧毁 2. 接线螺钉未压紧	1. 更换热元件或热继电器 2. 旋紧接线螺钉
控制电路不通	1. 热继电器常闭触点接触不良或弹性消失 2. 手动复位的热继电器动作后，未手动复位	1. 检修常闭触点 2. 手动复位

1.2　导学 2　可编程序控制器（PLC）基础知识

在工业生产过程中，开关量顺序动作、连锁保护动作及大量离散量的数据采集等功能是通过电气控制系统来实现的。对生产工艺多变的系统适应性差，一旦生产任务和工艺发生变化，就必须重新设计，并改变硬件结构。1968 年美国 GM（通用汽车）公司提出取代继电器控制装置的要求，第二年，美国数字公司研制出了基于集成电路和电子技术的控制装置，首次采用程序化的手段应用于电气控制，这就是第一代可编程序控制器，称为 Programmable Controller（PC）。个人计算机（简称 PC）发展起来后，为了方便，也为了反映可编程序控制器的功能特点，可编程序控制器定名为 Programmable Logic Controller（PLC），以下简称 PLC。PLC 的发展异常迅速，它的应用领域可谓是各行各业。 PLC 的出现和发展，是工业控制技术上的一个飞跃。

1.2.1 PLC 概述

1．PLC 的定义

1987 年，国际电工委员会（IEC）颁布了新的 PLC 标准及其标准定义："可编程序控制器是一种数字运算操作的电子系统，专为在工业环境应用而设计的。它采用一类可编程的存储器，用于其内部存储程序，执行逻辑运算、顺序控制、定时、计数与算术操作等操作指令，并通过数字或模拟式输入/输出控制各种类型的机械或生产过程。可编程序控制器及其有关外部设备，都应按易于与工业控制系统连成一个整体，易于扩充其功能的原则设计。"

定义强调了 PLC 的特点如下。
① 数字运算操作的电子系统———一种计算机。
② 专为在工业环境下应用而设计。
③ 面向用户指令。
④ 逻辑运算、顺序控制、定时计算和算数操作。
⑤ 数字量或模拟量输入/输出控制。
⑥ 易于控制系统连成一体。
⑦ 易于扩充。

2．PLC 的特点

1）可靠性高，抗干扰能力强。高可靠性是电气控制设备的关键性能。PLC 由于采用现代大规模集成电路技术，采用严格的生产工艺制造，内部电路采取了先进的抗干扰技术，具有很高可靠性。使用 PLC 构成的控制系统与同等规模的继电器－接触器控制系统相比，电气接线及开关触点已减少到数百甚至数千分之一，故障率大大降低。此外，PLC 带有硬件故障自我检测功能，出现故障时可及时发出警报信息。在应用软件中，应用者还可以编入外围器件的故障诊断程序，使系统中除 PLC 以外的电路及设备也能获得故障自诊断保护。这样，系统的可靠性得以全面提高。

2）配套齐全、功能完善、适用性强。PLC 发展到今天，已经形成了各种规模的系列化 PLC 系统，可以用于各种规模的工业控制场合。除了逻辑处理功能以外，PLC 大多具有完善的数据运算能力，可用于各种数字控制领域。多种多样的功能单元大量涌现，使 PLC 渗透到了位置控制、温度控制、CNC 等各种工业控制中，加上 PLC 通信能力的增强及人机界面技术的发展，使用 PLC 组成各种控制系统变得非常容易。

3）程序设计简单。 PLC 的编程大多采用类似于继电器控制电路的梯形图形式，对使用者来说，不需要具备计算机的专门知识，因此，很容易被一般工程技术人员所理解和掌握。而采用功能图、指令表和顺序功能表图（SFC）语言为 PLC 编程，也不需太多的计算机编程知识。利用 PLC 配套的综合软件工具包，可在任何兼容的计算机上实现离线编程。

4）系统设计的工作量小、维护方便、容易改造。PLC 用存储逻辑代替接线逻辑，大大减少了控制设备外部的接线，使控制系统设计及建设的周期大为缩短，同时日常维护也变得容易，更重要的是使同一设备经过改变程序而改变生产过程成为可能。

5）PLC 的功能非常丰富。这主要与它具有丰富的处理信息的指令系统及存储信息的内部器件有关。它的指令多达几十条、几百条，可进行各式各样逻辑问题的处理，还可进行各种类型数据的运算。

PLC 内部的各种继电器，相当于中间继电器，数量众多。内存中一个位就可作为一个中间继电器。PLC 内部的计数器、定时器可达成百、成千个。这是因为只要用内存中的一个字，再加一些标志位，即可成为定时器、计数器。而且，这些内部器件还可设置成断电保持，或断电不保持，即通电后可予以清零，以满足不同的使用要求。

另外为了提高操作性能，它还有多种人机对话的接口模块，丰富的外部设备，可建立友好的人机界面，以进行信息交换；可送入程序，送入数据，可读出程序，读出数据，而且在读、写时可在图文并茂的画面上进行；数据读出后，可转储、可打印；数据送入可键入、可读卡输入等。

为了组成工业局部网络，它还有多种通信联网的接口模块，可与计算机连接或联网，与计算机交换信息。其自身也可联网，以形成单机所不能够实现的更大的、地域更广的控制系统。

6）扩充方便，组合灵活。为了适应各种工业控制需要，除了单元式的小型 PLC 以外，绝大多数的 PLC 均采用模块化结构。PLC 的各个部件，包括 CPU、电源、I/O 等均采用模块化设计，由机架及电缆将各模块连接起来，系统的规模和功能可根据用户的需要自行组合来完成不同的任务。

7）安装简单、维修方便。PLC 不需要专门的机房，可以在各种工业环境下直接运行。使用时只需将现场的各种设备与 PLC 相应的 I/O 端相连接，写入 PLC 的应用程序即可投入运行。各种模块上均有运行和故障指示装置，便于用户了解运行情况和查找故障。由于采用模块化结构，因此，一旦某模块发生故障，用户可以通过更换模块的方法，使系统迅速恢复运行。PLC 还有强大的自检功能，可进行自诊断，其结果可自动记录。这为它的维修增加了透明度，提供了方便。

8）体积小，重量轻。PLC 的重量、体积、功耗和硬件价格一直在降低，虽然软件价格占的比重有所增加，但是各厂商为了竞争也相应地降低了价格。另外，采用 PLC 还可以大大缩短设计、编程和投产周期，使总价格进一步降低。

3．PLC 的分类

PLC 是根据现代化大生产的需要而产生的，PLC 的分类也必然要符合现代化生产的需求。可以从下面 3 个角度粗略地对 PLC 进行分类。

（1）按控制规模分类

PLC 按控制规模分，可以分为小型机、中型机和大型机 3 类。

小型机：I/O 点数一般在 256 点以内，如日本 OMRON 公司生产的 CQM1、三菱公司生产的 FX2 和德国西门子公司生产的 S7-200。这类 PLC 由于控制点数不多，控制功能有一定局限性。但它价格低廉，并且小巧、灵活，可以直接安装在电气控制柜内，很适合用于单机控制或小型系统的控制。

中型机：I/O 控制点数一般在 500～2048 点之间，如日本 OMRON 公司生产的 C200H、日本富士公司生产的 HDC-100 和德国西门子公司生产的 S7-300。这类 PLC 由于控制点数较多，控制功能较强，有些 PLC 还有较强的计算能力，不仅可用于对设备进行直接控制，也可以对多个下一级的 PLC 进行监控，适用于中型或大型控制系统的控制。

大型机：I/O 控制点数一般大于 2048 点，如日本 OMRON 公司生产的 C2000H、日本富士公司生产的 F200 和德国西门子公司生产的 S7-400。这类 PLC 控制点数多，控制功能很强，有很强的计算能力。同时，这类 PLC 运行速度很高，不仅能完成较复杂的算术运算，还能进行复杂的矩阵运算，它不仅可以用于对设备进行直接控制，可以对多个下一级的 PLC 进行监控，还可以完成现代化工厂的全面管理和控制任务。

（2）按结构分类

PLC 按结构分，可以分为整体式、模块式和叠装式 3 类。

整体式：又称为单元式或箱体式。把电源、CPU、存储器和 I/O 系统都集成在一个单元内，该单元叫做基本单元。一个基本单元就是一台完整的 PLC。当控制点数不满足需要时，可再接扩展单元，扩展单元不带 CPU，在安装时不用基板，仅用电缆进行单元间的连接，由基本单元和若干扩展单元组成较大的系统。整体式结构的特点是紧凑、体积小、成本低、安装方便，其缺点是各个单元输入与输出点数有确定的比例，使 PLC 的配置缺少灵活性，有些 I/O 资源不能充分利用。早期的小型机多为整体式结构。

模块式：又叫做组合式结构。模块式结构的 PLC 是把 PLC 系统的各个组成部分按功能分成若干个模块，如 CPU 模块、输入模块、输出模块和电源模块等，其中各模块功能比较单一，模块的种类却日趋丰富。例如，一些 PLC 除了一些基本的 I/O 模块外，还有一些特殊功能模块，如温度检测模块、位置检测模块、PID 控制模块和通信模块等。模块式结构的 PLC 采用搭积木的方式，在一块基板插槽上插上所需模块组成控制系统。这种结构的优点是系统构成非常灵活，安装、扩展维修都很方便，缺点是体积比较大。中型机和大型机多为模块式结构。

叠装式：是整体式和模块式相结合的产物。把某个系列的 PLC 工作单元制作成一定的外形尺寸，CPU、I/O 接口及电源也可做成独立的，不使用模块式 PLC 的母板，采用电缆连接各个单元，在控制设备安装时可以一层一层地叠装。

（3）按功能分类

PLC 按功能分，可以分为低档机、中档机和高档机 3 类。

低档机：具有基本的控制功能和一般的运算能力。工作速度比较低，能带的输入/输出模块的数量比较少，种类也比较少。这类 PLC 只适合于小规模的简单控制，在联网中一般适合做从站使用。如日本 OMRON 公司生产的 C60P 就属于低档机。

中档机：具有较强的控制功能和运算能力，它不仅能完成一般的逻辑运算，也能完成比较复杂的三角函数、指数运算和 PID 运算。工作速度比较快，能带的输入/输出模块的数量和种类也比较多。这类 PLC 不仅能完成小型系统的控制，也可以完成较大规模的控制任务。在联网中可以做从站，也可以做主站。如德国西门子公司生产的 S7-300 就属于中档机。

高档机：具有强大的控制功能和运算能力，它不仅能完成逻辑运算、三角函数运算、指数运算和 PID 运算，还能进行复杂的矩阵运算。工作速度很快，能配带的输入/输出模块的数量很多，种类也很全面。这类可编程序控制器不仅能完成中等规模的控制工程，也可以完成规模很大的控制任务。在联网中一般做主站使用。如德国西门子公司生产的 S7-400 就属于高档机。

4．PLC 的发展方向

① 向高集成、高性能、高速度和大容量方向发展。

② 向普及化方向发展。

③ 向模块化和智能化发展。

④ 向软件化发展。

⑤ 向通信网络化发展。

1.2.2 PLC 结构与工作原理

PLC 是基于计算机技术和自动控制理论发展而来的，它既不同于普通的计算机，又不同于一般的计算机控制系统，PLC 实质是一种专用于工业控制的计算机，其硬件结构基本上与微型计算机相同。作为一种特殊形式的计算机控制装置，PLC 的基本组成包括硬件与软件两部分。

1．PLC 的硬件组成

PLC 的硬件主要包括：CPU（中央处理器）、存储器（RAM、ROM）、输入/输出（I/O）接口电路、电源及外部设备接口等。PLC 的硬件结构如图 1-56 所示。

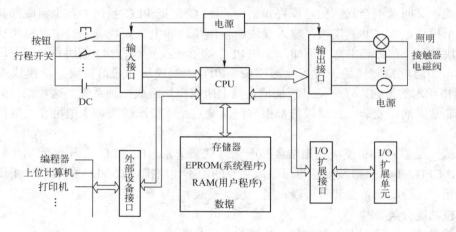

图 1-56　PLC 硬件结构图

（1）CPU

CPU 是中央处理器（Central Processing Unit）的英文缩写。它是 PLC 的核心和控制指挥中心，主要由控制器、运算器和寄存器组成，并集成在一块芯片上。主要用来运行用户程序、监控输入/输出接口状态以及进行逻辑判断和数据处理。CPU 通过地址总线、数据总线和控制总线与存储器、输入/输出接口电路相连接，完成信息传递、转换等。

CPU 的主要功能有：接收输入信号并存入存储器，读出指令，执行指令并将结果输出，处理中断请求，准备下一条指令等。

（2）存储器

存储器的类型有可读/写操作的随机存储器 RAM 和只读存储器 ROM、PROM、EPROM

和 E²PROM。PLC 的存储器可以分为两类，一类是系统程序存储器，主要存放系统管理、监控程序和用户程序编译程序，这类程序已由厂家固定，用户不能更改；另一类是用户程序及数据存储器，主要用于存放用户编制的应用程序和各种数据。

（3）输入接口电路

PLC 通过输入接口把工业设备或生产过程的状态或信息（如按钮、各种继电器触点、行程开关和各种传感器等）读入中央处理单元。PLC 内部输入接口电路主要包括光隔离器和输入控制电路。光隔离器有效的隔离了外输入电路与 PLC 间的电的联系，具有较强的抗干扰能力。各种有触点和无触点的开关输入信号经光隔离器转换成控制器（由 CPU 等组成）能够接受的电平信号，输入到输入映像区（输入状态寄存器）中。

（4）输出接口电路

输出接口是将 CPU 处理的结果通过输出电路驱动输出设备（如指示灯、电磁阀、继电器和接触器等）。输出接口电路按照 PLC 的类型不同一般分为继电器输出型、晶体管输出型和晶闸管输出型 3 类以满足各种用户的需要。其中继电器输出型为有触点的输出方式，可用于直流或低频交流负载；晶体管输出型和晶闸管输出型都是无触点输出方式，前者适用于高速、小功率直流负载，后者适用于高速、大功率交流负载。

（5）电源

PLC 一般采用 AC220V 电源，经整流、滤波、稳压后可变换成供 PLC 的 CPU、存储器等电路工作所需的直流电压，有的 PLC 也采用 DC24V 电源供电。电源的直流输出电压多为直流 5V 和直流 24V。直流 5V 电源供 PLC 内部使用，直流 24V 电源除供内部使用外还可以供输入/输出单元和各种传感器使用。

（6）外部设备

编程设备：编程器是 PLC 开发应用、监测运行、检查维护不可缺少的器件，用于编程、对系统作一些设定、监控 PLC 及 PLC 所控制的系统的工作状况，但它不直接参与现场控制运行。小编程器 PLC 一般有手持型编程器，目前一般由计算机（运行编程软件）充当编程器。

人机界面：最简单的人机界面是指示灯和按钮，目前液晶屏（或触摸屏）式的一体式操作员终端应用越来越广泛，由计算机（运行组态软件）充当人机界面非常普及。

输入输出设备：用于永久性地存储用户数据，如 EPROM、EEPROM 写入器，条码阅读器，输入模拟量的电位器，打印机等。

除上述一些外部设备接口以外，PLC 还设置了存储器接口和通信接口。存储器接口是为扩展存储区而设置的，用于扩展用户程序存储区和用户数据参数存储区，可以根据使用的需要扩展存储器。通信接口是为在微机与 PLC、PLC 与 PLC 之间建立通信网络而设立的接口。

2．PLC 的软件组成

PLC 的软件组成包括系统和用户程序。

（1）系统程序

系统程序是指控制和完成 PLC 各种功能的程序。对整个 PLC 系统进行调度、管理、监视及服务的程序，它控制和完成 PLC 各种功能。这些程序由 PLC 制造厂家设计提供，固化在 ROM 中，用户不能直接存取、修改。系统程序存储器容量的大小决定系统程序的大小和复杂程度，也决定 PLC 的功能。

（2）用户程序

用户程序是用户在各自的控制系统中根据控制对象生产工艺及控制要求开发的应用程序，大都存放在 RAM 存储器中，因此使用者可对用户程序进行修改。为保证掉电时不会丢失存储信息，一般用锂电池作为备用电源。用户程序存储器容量的大小决定了用户控制系统的控制规模和复杂程度。

根据国际电工委员会制定的工业控制编程语言标准（IEC1131-3），定义了 5 种编程语言（但最常用的是梯形图和指令表）：

1）指令表 STL（Instruction list）；

2）结构文本 SCL（Structured text）；

3）梯形图 LAD（Ladder diagram）；

4）功能块图 FBD （Function block diagram）；

5）顺序功能图 SFC（Sequential function chart）。

3．PLC 的工作原理

PLC 有两种工作模式：运行（RUN）和停止（STOP）模式。

在停止模式下，PLC 只进行内部处理和通信服务等工作。在运行模式下，其主要工作过程分为 3 个阶段，即输入采样、程序执行和输出刷新。

PLC 采用循环扫描的工作方式，即按分时操作原理运行，在每段时间分别执行不同操作任务，包括内部处理、通信服务、输入处理、程序执行、输出处理等任务并循环执行。将整个工作顺序扫描执行一遍为一个扫描周期，其典型值约为 10～100ms。由于 CPU 的运算处理速度很高，使得外部显示的结果从宏观来看似乎是同时完成的。

当 PLC 运行时，有许多操作需要进行，但执行用户程序是它的主要工作。在执行用户程序前还应完成内部处理、通信服务、自诊断检查等辅助工作。在内部处理阶段，PLC 检查 CPU 模块内部的硬件、I/O 模块配置、停电保持范围设定是否正常，监控定时器复位以及完成其他一些内部处理。在通信服务阶段，PLC 要完成数据的接收和发送任务、响应编程器的输入命令、更新显示内容、更新时钟和特殊寄存器内容等工作，还可以检测是否有中断请求，若有则作相应处理。自诊断阶段，检测程序语法是否有错、电源和内部硬件是否正常，检测存储 CPU 及 I/O 部件是否正常，有错或异常时，CPU 能根据错误类型和程度发出出错提示信号，并进行相应的处理。

PLC 的工作过程示意图如图 1-57 所示。

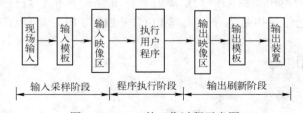

图 1-57　PLC 的工作过程示意图

（1）输入采样阶段

在程序开始时，监控程序使 PLC 以扫描方式逐个输入所有输入端口上的信号，并依次存入对应的输入映像寄存器。在输入采样阶段，PLC 以扫描方式依次地读入输入状态和数据，并将它们存入 I/O 映像区中的相应的单元内。输入采样结束后，转入用户程序执行和输出刷新阶段。在这两个阶段中，即使输入状态和数据发生变化，I/O 映像区中的相应单元的状态和数据也不会改变。因此，如果输入是脉冲信号，则该脉冲信号的宽度必须大于一个扫描周期，才能保证在任何情况下，该输入均能被读入。

（2）程序执行阶段

在用户程序执行阶段，PLC 总是按由上而下的顺序依次地扫描用户程序（梯形图）。在扫描每一条梯形图时，又总是先扫描梯形图左边的由各触点构成的控制电路，并按先左后右、先上后下的顺序对由触点构成的控制电路进行逻辑运算，然后根据逻辑运算的结果，刷新该逻辑线圈在系统 RAM 存储区中对应位的状态；或者刷新该输出线圈在 I/O 映像区中对应位的状态；或者确定是否要执行该梯形图所规定的特殊功能指令。即在用户程序执行过程中，只有输入点在 I/O 映像区内的状态和数据不会发生变化，而其他输出点和软设备在 I/O 映像区或系统 RAM 存储区内的状态和数据都有可能发生变化，而且排在上面的梯形图，其程序执行结果会对排在下面的凡是用到这些线圈或数据的梯形图起作用；相反，排在下面的梯形图，其被刷新的逻辑线圈的状态或数据只能到下一个扫描周期才能对排在其上面的程序起作用。

（3）输出刷新阶段

在所有指令执行完毕且已进入到输出刷新阶段时，PLC 才将输出映像寄存器中所有输出继电器的状态（接通/断开）转存到输出锁存器中，然后通过一定方式输出以驱动外部负载。这种输出工作方式称为集中输出方式。集中输出方式在执行用户程序时不是得到一个输出结果就向外输出一个，而是把执行用户程序所得的所有输出结果先全部存放在输出映像寄存器中，执行完用户程序后所有输出结果一次性向输出端口或输出模块输出，使输出设备部件动作。

一般地，PLC 的一个扫描周期约 10ms，另外，PLC 的输入/输出还有响应滞后（输入约 10ms），继电器机械滞后约 10ms，所以，一个信号从输入到实际输出，大约有 20~30ms 的滞后。

1.2.3 S7–200 系列 PLC 简介

德国 SIEMENS 公司是世界上著名的，也是欧洲最大的电气设备制造商，1973 年研制成功欧洲第一台可编程序控制器，1975 年推出 SIMATIC S3 系列可编程序控制器，1979 年推出 SIMATIC S5 系列可编程序控制器，20 世纪末推出了 SIMATIC S7 系列 PLC；S7 系列 PLC 分为 S7-400、S7-300、S7-200 三个系列，分别为 S7 系列的大、中、小型 PLC 系统。其中 S7-200 系列 PLC 具有设计紧凑、扩展方便、价格低廉等特点，普遍应用于小规模控制系统中。S7-200 系列 PLC 外形结构图如图 1-58 所示。

1. S7-200 PLC 硬件结构

S7-200 系列 PLC 系统硬件由主机系统、扩展系统、特殊功能模块、相关设备等组成。各部分基本功能如下。

1）主机系统：由 CPU、存储器、基本 I/O 点和电源等组成。S7-200 型 PLC 主机单元的 CPU 共有两个系列：CPU21X 系列和 CPU22X 系列。CPU21X 系列 CPU 包括 CPU212、CPU214、CPU215、CPU216；CPU22X 系列 CPU 包括 CPU221、CPU222、CPU224、

CPU224XP 和 CPU226。CPU21X 系列属于 S7-200 的第一代产品，目前已被淘汰，不做具体的介绍，目前的主流产品是 CPU22X 系列。除了 CPU221 主机以外，其他 CPU 主机均可以进行系统扩展。

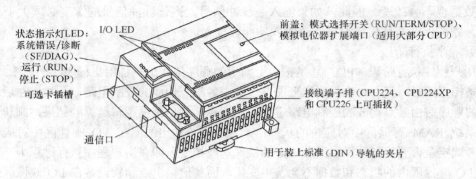

图 1-58 S7-200 PLC 外形结构图

2）扩展系统：当主机模块 I/O 基本点数不能满足控制要求时，可带 I/O 扩展模块；S7-200 系列 PLC 的 I/O 扩展模块产品包括输入扩展模块 EM221、输出扩展模块 EM222、输入/输出扩展模块 EM223、模拟量输入扩展模块 EM231、模拟量输出扩展模块 EM232 和模拟量输入/输出扩展模块 EM235。

3）特殊功能模块：当用户需要完成特殊控制任务时，则可增加扩展功能模块，如运动控制模块、特殊通信模块等。S7-200 系列 PLC 特殊功能模块包括调制解调器模块 EM241、定位模块 EM253，ProfiBus-DP 模块 EM277、以太网模块 CP243 和 AS-i 接口模块 CP243-2 等。

4）相关设备：主要有编程设备、人机操作界面和网络设备等。S7-200 系列 PLC 人机操作界面 HMI 主要有文本显示器 TD200、TD400，触摸屏 TP170A、TP170B，覆膜键盘显示器 OP170A、OP170B、OP77A、OP77B 等。

2. S7-200 的 CPU22X 系列 PLC 的主要技术数据

S7-200 的 CPU22X 系列 PLC 的主要技术数据见表 1-13。

表 1-13　CPU22X 系列 PLC 的主要技术数据

特　　性		CPU221	CPU222	CPU224	CPU224XP	CPU226
外型尺寸/mm		90×80×62	90×80×62	120.5×80×62	190×80×62	190×80×62
存储器						
用户程序		2048 字节			4096 字节	
用户数据		1024 字节			2560 字节	
断电数据保存时间/h	内置超级电容	50 小时			100 小时	
	外插电池卡	连续使用 200 天				
I/O						
数字量 I/O		6 入/4 出	8 入/6 出	14 入/10 出	14 入/10 出	24 入/16 出
模拟量 I/O		无			2 输入/1 输出	无
数字 I/O 映像区		256（128 入/128 出）				
模拟 I/O 映像区		无	32（16 入/16 出）		64（32 入/32 出）	

项目				
允许最大扩展模块	无	2个	7个	
允许最大智能模块	无	2个	7个	
高速计数 单相	4个计数器 4个30kHz	6个计数器 6个30kHz	6个计数器 4个30kHz 2个200kHz	6个计数器 6个30kHz
两相	2个20kHz	4个20kHz	3个20kHz 1个100kHz	4个20kHz
脉冲输出	2个20kHz（仅限于DC输出）		2个100kHz （仅限于DC输出）	2个20kHz （仅限于DC 输出）
常规				
定时器	256定时器；4个定时器（1ms）；16定时器（10ms）；236定时器（100ms）			
计数器	256（由超级电容或电池备份）			
内部存储器位 断电保存	256（由超级电容或电池备份） 112（存储在 E²PROM）			
时间中断	2个1ms分辨率			
边沿中断	4个上升沿和/或4个下降沿			
模拟电位器	1个8位分辨率		2个8位分辨率	
布尔量运算执行速度	0.22μs每条指令			
实时时钟	可选卡件		内置	
卡件选项	存储卡、电池卡、时钟/电池卡		存储卡和电池卡	
集成的通信功能				
端口（受限电源）	RS-485×1		RS-485×2	
PPI、DP/T 波特率	9.6、19.2、187.5Kbit/s			
自由口波特率	1.2K～15.2Kbit/s			
每段最大电缆长度	使用隔离的中继器：187.5Kbit/s 可达1000m、38.4Kbit/s 可达1200m 未使用隔离中继器：50m			
最大站点数	每段32个站，每个网络126个站			
最大主站数	32			
点到点（PPI主站模式）	是（NETR/NETW）			
MPI连接	共4个，2个保留（1个给PG，1个给OP）			
浮点运算	有			
布尔指令执行速度	0.22μs/指令			

3. S7-200 系列 PLC 的外部连线端子

外部连线端子是 PLC 输入、输出及外部电源的连接点，S7-200 系列 PLC 的外部连线端子图基本相同，如图 1-59 所示。

（1）底部端子（输入端子、传感器电源）

L+：内部 DC 24V 电源正极，为外部传感器或输入继电器供电。

M：内部 DC 24V 电源负极，接外部传感器负极或输入继电器公共端。

1M，2M：输入继电器的公共端口。

I0.0～I1.5：输入继电器端子，输入信号的接入端。

输入继电器用"I"表示，S7-200 系列 PLC 共 128 位，采用八进制（I0.0～I0.7，I1.0～I1.7，……，I15.0～I15.7）。

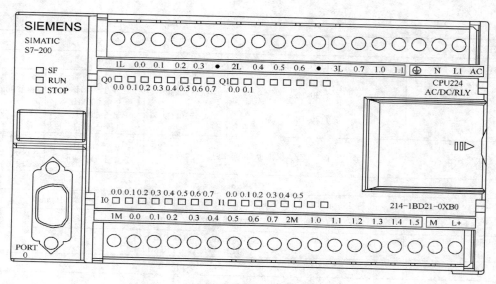

图 1-59　S7-200 PLC 的外部接线端子图

（2）顶部端子（输出端子及供电电源）

交流电源供电：L1，N，⏚分别表示电源相线、中性线和接地线。交流电压为 85～265V。

直流电源供电：L+，M，⏚分别表示电源正极、电源负极和接地。直流电压为 24V。

1L，2L，3L：输出继电器的公共端口。接输出端所使用的电源。输出各组之间是互相独立的，这样负载可以使用多个电压系列（如 AC 220V，DC 24V 等）。

Q0.0～Q1.1：输出继电器端子，负载接在该端子与输出端电源之间。

输出继电器用"Q"表示，S7-200 系列 PLC 共 128 位、采用八进制（Q0.0～Q0.7，Q1.0～Q1.7，……，Q15.0～Q15.7）。

4. S7-200 系列 PLC 的数据存储和寻址方式

（1）数据存储的分配

为了有效地进行编程及对 PLC 的存储器进行管理，将存储器中的数据按照功能或用途分类存放，形成了若干个特定的存储区域。对于每一个特定的区域，就构成了 PLC 的内部编程元件。例如，I 表示输入映像寄存器；Q 表示输出映像寄存器；M 表示内部标志位存储器等。存储器的常用单位有位、字节、字、双字等。一位二进制数称为 1 个位（bit），每一位即一个存储单元。每个区域的存储单元按字节（Byte，B）编址，每个字节由 8 个位组成。比字节大的单位为字（Word）和双字（Double Word）。

几种常用单位的换算关系是：（1 DW = 2 W = 4 B = 32 bit）。

（2）数据类型

S7-200 系列 PLC 数据类型可以是布尔型、整型和实型（浮点数）。实数采用 32 位单精度数来表示，其数值有较大的表示范围：

正数为+1.175495E-38 ～ +3.402823E+38；

负数为-3.402823E+38 ～ -1.175495E-38。

不同长度的整数表示的数值范围见表 1-14。

表1-14 不同长度的整数所表示的数值范围

整 数 长 度	无符号整数表示范围		有符号整数表示范围	
	十进制表示	十六进制表示	十进制表示	十六进制表示
字节 B（8 bit）	0～255	0～FF	−128～127	80～7F
字 W（16 bit）	0～65 536	0～FFFF	−32 768～32 767	800～7FFF
双字 D（32 bit）	0～4 294 967 295	0～FFFFFFFF	−2 147 483 648～2 147 483 647	80000000～7FFFFFFF

在编程中经常会使用常数。常数数据长度可为字节、字和双字，在机器内部的数据都以二进制形式存储，但常数的书写可以用二进制、十进制、十六进制、ASCII 码或浮点数（实数）等多种形式。几种常数形式见表 1-15。

表1-15 几种常数形式

进 制	书 写 格 式	举 例
十进制	十进制数值	1 289
十六进制	16# 十六进制值	16#1A5F
二进制	2# 二进制值	2#1010011011101111
ASCII 码	ASCII 码文本	'show terminals'
浮点数（实数）	ANSI/IEEE754-1985 标准	（正数）+1.175495E-38 ～ +3.402823E-38
		（负数）−3.402823E-38 ～ −1.175495E-38

（3）寻址方式

S7-200 PLC 将信息存于不同的存储单元，每个单元有一个唯一的地址，系统允许用户以字节、字、双字为单位存取信息。提供参与操作的数据地址的方法，称为寻址方式。S7-200 PLC 数据寻址方式有立即寻址、直接寻址和间接寻址 3 大类。立即寻址的数据在指令中以常数形式出现。直接寻址又包括位、字节、字和双字 4 种寻址格式。

1）直接寻址。直接寻址方式是指在指令中明确指出了存取数据的存储器地址，允许用户程序直接存取信息。

数据的直接地址包括内存区域标志符、数据大小及该字节的地址或字、双字的起始地址及位分隔符和位。直接访问字节（8bit）、字（16bit）、双字（32bit）数据时，必须指明数据存储区域、数据长度及起始地址。当数据长度为字或双字时，最高有效字节为起始地址字节。如图 1-60 所示，其中有些参数可以省略，详见图中说明。

位寻址：按位寻址的格式为 Ax.y，使用时必须指明元件名称、字节地址和位号。如I5.2，表示要访问的是输入寄存器区第 5 字节的第 2 位，如图 1-61 所示。

可以按位寻址的编程元件有输入映像寄存器（I）、输出映像寄存器（Q）、内部标志位存储器（M）、特殊标志位存储器（SM）、局部变量存储器（L）、变量存储器（V）和顺序控制继电器（S）等。

按字节、字和双字寻址：采用字节、字或双字寻址的方式存储数据时，需要指明编程元件名称、数据长度和首字节地址编号。应当注意的是，在按字或双字寻址时，首地址字节为最高有效字节。其格式和注意事项见表 1-16。

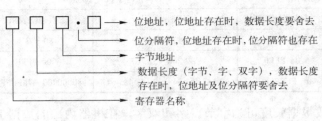

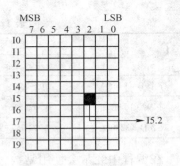

图 1-60　直接寻址

图 1-61　位寻址

表 1-16　按字节、字、双字寻址

寻　址	格 式 举 例	说　明
字节寻址	VB200	MSB　　　　　　　　　　　LSB VB200 说明：① V 表示变量存储器；② B 表示按字节寻址；③ 200 表示要访问的字节地址编号。此寻址方式表示要访问一个字节
字寻址	VW200	MSB　　　　　　　　　　　LSB VB200　　　　　VB201 最高有效字节　　最低有效字节 说明：① V 表示变量存储器；② W 表示按字寻址；③ 200 表示要访问的存储区的首（起始）字节地址编号。此寻址方式表示要访问一个字
双字寻址	VD200	MSB　　　　　　　　　　　　　　　　LSB VB200　　VB201　　VB202　　VB203 最高有效字节　　　　　　　　最低有效字节 说明：① V 表示变量存储器；② D 表示按字寻址；③ 200 表示要访问的存储区的首（起始）字节地址编号。此寻址方式表示要访问一个双字

2）间接寻址方式。间接寻址是指使用地址指针来存取存储器中的数据。使用前，首先将数据所在单元的内存地址放入地址指针寄存器中，然后根据此地址指针存取数据。S7-200 CPU 中允许使用指针进行间接寻址的存储区域有 I、Q、V、M、S、T、C。使用间接寻址的步骤如下。

① 建立地址指针。建立内存地址的指针为双字长度（32 位），故可以使用 V、L、AC 作为地址指针。必须采用双字传送指令（MOVD）将内存的某个地址移入到指针当中，以生成地址指针。指令中的操作数（内存地址）必须使用"&"符号表示内存某一位置的地址（32 位）。

　　　　MOVD　&VB200，AC1

将 VB200 这个 32 位地址值送 AC1。

注意：装入 AC1 中的是地址，而不是要访问的数据，如图 1-62 所示。

② 用指针来存取数据。VB200 是直接地址编号，&为地址符号，将本指令中&VB200 改为&VW200 或 VD200，指令功能不变。但 STEP7-Micro/WIN 软件编译时会自动修正为

&VB200。用指针存取数据的过程是：在使用指针存取数据的指令中，操作数前加有"*"表示该操作数为地址指针。

MOVW　*AC1，AC0

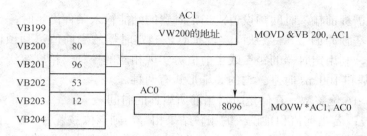

图 1-62　间接寻址

将 AC1 作为内存地址指针，把以 AC1 中内容为起始地址的内存单元的 16 位数据送到累加器 AC0 中。

5．S7-200 的 CPU22X 系列 PLC 的内部编程元件（软元件）

CPU22X 系列 PLC 内部元件有很多，它们在功能上是相互独立的。为了有效地进行编程及对 PLC 的存储器进行管理，将存储器中的数据按照功能或用途分类存放，形成了若干个特定的存储区域。每一个特定的区域，就构成了 PLC 的一种内部编程元件。每一种编程元件用一组字母表示，字母加数字表示数据的存储地址。内部编程元件（软元件）实际上是由电子电路和寄存器及存储器单元等组成，其最大特点是寿命长，可以无限次使用。

（1）输入/输出映像寄存器

1）输入映像寄存器 I。

输入映像寄存器又称为输入继电器，其外部有一对物理输入端子与之对应。该端子用于接收外部输入信号。所以，输入继电器线圈只能由外部输入信号驱动，不能用程序指令驱动，常开触点和常闭触点供用户编程使用。

输入映像寄存器是以字节为单位的寄存器，每个字节中的每一位对应一个数字量输入点。该寄存器可按位、字节、字和双字等方式寻址存取数据。

2）输出映像寄存器 Q。

输出映像寄存器又称为输出继电器。输出继电器是用来将 PLC 的输出信号传递给负载，只能用程序指令驱动。它也提供常闭触点和常开触点供用户编程使用。

输出映像寄存器也是以字节为单位的寄存器，每个字节中的每一位对应一个数字量输出点。实际未用的输出映像寄存器可以作为其他编程元件使用。该寄存器可以按位、字节、字和双字等寻址方式存取数据。

（2）变量存储器 V（存储区）

变量存储器用来存储变量，可以用 V 存储器存储程序执行过程中控制逻辑操作的中间结果，也可以用它来保存与工序或任务相关的其他数据。该寄存器可以按位、字节、字和双字等寻址方式存取数据。地址编号范围为 VB0～VB10239（CPU224XP 型）。

（3）内部标志位存储区 M（辅助继电器）

内部标志位存储器又可称为辅助继电器，所起作用类似于继电器-接触器控制系统中的中间继电器。它没有外部输入/输出端子与之对应，所以不能反映输入设备的状态，也不能驱动负载。它可用来存储中间操作状态和控制信息。该寄存器可以按位、字节、字和双字等寻址方式存取数据。地址编号范围为M0.0~M31.7。

（4）定时器T

工作原理：需提前输入时间预设值，当定时器的始能输入条件满足时，当前值从0开始对PLC内部时基脉冲加1计数从而实现延时，当定时器的当前值达到预设值时，延时结束，定时器动作，利用定时器的触点或当前值可实现相应的控制。精度等级包括3种：1ms时基、10 ms时基和100 ms时基。它的寻址形式有两种。

1）当前值：16位整数，存储定时器当前所累计的时间。

2）定时器位：若当前值和预设值的比较结果相等，则该位被置为"1"。

两种形式的寻址格式是相同的，表达方式如T37。指令中所存取的是当前值还是定时器的位，取决于所用指令。带位操作的指令存取的是定时器的位，带字操作的指令存取的是定时器的当前值。地址编号范围为T0~T255。

（5）计数器C

工作原理：对外部输入的脉冲计数，它具有设定值寄存器和当前值寄存器，当始能输入端脉冲上升沿到来时，计数器当前值加1计数一次，当计数器计数达到预定值时，计数器动作，利用定时器的触点或当前值可实现相应的控制。计数器类型有3种：增计数（CTU）、减计数（CTD）和增/减计数（CTUD）。它的寻址形式有两种。

1）当前值：16位整数，存储累计值。

2）计数器位：当前值和预设值的比较结果相等，该位被置为"1"。

两种形式的寻址格式是相同的，表达方式如C1。指令中所存取的是当前值还是计数器的位，取决于所用指令。带位操作的指令存取的是计数器的位，带字操作的指令存取的是计数器的当前值。地址编号范围为C0~C255。

（6）高速计数器HC

高速计数器用来累计比主机扫描速率更快的高速脉冲。高速计数器的当前值是一个双字长32位的整数。要存取高速计数器中的值，则应给出高速计数器的地址，即存储器类型（HC）和计数器号，如HC0。

（7）累加器AC

累加器是用来暂时存放数据的寄存器。S7-200 PLC提供了4个32位累加器：AC0、AC1、AC2、AC3。存取形式可按字节、字和双字。被操作数的长度取决于访问累加器时所使用的指令。

（8）特殊标志位存储器SM（专用辅助继电器）

SM用来存储系统的状态变量和有关的控制参数和信息。可以通过特殊标志位来沟通PLC与被控对象之间的信息，也可通过直接设置某些特殊标志继电器位来使设备实现某种功能。该寄存器可以按位、字节、字和双字等寻址方式存取数据。SM按存取方式不同可分为只读型SM和可写型SM。

1）只读型：如SM0.1，首次扫描为1，以后为0，常用来对子程序进行初始化。

2）可写型：如SM36.5，用于HSC0当前计数方向控制，置位时为递增计数。

（9）模拟量输入映像寄存器 AI

模拟量输入电路用来实现模拟量到数字量（A-D）的转换。该映像寄存器只能进行读取操作。S7-200 PLC 将模拟量值转换成 1 个字长（16 位）数据，可以用区域标志符（AI）、数据长度（W）及字节的起始地址来存取这些值。模拟量输入值为只读数据。模拟量转换的实际精度是 12 位。注意：因为模拟量输入为 1 个字长，所以必须用偶数字节地址（如 AIW0、AIW2、AIW4）来存取这些值。

（10）模拟量输出映像寄存器 AQ

PLC 内部只处理数字量，而模拟量输出电路用来实现数字量到模拟量（D-A）的转换，该映像寄存器只能进行写入操作。S7-200 将 1 个字长（16 位）数字值按比例转换为电流或电压。可以用区域标志符（AQ）、数据长度（W）及字节的起始地址来输出。模拟量输出值为只写数据。模拟量转换的实际精度是 12 位。注意：因为模拟量为 1 个字长，所以必须用偶数字节地址（如 AQW0、AQW2、AQW4）来输出。

（11）顺序控制继电器 S

该寄存器适用顺序控制和步进控制等场合，可以按位、字节、字和双字等寻址方式存取数据。地址编号范围为 S0.0~S31.7。

6．STEP7-Micro/WIN32 功能简介

STEP7-Micro/WIN32 是工作于 Windows 平台下的应用软件，是 SIEMENS 公司专为 SIMATIC 系列 S7-200 PLC 研制开发出来的编程软件，它可以使用通用的个人计算机作为图形编辑器，用于在线（联机）或者离线（脱机）开发用户程序，并可以在线实时监控用户程序的执行状态。

STEP7-Micro/WIN32 软件主界面如图 1-63 所示，窗口由菜单栏、工具栏及多种不同功能结构模块组成。

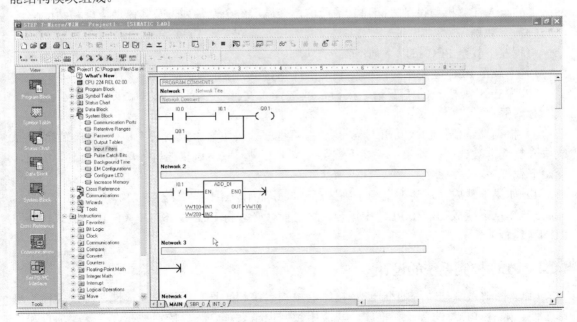

图 1-63　STEP7-Micro/WIN32 软件主界面

梯形图逻辑编辑器。STEP7-Micro/WIN32 梯形图逻辑（LAD）编辑器允许使用者建立与电子电路图相似的程序，梯形图编程是很多 PLC 程序员和维护人员选用的方法。

由图形符号代表的各种指令可知，它包括 3 个基本形式：

┤├接点：代表逻辑输入条件，用于模拟开关、按钮及内部条件等；

┤ ├线圈：通常代表逻辑输出结果，用于模拟指示灯，继电器内部输出条件等。

□方框：代表附加指令，如定时器、计数器等。

语句表编辑器。STEP7-Micro/WIN32 语句表（STL）编辑器允许用输入指令助记符的方法建立控制程序。这种基于文字的概念与汇编语言编程十分相似。CPU 按照程序记录的顺序，从顶部至底部，然后再从头重新开始执行每条指令。

（1）通信

建立通信任务按以下步骤进行。

1）在 PLC 和运行 STEP7-Micro/WIN32 的个人计算机之间连接一条电缆。

2）核实 STEP7-Micro/WIN32 中的 PLC 类型选项是否与实际类型相符。

3）如果使用简单的 PC/PPI 连接，可以接受安装 STEP7-Micro/WIN32 时在"设置 PLC/PC 接口"对话框中提供的默认通信协议；否则，在"设置 PLC/PC 接口"对话框中为 PC 选择另一个通信协议，并核实参数（站址、波特率等）。

4）核实系统块的端口标记中的 PLC 配置（站址、波特率等），以及修改和下载更改的系统块。

（2）测试通信网络

1）在 STEP7-Micro/WIN32 中，单击浏览窗格中的"通讯"图标，或从菜单选择"检视"→"元件"→"通讯"命令。

2）在弹出的"通讯"对话框的右侧窗格，单击显示"双击刷新"的蓝色文字。如果在网络上的个人计算机与设备之间建立了通信，会显示一个设备列表及其模型类型和站址。

（3）下载程序

将程序下载至 PLC 按以下列步骤。

1）下载至 PLC 之前，必须核实 PLC 位于 STOP（停止）模式。

2）单击工具栏中的"下载"按钮，或选择"文件"→"下载"命令，均会弹出"下载"对话框。

3）根据默认值，初次发出下载命令时，"程序代码块"、"数据块"和"CPU 配置"（系统块）复选框被选中。如果不需要下载某一特定的块，取消该复选框。单击"确定"按钮，开始下载程序。

4）如果下载成功，会弹出一个确认对话框并显示以下信息：下载成功。

5）一旦下载成功，在 PLC 中运行程序之前，必须将 PLC 从 STOP（停止）模式转换回 RUN（运行）模式。

1.2.4 PLC 控制系统的设计

PLC 控制系统与传统的继电器-接触器控制系统相比具有更好的稳定性，控制柔性，维修方便，随着 PLC 的普及和推广，其应用领域也越来越广泛。特别是在许多新建项目和设备的技术改造中，常采用 PLC 作为控制装置。利用 PLC 进行系统设计需要根据 PLC 的特点进行，硬件和软件分开设计是其一大特点。

1．PLC 控制系统设计的基本原则

任何一种电气控制系统都是为了实现被控对象（生产设备或生产过程）的控制要求和工艺需要，从而提高产品质量和生产效率。因此，在设计 PLC 应用系统时，应遵循以下基本原则。

1）充分发挥 PLC 功能，最大限度地满足被控对象的控制要求。设计前，应进行现场调查、搜集资料并与相关人员共同协商，拟定控制方案。

2）在满足控制要求的前提下，力求使控制系统简单、经济、使用及维修方便。

3）保证控制系统安全可靠。

4）应考虑生产的发展和工艺的改进，在选择 PLC 的型号、I/O 点数和存储器容量等内容时，应留有适当的余量，以利于系统的调整和扩充。

2．PLC 控制系统设计的一般步骤

设计 PLC 应用系统时，首先是进行 PLC 应用系统的功能设计，即根据被控对象的功能和工艺要求，明确系统必须要做的工作和因此必备的条件。然后是进行 PLC 应用系统的功能分析，即通过分析系统功能，提出 PLC 控制系统的结构形式，控制信号的种类、数量，系统的规模、布局。最后根据系统分析的结果，具体的确定 PLC 的机型和系统的具体配置。PLC 系统设计流程如图 1-64 所示。

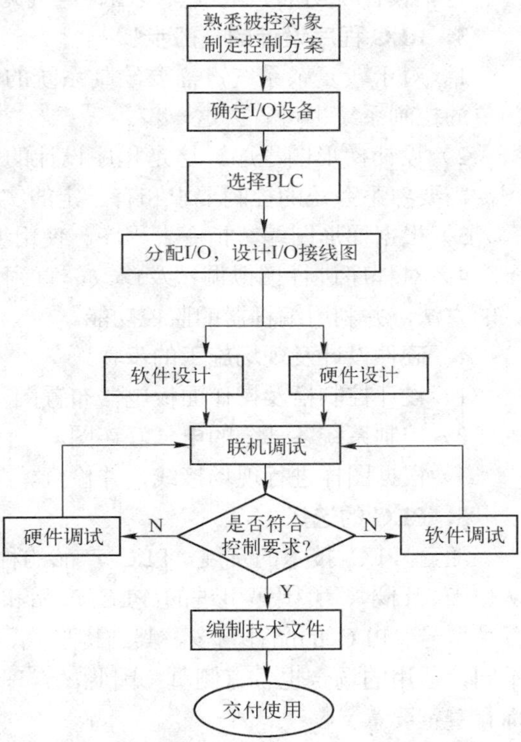

PLC 控制系统设计可以按以下步骤进行。

（1）熟悉被控对象，制定控制方案

分析被控对象的工艺过程及工作特点，了解被控对象间的关系配合，确定被控对象需要完成的动作（顺序、条保护和联锁等）和操作方式（手动、自动、连续、周期或单步等）。

（2）确定 I/O 设备

根据系统的控制要求，确定用户所需的输入（如按钮、行程开关、选择开关等）和输出设备（如接触器、电磁阀、信号指示灯等），由此确定 PLC 的 I/O 点数。

图 1-64　PLC 系统设计流程图

（3）选择 PLC

选择时主要包括 PLC 机型、容量、I/O 模块、电源的选择。

（4）分配 PLC 的 I/O 地址

根据生产设备现场需要，确定控制按钮、选择开关、接触器、电磁阀、信号指示灯等各种输入、输出设备的型号、规格、数量；根据所选的 PLC 的型号列出输入/输出设备与 PLC 输入、输出端子的对照表，以便绘制 PLC 外部 I/O 接线图和编制程序。可以结合步骤（2）进行。

（5）软件设计和硬件设计

进行控制柜（台）等硬件的设计及现场施工。由于程序与硬件设计可同时进行，因此，PLC 控制系统的设计周期可大大缩短，而对于继电器系统则必须先设计出全部的电气控制电路后才能进行施工设计。

（6）联机调试

联机调试是指将模拟调试通过的程序进行在线统调。开始时，先不带上输出设备（接触器线圈、信号指示灯等负载）进行调试。利用编程器的监控功能，采用分段调试的方法进行。各部分都调试正常后，再带上实际负载运行。如不符合要求，则对硬件和程序作调整。通常只需修改部分程序即可，全部调试完毕后，交付试运行。经过一段时间运行，如果工作正常、程序不需要修改，则应将程序固化到 EPROM 中，以防程序丢失。

（7）整理技术文件

包括设计说明书、电气安装图、电气元件明细表及使用说明书等。

3．PLC 程序设计的一般步骤

1）对于较复杂系统，需要绘制系统的流程图，以清楚地表明动作的顺序与条件；对于简单的控制系统也可省去这一步。

2）设计梯形图程序。这是程序设计的关键一步，也是比较困难的一步。要设计好梯形图，需要熟悉系统的控制要求和有一定的实践经验。

3）根据梯形图编写指令表程序。使用编程器可以直接输入梯形图，此步可省。

4）对程序进行模拟调试及修改，直到满足控制要求为止。调试过程中，可采用分段调试的方法，并利用编程器的监控功能。

4．硬件设计及现场施工的步骤

1）设计控制柜及操作面板电器布置图及安装接线图。

2）控制系统各部分的电气互连图。

3）根据图样进行现场接线，并检查。

5．PLC 的选择

随着 PLC 技术的发展，PLC 产品的种类也越来越多，而且功能也日趋完善。近年来，从德国、日本、美国等引进的 PLC 产品和国内厂家组装自行开发的产品，已有几十个、上百种型号。PLC 的品种繁多，其结构形式、性能、容量、指令系统、编程方式、价格等各有不同，适用的场合也各有侧重。因此，合理选择 PLC，对于提高 PLC 控制系统技术经济指标有着重要意义。

1）PLC 的机型选择的基本原则是在满足功能要求及保证可靠、维护方便的前提下，力争最佳的性能价格比，主要考虑结构、功能、机型、安装及是否在线编程等方面。本书主要应用 S7-200 系列 PLC。

2）PLC 的容量选择。PLC 的容量包括 I/O 点数和用户存储容量两个方面。

PLC 的 I/O 点的价格还比较高，因此应该合理选用 PLC 的 I/O 点的数量，在满足控制要求的前提下力争使用 I/O 点最少，但必须留有一定的备用量。通常 I/O 点数是根据被控对象的输入、输出信号的实际需要，再加上 10%～15% 的备用量来确定。

用户存储容量是指 PLC 用于存储用户程序的存储器容量。需要的用户存储容量的大小由用户程序的长短决定。一般可按下式估算，再按实际需要留适当的余量（20%～30%）来选择。

$$存储容量=开关量 I/O 点总数×10+模拟量通道数×100$$

绝大部分 PLC 均能满足上式要求。应当要注意的是：当控制系统较复杂，数据处理量较大时，可能会出现存储容量不够的问题，这时应特殊对待。

6．电源模块及其他外设的选择

（1）电源模块的选择

电源模块的选择较为简单，只需考虑电源的额定输出电流就可以了。电源模块的额定电流必须大于 CPU 模块、I/O 模块、及其他模块的总消耗电流。电源模块选择仅对于模块式结构的 PLC 而言，对于整体式 PLC 不存在电源的选择问题。

（2）编程器的选择

对于小型控制系统或不需要在线编程的 PLC 系统，一般选用价格便宜的简易编程器。对于由中、高档 PLC 构成的复杂系统或需要在线编程的 PLC 系统，可以选配功能强、编程方便的智能编程器，但智能编程器价格较贵。如果有现成的个人计算机，则可以选用 PLC 的编程软件包，在个人计算机上实现编程器的功能。

操作技能考评：

通过本部分的学习，对学生应掌握的情况进行技能考评，具体考核要求和考核标准见表 1-17。

表 1-17　任务操作技能考核要求和考核标准

序　号	主　要　内　容	考　核　要　求	总 分 值	得　分
1	器件识别	能够正确识别各种器件	10	
2	电气符号	能够正确的画出各种器件的电气符号	10	
3	器件功能特性	能够描述出给定器件的功能特性	10	
4	器件故障分析	能够分析出器件给定故障的原因及解决方法	15	
5	PLC 基础知识	1. 能够简述 PLC 的基本组成 2. 能够简述 PLC 的工作原理 3. 能说出最少三种编程语言	20	
6	S7-200 PLC 基础知识	1. 能够简述 S7-200 PLC 的硬件组成 2. 能够简述 S7-200 PLC 的内部资源	15	
7	STEP7-Micro/WIN 软件的基本操作	能够使用 STEP7-Micro/WIN 进行基本操作	10	
8	PLC 系统设计	1. 简述系统设计原则 2. 简述系统设计步骤 3. 掌握系统程序设计方法	10	
总得分				
备注	指导老师签字：			

模块 2　低压电器基本控制电路及 S7–200 PLC 基本指令应用

本模块包括电气控制电路设计和 S7-200 PLC 两部分。具体内容包括电气控制电路的基本环节和典型应用、电气控制系统的设计方法、S7-200 系列 PLC 基本指令系统及其应用。本模块分为 10 个任务对低压电器控制电路和 S7-200 PLC 应用进行介绍，注重对学生工程实践能力的训练和培养。

2.1　任务 1　三相异步电动机点动-长动控制电路安装与调试

2.1.1　任务目标

1）了解三相异步电动机的点动、长动控制电路的组成和实际操作。

2）了解三相异步电动机的点动、长动控制电路的保护方法。

2.1.2　任务描述

工厂的各种机床和生产机械的电力拖动控制系统，主要由三相异步电动机来拖动生产机械运行，而三相异步电动机则是由继电器、接触器、按钮等电器组成的电气控制电路实现其起动、正转、反转、制动等控制。下面介绍各种机床及其生产机械电气控制电路的点动、长动控制安装、调整和维修等知识。

2.1.3　相关知识

在了解低压电器元件相关知识的基础上，针对继电器、接触器点动、长动控制电路的特点，着重介绍三相异步电动机的相关知识。

1.　三相异步电动机基础知识

（1）三相异步电动机原理

三相异步电动机定子绕组通入三相对称交流电后，将产生 1 个旋转磁场，该旋转磁场切割转子绕组，从而在转子绕组中产生感应电流，载流的转子导体在定子旋转磁场作用下将产生电磁力，从而在电动机转轴上形成电磁转矩，带动电动机旋转，并且电动机旋转方向与旋转磁场方向相同。

（2）三相异步电动机的组成结构

三相异步电动机的组成结构如图 2-1 所示。

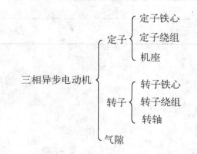

图 2-1　三相异步电动机组成结构

三相异步电动机种类繁多,按转子结构可分为笼型和绕线转子异步电动机两大类;按机壳的防护形式,笼型又可分为防护式、封闭式、开启式。异步电动机分类方法虽不同,但各类三相笼型异步电动机的基本组成却是相同的。三相笼型异步电动机的结构如图 2-2 所示,主要由定子和转子两大部分组成。

1) 定子(静止部分)。定子由定子铁心、定子绕组、接线盒、机座等部分组成。

2) 转子(旋转部分)。转子由转子铁心、转子绕组、转轴等部分组成。

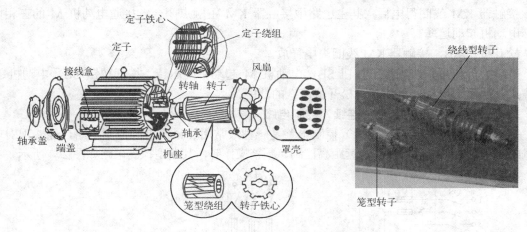

图 2-2　三相笼型异步电动机结构图

(3) 三相异步电动机的起动、制动和调速方法

起动方法:5kW 以下电动机采用直接起动,5kW 以上采用减压起动。减压起动的方法:定子回路串电阻减压起动、星形-三角形减压起动、自耦变压器减压起动、延边三角形减压起动。

制动方法:机械制动、电气制动和两者配合制动。电气制动的方法:反接制动、能耗制动、回馈制动。

调速方法:机械调速、电气调速及两种调速配合使用。电气调速的方法:变级、变调速。

2.1.4　任务实施

1. 采用接触器的点动控制电路

有的生产机械的某些运动部件不需要电动机连续拖动,只要求电动机进行短暂运转,这就需要对电动机进行点动控制。电动机的点动控制比电动机连续运转控制更简单。其电路原理图如图 2-3 所示。

整个进行电路分成主电路和控制电路两部分。

(1) 点动控制电气原理图主电路分析

主电路是由电源 L1、L2、L3、开关 QS、熔断器 FU1、接触器 KM 的主触点和电动机 M 组成。

主电路通电路线为:电源 L1→组合开关 QS→熔断器 FU1→接触器 KM 主触点→电动机 M。

主电路中的主触点断开,切断电动机的三相电源,电动机 M 停转。

短路保护：短路时通过熔断器FU1的熔体熔断切开主电路，从而保护电动机。

（2）点动控制电气原理图控制电路分析

控制电路由熔断器FU2、按钮SB、接触器KM线圈组成。合上电路总开关QS，按下点动按钮SB，接触器KM线圈通电。

控制电路通电路线为：L1→1号线→熔断器FU2→按钮SB→接触器KM线圈→4号线→2号线→L2。

接触器KM线圈得电后，其主电路中接触器KM主触点闭合，接通电动机M的三相电源，电动机起动运转。

松开按钮SB，接触器KM线圈失电释放。

从以上分析可知，当按下按钮SB，电动机M起动单向运转，松开按钮SB，电动机M就停止，从而实现"一点就动，松开就停"的功能。

2．三相异步电动机长动（连续）控制电路

三相异步电动机长动（连续）控制电路是一种最常用、最简单的控制电路，能实现对电动机的起动、停止的自动控制、远距离控制、频繁操作等，其典型控制电路如图2-4所示。

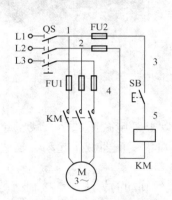

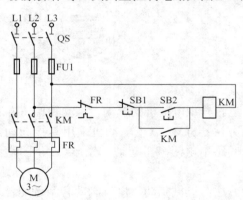

图2-3　电动机点动主电路和控制电路图　　　　图2-4　长动（连续）控制电路图

（1）长动（连续）电气原理图主电路分析

主电路由隔离开关QS、熔断器FU、接触器KM的常开主触点、热继电器FR的热元件和电动机M组成。

主电路通电路线为：电源L1→转换开关QS→熔断器FU→接触器KM主触点→电动机M。

主电路中的主触点断开，切断电动机的三相电源，电动机M停转。

短路时通过熔断器FU的熔体熔断切开主电路，实现短路保护。当机械出现过载时，导致电动机定子发热，此时由热继电器来承担过载保护。由于热继电器的热惯性比较大，即使热元件上流过几倍额定电流，热继电器也不会立即动作。在电动机起动时间不太长的情况下，热继电器经得起电动机起动电流的冲击而不会动作，只有在电动机长期过载下热继电器FR才动作，其常闭触点断开，使接触器KM线圈失电，切断电动机主电路，电动机停转，实现过载保护。

（2）长动（连续）电气原理图控制电路分析

控制电路由起动按钮SB2、停止按钮SB1、接触器KM线圈和常开辅助触点、热继电器

FR 的常闭触点构成。

1）电动机起动。合上三相开关 QS，按起动按钮 SB2，按触器 KM 线圈得电，3 对常开主触点闭合，将电动机 M 接入电源，电动机开始起动。同时，与 SB2 并联的 KM 的常开辅助触点闭合，即使松手断开 SB2，吸引线圈 KM 通过其辅助触点可以继续保持通电，维持吸合状态。凡利用自己的辅助触点来保持其线圈带电称为自锁，此触点为自锁触点。由于 KM 的自锁作用，当松开 SB2 后，电动机 M 仍能继续起动，最后达到稳定运转。

2）电动机停止。按停止按钮 SB1，接触器 KM 的线圈失电，其主触点和常开辅助触点均断开，电动机脱离电源，停止运转。这时，即使松开停止按钮，由于自锁触点断开，接触器 KM 线圈不会再通电，电动机不会自行起动。只有再次按下起动按钮 SB2 时，电动机方能再次起动运转。

电动机控制系统出现欠电压和失电压都有可能造成生产设备或人身事故，所以在控制电路中都应该加上欠电压和失电压保护装置。由于接触器具有欠电压和失电压保护功能，所以在三相异步电动机长动（连续）控制电路中欠电压和失电压保护是通过接触器 KM 的自锁触点来实现的。

控制电路具备了欠电压和失电压的保护能力以后，有以下 3 个方面优点。

1）防止电压严重下降时电动机在重负载情况下的低压运行。

2）避免电动机同时起动而造成电压的严重下降。

3）防止电源电压恢复时，电动机突然起动运转，造成设备和人身事故。

通过上述两种控制电路工作过程的分析可知，长动（连续）控制电路与点动控制电路的区别在于有无自锁触点，无自锁的电路为点动控制电路，有自锁的电路为长动（连续）控制电路。

（3）其他点动和长动控制电路

点动和长动控制能够互补，怎样实现两种电路相互切换，是下面介绍的内容。

1）带转换开关的点动控制电路，如图 2-5 所示。

控制电路由起动按钮 SB2、停止按钮 SB1、手动通断按钮 SA，接触器 KM 线圈和常开辅助触点、热继电器 FR 的常闭触点构成。

控制电路中通过手动开关 SA 实现点动与连续控制的切换。SA 置于"断"位置，按钮 SB2 是 1 个点动按钮；SA 置于"通"位置，按钮 SB2 转换为起动连续控制按钮。

2）复合按钮实现点动控制电路，如图 2-6 所示。

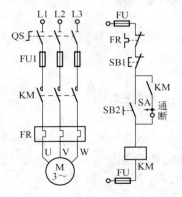 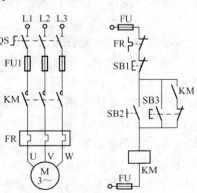

图 2-5　带转换开关的点动主电路和控制电路　　图 2-6　复合按钮点动控制电路图

控制电路由起动按钮 SB2、停止按钮 SB1、复合按钮 SB3、接触器 KM 线圈和常开辅助触点、热继电器 FR 的常闭触点构成。

控制电路中用按钮 SB2、复合按钮 SB3 分别控制。点动时通过复合按钮 SB3 的常闭触点断开接触器 KM 的自锁触点，实现点动。连续控制时操作按钮 SB2 通断即可。

3）分析中间继电器 KA 控制。如图 2-7 所示，主电路由组合开关 QS、熔断器 FU1、接触器 KM 的常开主触点、热继电器 FR 的热元件和电动机 M 组成。

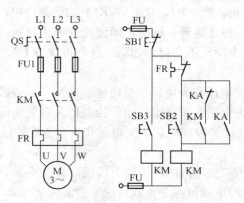

图 2-7　中间继电器控制电路图

控制电路由起动按钮 SB2、停止按钮 SB1，控制按钮 SB3、中间继电器 KA，接触器 KM 线圈和常开辅助触点、热继电器 FR 的常闭触点构成。

控制电路中，按下按钮 SB3，中间继电器 KA 的常闭触点断开接触器 KM 的自锁触点，而 KA 的常开触点使接触器 KM 的线圈通电实现点动，连续控制时用按钮 SB2 实现。

主电路具有短路保护、过载保护、欠电压和失电压保护等功能。

3．电路接线、检查与调试

综合电动机点动控制、长动控制、及转换按钮和转换开关的长动、点动控制电路，根据电气原理图可以完成电气安装。为保证人身安全，在通电时，要认真执行安全操作的相关规定，经教师检查并现场监护。接通三相电源 L1、L2、L3，合上开关 QS，用电笔检查熔断器两端，氖管亮说明电源接通。在接电之前要进行电气电路的检查。

（1）主电路接线、检查与调试

主电路接线检查，按电路图或接线图从电源端开始，逐段核对接线有无漏接、错接处，检查导线接点是否符合要求，压接是否牢固。

（2）控制电路接线、检查与调试

控制电路接线检查，用万用表电阻挡检查控制电路接线情况。

（3）联合检查与调试

断开主电路，将表笔放在 U1、V1 线端上，读数应为"∞"，按下点动按钮 SB 时万用表读数为接触器线圈直流电阻挡电阻值（如 CJ10-10 线圈的直流电阻值为 1800Ω），松开 SB，万用表读数应为"∞"，然后断开控制电路，再检查主电路是否有短路。

2.1.5 任务技能考评

通过本任务的学习和实验训练，对本任务实际掌握情况进行考评，具体考核要求和考核标准见表 2-1。

表 2-1 考核要求和考核标准表

序号	操作内容	技能要求	评分标准	配分	扣分	得分
1	基本技能部分	三相异步电动机的分类、结构与工作原理	概念模糊不清或错误不给分	25		
2	电动机控制	掌握电动机点动、长动控制电路安装接线 掌握电动机点动、长动控制电路故障排除	概念模糊不清或错误不给分；控制电路理解错误不给分	25		
3	元件安装	能够按照电路图的要求正确使用工具和仪表，熟练地安装电气元件 布线要求美观、紧固、实用、无毛刺、端子标识明确	安装出错或不牢固，扣 1 分；损坏元件扣 5 分；布线不规范扣 5 分	20		
4	通电运行	要求无任何设备故障且保证人身安全的前提下通电运行 1 次成功	1 次试运行不成功扣 5 分，2 次试运行不成功扣 10 分，3 次不成功扣 15 分	30		
备注			指导老师签字　　　　　年　　月　　日			

2.1.6 任务拓展

完成起动按钮 SB1 闭合一段时间后，电动机自动起动控制电路图的设计。

2.2 任务 2 三相异步电动机点动-长动控制的 PLC 实现

2.2.1 任务目标

1）了解三相异步电动机点动、长动控制的控制要求。

2）了解三相异步电动机点动、长动控制的 PLC 梯形图的绘制。

2.2.2 任务描述

电动机是电力拖动控制系统的主要控制对象，在工业控制中，被控对象有许多运行方式，如点动控制、连续控制等，特别是在设备调试过程中，两种控制模式交替运用。本任务，以广泛使用的三相异步电动机为对象，主要介绍电动机控制的点动与连续复合控制，PLC 的编程元件、扫描工作过程，学习如何应用 S7-200 系列 PLC 来控制电动机的点动与连续的复合控制。

2.2.3 相关知识

用 PLC 进行电动机的控制时，通常需要 3 种电路：主电路、I/O 接口电路及梯形图软件。主电路与继电器控制的主电路相同；I/O 接口电路指输入设备（如按钮、行程开关等）、输出设备（如继电器、接触器等）的地址分配情况；梯形图软件即各种编制的程序，是实现动作的核心。

下面介绍 S7-200 PLC 常用的几条逻辑位指令。

1．逻辑加载常开/常闭指令（LD/LDN）及线圈驱动指令（＝）

（1）指令功能

LD（Load）：常开触点逻辑运算开始。对应梯形图则为在左侧母线或电路分支点处初始装载 1 个常开触点。

LDN（Load Not）：常闭触点逻辑运算开始（即对操作数的状态取反）。对应梯形图则为在左侧母线或电路分支点处初始装载 1 个常闭触点。

＝（Out）：输出指令，对应梯形图则为线圈驱动。

装载及线圈输出指令使用说明如下。

1）LD、LDN 的操作数：I、Q、M、SM、T、C、S。

2）＝：线圈输出指令，可用于输出继电器、辅助继电器、定时器及计数器等，但不能用于输入继电器，同一个输出触点只能用 1 次，否则有逻辑错误。

3）"＝"指令的操作数：Q、M、SM、T、C、S。

（2）指令格式

指令格式如图 2-8 所示。

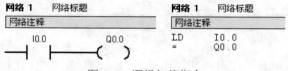

图 2-8　逻辑加载指令

2．触点串联指令（A/AN）

（1）指令功能

A（And）：与操作，在梯形图中表示串联连接单个常开触点。

AN（And Not）：与非操作，在梯形图中表示串联连接单个常闭触点。

触点串联指令使用说明如下。

1）A、AN 指令：是单个触点指令，可连续使用。

2）A、AN 的操作数：I、Q、M、SM、T、C、S。

（2）指令格式

指令格式如图 2-9 所示。

3．触点并联指令（O/ON）

（1）指令功能

O（Or）：或操作，在梯形图中表示并联连接单个常开触点。

ON（Or Not）：或非操作，在梯形图中表示并联连接单个常闭触点。

触点并联指令使用说明如下。

1）O、ON 指令：是单个触点并联指令，可连续使用。

2）O、ON 的操作数：I、Q、M、SM、T、C、S。

（2）指令格式

指令格式如图 2-10 所示。

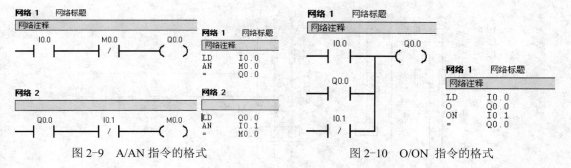

图 2-9　A/AN 指令的格式　　　　图 2-10　O/ON 指令的格式

4. 立即触点指令

立即触点指令的功能是使响应更快，不受扫描周期的影响，越过映像寄存器对实际输入点、输出点直接存取。

（1）指令功能

LDI（Load immediate）：常开立即触点开始。

LDNI（Load not immediate）：常闭立即触点开始。

=I（Out immediate）：立即输出线圈驱动。

AI（And immediate）：串联常开立即触点。

ANI（And not immediate）：串联常闭立即触点。

OI（Or immediate）：并联常开立即触点。

ONI（Or not immediate）：并联常闭立即触点。

（2）指令格式

指令格式如图 2-11 所示。

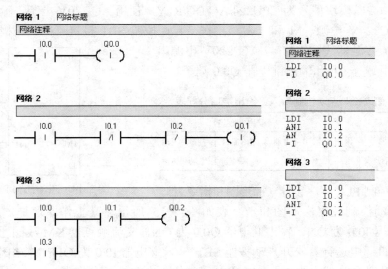

图 2-11　立即触点指令格式

2.2.4　任务实施

在任务 1 中，着重介绍了三相异步电动机点动、长动控制电路的组成和工作原理，在此不再赘述。如图 2-12 和图 2-13 所示。

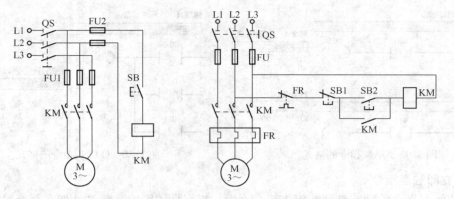

图 2-12 点动控制电路图   图 2-13 长动控制电路图

1. 点动控制

（1）点动控制任务要求

电动机的点动控制要求如下：按下点动按钮 SB，电动机运转；松开点动按钮 SB，电动机停止。

1）电动机 M 起动。

按下起动按钮 SB→PLC 做"起动"运算→电动机 M 起动

2）电动机 M 停止。

松开起动按钮 SB→PLC 做"停止"运算→电动机 M 停止

（2）点动控制的 I/O 分配图与接线图设计

点动控制电路输入/输出端口分配表见表 2-2。PLC 控制的电动机点动控制电路接线如图 2-14 所示。CPU 模块型号为 CPU224 AC/DC/RLY，使用 AC 220V 电源。输入端电源采用本机输出的 DC 24V 电源，M 和 1M 连接在一起，按钮 SB1 接直流电源正极和输入继电器 I0.0 端子，交流接触器线圈 KM 与 AC 220V 电源串联接入输出公共端子 1L 和输出继电器 Q0.0 端子。

表 2-2 点动控制输入、输出端口分配表

输入端口			输出端口		
输入继电器	输入器件	作用	输出继电器	输出器件	控制对象
I0.0	SB	点动	Q0.0	KM	电动机 M

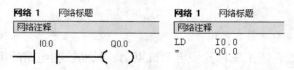

图 2-14 点动控制 PLC 接线图

（3）点动控制 PLC 程序设计（梯形图和指令表）

电动机点动控制程序梯形图和指令表如图 2-15 所示。其工作原理是：按下点动按钮 SB，输入继电器 I0.0 为 ON，输出继电器 Q0.0 为 ON，交流触点器 KM 线圈通电，KM 主触点闭合，电动机通电运行。松开点动按钮 SB，输入继电器 I0.0 为 OFF，输出继电器 Q0.0 为 OFF，交流接触器 KM 线圈失电，KM 主触点复位，电动机断电停止。

网络 1	网络标题		网络 1	网络标题
网络注释			网络注释	
I0.0	Q0.0		LD	I0.0
			=	Q0.0

图 2-15 电动机点动控制程序梯形图和指令表

在实际生产应用中，往往会考虑到电动机运行过程中的发热现象，为了保证电动机的安全运行，会增添一个过载保护装置，其电路图如图2-16所示。

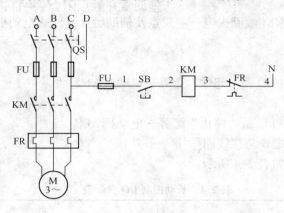

图2-16　点动过载保护控制电路图

在此系统中，I/O分配表见表2-3。

表2-3　点动过载保护I/O分配表

输 入 端 口			输 出 端 口		
输入继电器	输入器件	作用	输出继电器	输出器件	控制对象
I0.0	SB2	起动	Q0.0	KM	电动机M
I0.1	FR	过热保护			

在用PLC实现点动控制时，将图2-17中的点动按钮SB接PLC的I0.0，热继电器FR的常闭触点接I0.1，交流接触器KM接输出Q0.0。FR在没有故障的情况下常闭触点是闭合的，即I0.1闭合，当按下SB时I0.0闭合，Q0.0输出，KM吸合，电动机转动；当松开SB时I0.0断开，Q0.0无输出，KM断开，电动机停转。

实现此控制的控制电路接线图如图2-17所示，对应的梯形图和语句表如图2-18所示。

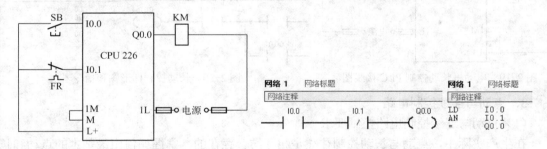

图2-17　点动过载保护PLC接线图　　　图2-18　点动过载保护梯形图和指令表

2．长动控制

（1）长动控制任务要求

其工作过程如下。

合上QS，接通电源。

按下起动按钮SB2 → KM线圈得电 → { 主触点闭合 → 电动机起动运行
辅助常开触点闭合 → 自锁

按下停止按钮 SB1 → KM 线圈失电 → 主触点及辅助触点复位 → 电动机断电，停止运行

其控制要求如下。

1）电动机 M 起动。

按下起动按钮 SB2 → PLC 做"起保"运算 → 电动机 M 起动

2）电动机 M 停止。

按下停止按钮 SB1 → PLC 做"停止"运算 → 电动机 M 停止

（2）长动控制 I/O 分配表与接线图

长动控制 I/O 分配表如表 2-4 所示。

表 2-4　长动控制 I/O 分配表

输 入 端 口			输 出 端 口		
输入继电器	输入器件	作用	输出继电器	输出器件	控制对象
I0.0	SB2	起动	Q0.0	KM	电动机 M
I0.1	SB1	停止			

PLC 控制的电动机长动控制电路接线如图 2-19 所示。

（3）长动控制 PLC 程序设计（梯形图和指令表）

实现 PLC 控制时，起动按钮 SB2 接 I0.0，停止按钮 SB1 接 I0.1，PLC 的输出 Q0.0 接交流接触器 KM。对应的梯形图如图 2-20 所示。按下起动按钮 SB2，I0.0 闭合，Q0.0 得电，Q0.0 的常开触点闭合，形成自锁。按下停止按钮 SB1，I0.1 断开，Q0.0 失电，Q0.0 常开触点断开。

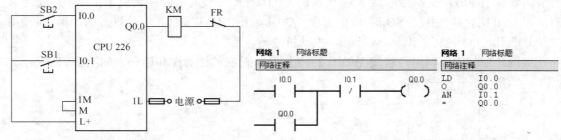

图 2-19　电动机长动控制 PLC 接线图　　　　图 2-20　长动控制梯形图和指令表

3．点动与连续控制电路

（1）点动与连续控制电路控制要求

在生产实际中，点动与长动控制往往是相互结合存在的，掌握如何由最基本的点动和长动控制电路来构成点动与连续控制电路，是知识应用掌握的最佳途径。点动与连续控制电路如图 2-21 所示。

主电路：由 KM 交流接触器来控制电动机的运行与停止。

控制电路中包含连续运行按钮 SB1，点动按钮 SB2，停止按钮 SB3。其中，SB2 为一复合按钮，包含 1 对常开和 1 对常闭按钮，常闭按钮串联在自保持回路中。当按下连续运行按钮 SB1，KM 得电，KM 的常开辅助触点接通构成自保持回路，按下停止按钮 SB3，电动机

停止工作；当按下点动按钮 SB2，首先 SB2 的常闭触点断开，然后常开触点闭合，电动机开始工作；当松开点动按钮 SB2，已闭合的 SB2 的常开触点断开，电动机停止工作，然后已断开的常闭触点闭合。

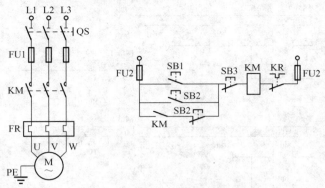

图 2-21　点动与连续控制电路图

控制要求如下：

1）电动机 M 起动。

按下起动按钮 SB1→PLC 做"起保"运算→电动机 M 起动

2）电动机 M 停止。

按下停车按钮 SB3→PLC 做"停止"运算→电动机 M 停止

3）电动机 M 起动。

按下起动按钮 SB2→PLC 做"起动"运算→电动机 M 起动

4）电动机 M 停止。

松开起动按钮 SB2→PLC 做"停止"运算→电动机 M 停止

（2）点动与连续控制电路控制 I/O 分配表及接线图

控制电路中包含 3 个输入 SB1、SB2、SB3 和 1 个输出 KM。在使用停止按钮时，这里设计成常开按钮，I/O 分配表见表 2-5。

表 2-5　点动与连续控制 I/O 分配表

输 入 端 口			输 出 端 口		
输入继电器	输入器件	作用	输出继电器	输出器件	控制对象
I0.0	SB1	连续运行按钮	Q0.0	KM	电动机 M
I0.1	SB2	点动运行按钮			
I0.2	SB3	停止运行按钮			

根据 I/O 分配表，得到如图 2-22 所示硬件接线图。

（3）点动与连续控制电路 PLC 程序设计（梯形图和语句表）

对应的梯形图和语句表如图 2-23 所示。

4．安装与调试

在了解控制要求的基础上设计总体方案，确定主电路所需的各电气元器件。在本任务中主电路中所需

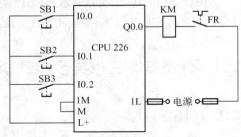

图 2-22　点动与连续控制 PLC 接线图

要的元器件为三相异步电动机、三相电源、熔断器、交流接触器。再确定保护电路，此电路中保护电路为短路保护，根据 I/O 分配表计算 PLC 的输入/输出点数，并参照其要求选择合适的 PLC 机型。将编写的梯形图下载到相应型号的 PLC 中，通电调试，反复验证实现效果。

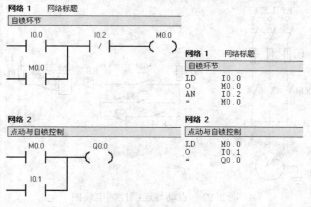

图 2-23   点动与连续控制梯形图与指令表

2.2.5   任务技能考评

通过对本任务相关知识的了解和任务实施，对本任务实际掌握情况进行操作技能考评，具体考核要求和考核标准见表 2-6。

表 2-6   任务操作技能考核要求和考核标准

序号	操作内容	技能要求	评分标准	配分	扣分	得分
1	电路原理图	掌握电动机点动、长动控制电路的原理和构成	概念模糊不清或错误不给分	25		
2	PLC 控制	掌握 PLC 结构及工作原理 掌握 PLC 几种基本指令的指令功能及指令格式 正确连接输入/输出端线及电源线	概念模糊不清或错误不给分；接线错误不给分	25		
3	梯形图编写	正确绘制梯形图，并顺利下载	梯形图绘制错误不得分，未下载或下载操作错误不给分	30		
4	PLC 程序运行	能够正确完成系统要求，实现电动机点动、长动控制	1 次试运行不成功扣 5 分，2 次试运行不成功扣 10 分，3 次以上不成功不给分	20		
备注			指导老师签字 年 月 日			

2.2.6   任务拓展

在任务 1 中完成起动按钮 SB1 闭合一段时间后，电动机自动起动控制，根据此电路控制，设计 PLC 控制系统，写出 I/O 分配表，并画出梯形图。

2.3   任务 3   三相异步电动机正、反转控制电路的安装与调试

2.3.1   任务目标

1）了解三相异步电动机的正、反转控制电路的组成和工作原理。

2）了解三相异步电动机的正、反转控制的接线等实际操作。

3）了解三相异步电动机的正、反转控制电路的保护方法。

2.3.2 任务描述

生产中许多机械设备往往要求运动部件能向正、反两个方向运动，如机床工作台的前进与后退、起重机的上升与下降等，这些生产机械要求电动机能实现正、反转控制。改变接通电动机定子绕组的三相电源相序，即把接入电动机的三相电源进线中的任意两根对调，电动机即可实现反转。

如图 2-24 所示，此系统要求电动机能够在 A，B 之间往返运动，因此需要通过电动机的正转与反转的切换，实现其正程与逆程控制。

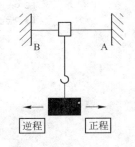

图 2-24　电动机往返运动

2.3.3 相关知识

1. 三相电动机正、反转原理

在三相电源中，各相电压经过同一值（最大值或最小值）的先后次序称为三相电源的相序。如果各相电压的次序为 A—B—C（或 B—C—A，C—A—B），则这样的相序称为正序或顺序。如果各相电压经过同一值的先后次序为 A—C—B（或 C—B—A，B—A—C），则这种相序称为负序或逆序。

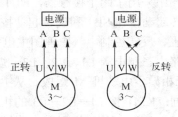

图 2-25　三相电源接入电动机实现电动机正、反转

如图 2-25 所示，将三相电源进线（A，B，C）依次与电动机的三相绕组首端（U，V，W）相连，就可使电动机获得正序交流电而正向旋转；只要将三相电源进线中的两相导线对调，就可改变电动机的通电相序，使电动机获得反序交流电而反向旋转。

2. 三相异步电动机正、反转控制要求

电动机正、反转起动控制电路最基本的要求就是实现正转和反转，但三相异步电动机原理与结构决定了电动机在正转时，不可能马上实现反转，必须要停车之后方能开始反转，故三相异步电动机正、反转控制要求如下。

1）当电动机处于停止状态时，此时可正转起动，也可反转起动。

2）当电动机正转起动后，可通过按钮控制其停车，随后进行反转起动。

3）同理，当电动机反转起动后，可通过按钮控制其停车，随后进行正转起动。

2.3.4 任务实施

电动机正、反转起动控制电路常用于生产机械的运动部件能向正、反两个方向运动的电气控制。常用的正、反转控制电路有：接触器联锁的正、反转控制电路、按钮联锁的正、反转控制电路和按钮、接触器双重联锁的控制电路。

1．正、反转控制电气原理图

接触器联锁的正、反转控制电路的构成如图 2-26 所示。

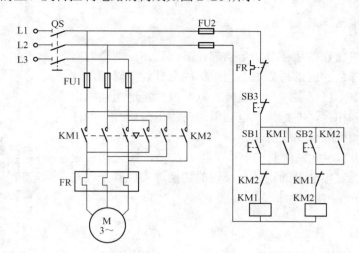

图 2-26　接触器联锁的电动机正、反转控制电路图

控制图中采用了两个接触器，即 1 个正转接触器 KM1 和 1 个反转接触器 KM2，它们分别由正转起动按钮 SB1 和反转起动按钮 SB2 控制。

（1）正、反转控制电气原理图主电路分析

主电路由三相电源 L1、L2、L3，熔断器 FU1，两个接触器主触点 KM1、KM2，热继电器 FR，三相异步电动机 M 组成。从主电路中可以看出，这两个接触器的主触点所接通的电源相序不同：KM1 按 L1→L2→L3 的相序（正序）接线；KM2 则对调了 L1 与 L3 两相的相序，按 L3→L2→L1 的相序（逆序）接线。

主电路的保护电路有熔断器 FU1 的短路保护和热继电器 FR 过载保护。

（2）电气原理图控制电路分析

根据主电路，相应的控制电路有两条：一条是由按钮 SB1 和 KM1 线圈等组成的正转控制电路；另一条是由按钮 SB2 和 KM2 线圈等组成的反转控制电路。

为保证正转接触器 KM1 和反转接触器 KM2 不能同时得电动作，而造成电源短路，在正转控制电路中串接了反转接触器 KM2 的常闭辅助触点，而在反转控制电路中串接了正转接触器 KM1 的常闭辅助触点。这样当 KM1 得电动作时，串接在反转控制电路中的 KM1 的常闭触点断开，切断了反转控制电路，保证了正转接触器 KM1 主触点闭合时，而反转接触器 KM2 的主触点不能闭合。同样，当 KM2 得电动作时，串接在正转控制电路中的 KM2 常闭辅助触点断开，切断了正转控制电路，从而可靠地避免了两相电源短路事故的发生。上述这种在一个接触器得电动作时，通过其常闭辅助触点使另一个接触器不能得电动作的作用叫联锁（或互锁）。实现联锁作用的常闭辅助触点称为联锁触点（或互锁触点）。

控制电路有 3 个按钮 SB1、SB2、SB3，功能分别为总停止开关、正转起动开关、反转起动开关，和两个交流接触器线圈 KM1、KM2，分别控制电动机两个方向运转的主触点开关 KM1、KM2。

电动机正、反转控制在日常生产生活中得到广泛应用，下面介绍几种电动机正、反转改进电路。

由以上分析可知，在接触器联锁的正、反转控制电路中，当电动机要从正转变为反转时，必须按下停止按钮 SB3 后，才能按反转起动按钮，否则由于接触器的联锁作用，不能实现反转。

为克服此电路的不足，可采用按钮联锁或按钮与接触器双重联锁的正、反转控制电路。

1）按钮联锁的正、反转控制电路。

将图 2-26 中所示的正转按钮 SB1 和反转按钮 SB2 换成两个复合按钮，并使复合按钮的常闭触点代替接触器的常闭联锁触点，就构成了按钮联锁的正、反转控制电路。

这种控制电路的工作原理与接触器联锁的正、反转控制电路基本相同，只是当电动机从正转改变为反转时，直接按下反转按钮 SB2 即可实现，不必先按停止按钮 SB3。因为当按下反转按钮 SB2 时，串接在正转控制电路中 SB2 的常闭触点先分断，使正转接触器 KM1 线圈失电，KM1 的主触点和自锁触点分断，电动机 M 失电惯性运转。

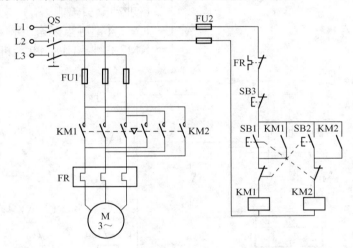

图 2-27　按钮联锁电动机正、反转控制电路图

SB2 的常闭触点分断后，其常开触点才随后闭合，接通反转控制电路，电动机 M 便反转。这样即保证了 KM1 和 KM2 的线圈不会同时通电，又可不按停止按钮而直接按反转按钮实现反转。同样，若使电动机从反转运行变为正转运行，也只要直接按正转按钮 SB1 即可。

这种电路的优点是操作方便，但容易产生电源两相短路故障。如当正转接触器发生主触点熔焊或被杂物堵住等故障，即使接触器线圈失电，主触点也分断不开，这时若直接按下反转按钮 SB2，KM2 就得电动作，主触点闭合，必然造成电源 L1 与 L3 两相短路故障。所以在各种设备的应用中往往采用按钮、接触器双重联锁的控制电路。

2）按钮、接触器双重联锁的正、反转控制电路。

按钮、接触器双重联锁的控制电路是在按钮联锁的基础上，又增加了接触器联锁，故兼有两种联锁控制电路的优点，使电路操作方便、工作安全可靠。在机械设备的控制中被广泛采用。按钮、接触器双重联锁的正、反转控制电路与接线图如图 2-28 所示。

电路的工作原理如下。

先合上电源开关 QS。

正转起动控制：

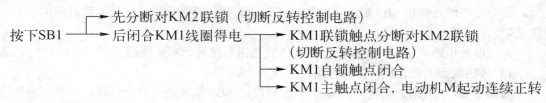

反转起动控制：

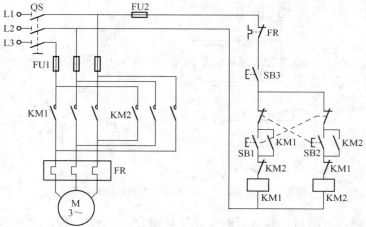

图 2-28　按钮、接触器双重联锁电动机正、反转控制接线图

停止运转：按下 SB3，整个控制电路失电，主触点分断，电动机 M 失电停止。

3）行程限位控制电路。

当生产机械的运动部件到达预定的位置时压下行程开关的触杆，将常闭触点断开，接触器线圈断电，使电动机断电而停止运行，这种控制方式称为限位控制，又称为行程控制。行程控制是在行程的终端加限位开关。行程开关又称为限位开关，用于控制机械设备的行程及限位保护。在实际生产中，将行程开关安装在预先安排的位置，当装于生产机械运动部件上的模块撞击行程开关时，行程开关的触点动作，实现电路的切换。因此，行程开关是一种根据运动部件的行程位置而切换电路的电器，它的作用原理与按钮类似。行程开关广泛用于各类机床和起重机械，用以控制其行程，进行终端限位保护。在电梯的控制电路中，还利用行程开关来控制开关门的速度、自动开关门的限位，轿厢的上、下限位保护等。

行程开关按其结构可分为直动式、滚轮式、微动式和组合式。

① 限位开关控制电动机停止的行程控制电路。

在机械加工行业中，生产车间安装了行车起吊设备，其行程控制电路都是由行程开关组成的正、反转限位控制。典型示意图如图 2-29 所示，行程控制电路图如图 2-30 所示。

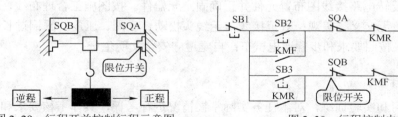

图 2-29 行程开关控制行程示意图 　　　　图 2-30 行程控制电路图

电路的工作原理如下。

正程控制：按下按钮 SB2，继电器 KMF 通电自保，电动机 M 正转运行；当运行至限位开关 SQA 时，SQA 断开，继电器 KMF 断电，电动机 M 停止。

逆程控制：按下按钮 SB3，继电器 KMR 通电自保，电动机 M 反转运行；当运行至限位开关 SQB 时，SQB 断开，继电器 KMR 断电，电动机 M 停止。

停止运转：按下按钮 SB1，此时无论继电器 KMF 或 KMR 哪个正在通电，皆立即断电，电动机 M 停止。

② 自动往返运动的行程控制电路。

在工业生产中，大型龙门刨床都具有自动往返运动的行程控制，典型示意图如图 2-31 所示，自动往返控制电路如图 2-32 所示。

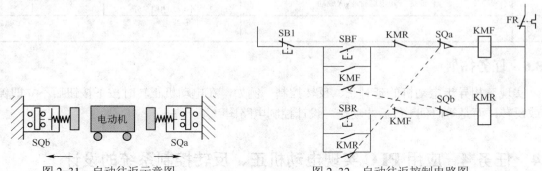

图 2-31 自动往返示意图 　　　　图 2-32 自动往返控制电路图

自动往返运动的行程控制与限位开关控制电动机停止的行程控制电路的区别在于电动机在停车后立即开始反向运转，从而实现自动运动。在控制电路设计时，限位开关采用复合式开关。这样一来，正向运行停车的同时，能够自动起动反向运行；反之亦然。

电路的工作原理如下。

正程控制：按下按钮 SBF，继电器 KMF 通电自保，电动机 M 正转运行；当运行至限位开关 SQa 处时，SQa 常闭触点断开，继电器 KMF 断电，电动机 M 停止，SQa 常开触点闭合，继电器 KMR 通电自保，电动机 M 反转运行。

逆程控制：按下按钮 SBR，继电器 KMR 通电自保，电动机 M 反转运行；当运行至限位开关 SQb 处时，SQb 常闭触点断开，继电器 KMR 断电，电动机 M 停止，SQb 常开触点闭合，继电器 KMF 通电自保，电动机 M 正转运行。

停止运转：按下按钮 SB1，此时无论继电器 KMF 或 KMR 哪个正在通电，皆立即断电，电动机 M 停止。

2．电动机正、反转电路接线、检查与调试

按照电动机正、反转电路接线图布置元件并正确固定元器件。按图施工合理布线，规范走线，做到横平竖直，无交叉、美观；规范接线，无线头松动、反圈、压皮、露铜过长及损伤绝缘层；正确编号；按照要求和步骤通电试车；自觉遵守安全文明生产。

2.3.5 任务技能考评

通过本任务的学习和实验训练，对本任务实际掌握情况进行考评，具体考核要求和考核标准见表 2-7。

表 2-7　考核要求和考核标准表

序号	操作内容	技能要求	评分标准	配分	扣分	得分
1	电动机控制	掌握电动机正、反转控制电路安装接线 掌握电动机正、反转控制电路故障排除 掌握电动机行程控制电路安装接线 掌握电动机行程控制电路故障排除 掌握电动机自动往返控制电路安装接线 掌握电动机自动往返控制电路故障排除	概念模糊不清或错误不给分；控制路线理解错误不给分	50		
2	元件安装	能够按照电路图的要求正确使用工具和仪表，熟练地安装电气元件 布线要求美观、紧固、实用、无毛刺、端子标识明确	安装出错或不牢固，扣 1 分；损坏元件扣 5 分；布线不规范扣 5 分	20		
3	通电运行	要求无任何设备故障且保证人身安全的前提下通电运行 1 次成功	1 次试运行不成功扣 5 分，2 次试运行不成功扣 10 分，3 次不成功扣 15 分	30		
备注			指导老师签字 　　　　　年　　月　　日			

2.3.6 任务拓展

实现三相异步电动机的延时正、反转控制。例如，在电动机正转时按下按钮后不立即停车或反转，而是等时间 t 秒后才动作，设计控制电路图。

2.4 任务4 应用 PLC 实现电动机正、反转控制系统的设计

2.4.1 任务目标

1）了解采用 PLC 进行对象控制时，I/O 点的确定，能实际正确接线。

2）了解三相异步电动机正、反转控制的工序及控制要求。

3）了解三相异步电动机正、反转控制相对应的 PLC 梯形图的绘制。

2.4.2 任务描述

电动机的正、反转控制是工业上广泛应用的一种控制系统，在上一任务中，学习了电动机正、反转继电器-接触器控制电路的工作原理和结构等相关知识，下面将继续学习如何应

用 PLC 实现电动机正、反转控制系统的设计。

随着科学技术的不断发展，PLC 被广泛应用在各个领域中。由于在工业生产上往往不是单一的电动机正、反转控制，而经常是多种不同的电器结合起来完成一项控制任务，因而使用 PLC 进行电动机正、反转控制，不仅有利于模块的相互契合和扩展，还有利于整体系统的一致性与完整性，系统控制也十分直观和简明。

2.4.3　相关知识

在任务 2 中，了解了 PLC 控制的基本指令系统，下面将对此次任务中可能会使用到的一些指令进行详细介绍。

1．置位/复位指令（S/R）

（1）指令功能

置位指令 S（Set）：使能输入有效后从起始位 S-bit 开始的 N 个位置为"1"并保持。

复位指令 R（Reset）：使能输入有效后从起始位 R-bit 开始的 N 个位置为"0"并保持。

（2）指令格式

指令格式如图 2-33 所示。

2．立即置位/复位指令（SI/RI）

其功能类似置位/复位指令，用于跳过输出映像寄存器，加快输出刷新，因而只能用于输出继电器。

（1）指令功能

立即置位指令 SI（Set Immediate）：使能输入有效后立即从起始位 S-bit 开始的 N 个位置为"1"并保持。

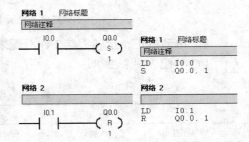

图 2-33　置位/复位指令格式

立即复位指令 RI（Reset Immediate）：使能输入有效后立即从起始位 R-bit 开始的 N 个位置为"0"并保持。

（2）指令格式

指令格式如图 2-34 所示。

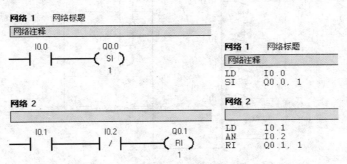

图 2-34　立即置位/复位指令格式

2.4.4　任务实施

1．正、反转控制电路任务要求

三相异步电动机正、反转接触器控制电路如图 2-35 所示，该电路具有正、反转互锁、过载保护功能，是许多中小型机械的常用控制电路。

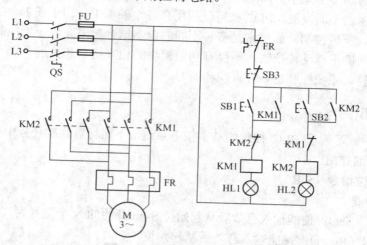

图 2-35　三相异步电动机正、反转接触器控制电路

2．电动机正、反转控制 I/O 分配表与接线图

I/O 分配表见表 2-8。

表 2-8　电动机正、反转 I/O 分配表

输 入 端 口			输 出 端 口		
输入继电器	输入器件	作用	输出继电器	输出器件	控制对象
I0.0	SB1	正转运行按钮	Q0.0	KM1	电动机 M 正转线圈
I0.1	SB2	反转运行按钮	Q0.1	KM2	电动机 M 反转线圈
I0.2	SB3	停止运行按钮	Q0.2	HL1	灯泡
I0.3	FR	热保护继电器	Q0.3	HL2	灯泡

三相异步电动机正、反转 PLC 控制器外部接线如图 2-36 所示。

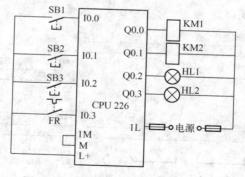

图 2-36　电动机正、反转 PLC 接线图

3．电动机正、反转控制 PLC 程序实现（梯形图和指令表）

三相异步电动机正、反转 PLC 控制系统梯形图如图 2-37 所示。

在任务 3 中曾提到自动往返运动是一种特殊的正、反转控制，下面将就自动往返控制系统的 PLC 设计做详细的介绍。自动往返控制的电路图和控制要求见任务 3 的图 2-32。

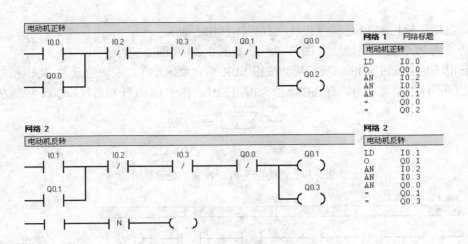

图 2-37 电动机正、反转梯形图和指令表

（1）自动往返控制 I/O 分配表与接线图

I/O 分配表见表 2-9。

表 2-9 电动机正、反转 I/O 分配表

输 入 端 口			输 出 端 口		
输入继电器	输入器件	作用	输出继电器	输出器件	控制对象
I0.0	SB1	停止按钮	Q0.0	KMF	电动机 M 正转（右行）线圈
I0.1	SBF	正转（右行）运行按钮	Q0.1	KMR	电动机 M 正转（左行）线圈
I0.2	SBR	反转（左行）运行按钮			
I0.3	FR	热保护继电器			
I0.4	SQa	右限位开关			
I0.5	SQb	左限位开关			

自动往返行程控制电路外部接线如图 2-38 所示。

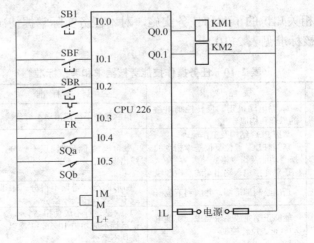

图 2-38 自动往返行程控制外部接线图

（2）自动往返控制 PLC 程序设计（梯形图和指令表）

自动往返 PLC 控制系统示意图与梯形图如图 2-39 和图 2-40 所示。

按下正转起动按钮 SBF 或反转起动按钮 SBR 后，要求小车在左限位开关 SQb 和右限位开关 SQa 之间不停地循环往返，直到按下停止按钮 SB1。图中 Q0.0 控制右行，Q0.1 控制左行。

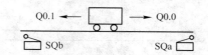

图 2-39　自动往返 PLC 控制系统示意图

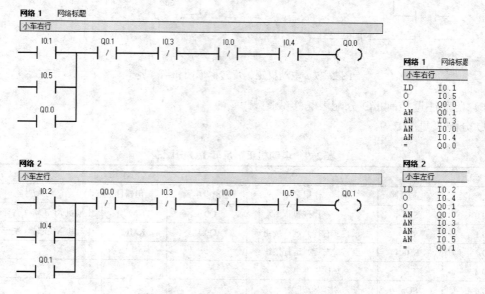

图 2-40　自动往返 PLC 控制系统梯形图

2.4.5　任务技能考评

通过对本任务相关知识的了解和任务实施，对本任务实际掌握情况进行操作技能考评，具体考核要求和考核标准见表 2-10。

表 2-10　任务操作技能考核要求和考核标准

序号	操作内容	技能要求	评分标准	配分	扣分	得分
1	电路原理图	掌握电动机正、反转控制电路的原理和构成	概念模糊不清或错误不给分	25		
2	PLC 控制	掌握 PLC 结构及工作原理　掌握 PLC 置位复位基本指令的指令功能及指令格式　正确连接输入输出端线及电源线	概念模糊不清或错误不给分；接线错误不给分	25		
3	梯形图编写	正确绘制梯形图，并顺利下载	梯形图绘制错误不得分，未下载或下载操作错误不给分	30		
4	PLC 程序运行	能够正确完成系统要求，实现电动机正、反转控制	1 次试运行不成功扣 5 分，2 次试运行不成功扣 10 分，3 次以上不成功不给分	20		
备注			指导老师签字　　　　　　　　　　年　　月　　日			

2.4.6　任务拓展

修改自动往返控制的 PLC 程序以实现延时往返，即到达限位开关后延时 t 秒后再反向运动，设计 PLC 梯形图。

2.5　任务 5　三相异步电动机减压起动控制电路的安装与调试

2.5.1　任务目标

1）了解时间继电器的原理。
2）了解三相异步电动机减压起动的工作原理及应用。

2.5.2　任务描述

为了减小起动电流，对于正常运行时电动机额定电压等于电源线电压，定子绕组为三角形联结方式的三相交流异步电动机，可以在起动时，将电动机定子绕组接成星形，待电动机的转速上升到一个定值后，再换成三角形联结。这样，电动机起动时每相绕组的工作电压为正常运行时绕组电压的 $1/\sqrt{3}$，起动电流为三角形直接起动时的 1/3，这就是 Y-△（星形-三角形）减压起动。

2.5.3　相关知识

1．三相异步电动机的接法

一般的笼型异步电动机的接线盒中有 6 根引出线，标有 U1，V1，W1，U2，V2，W2。其中，U1，U2 是第一相绕组的两端（旧标号是 D1，D4），V1，V2 是第二相绕组的两端（旧标号是 D2，D5），W1，W2 是第三相绕组的两端（旧标号是 D3，D6）。如果 U1，V1，W1 分别为三相绕组的始端，则 U2，V2，W2 是相应的末端。

这 6 个引出端在接通电源之前，相互间必须正确连接。连接方法有星形（Y）联结和三角形（△）联结两种。通常三相异步电动机的额定功率在 3kW 以下连接成星形，4kW 以上连接成三角形。

异步电动机的 Y-△联结如下。

异步电动机的星形联结如图 2-41 所示，异步电动机的三角形联结如图 2-42 所示。

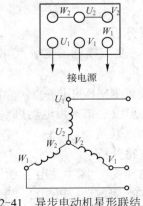

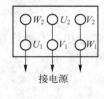

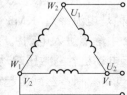

图 2-41　异步电动机星形联结　　　　图 2-42　异步电动机三角形联结

2．原理图设计中应注意的问题

电气控制设计中应重视设计、使用和维护人员在长期实践中总结出来的许多经验，使设计电路简单、正确、安全、可靠、结构合理、使用维护方便。通常应注意以下问题。

1）正确连接电器线圈。电压线圈通常不能串联使用，即使用两个同型号电压线圈也不能采用串联施加额定电压之和的电压值，因为电器动作总有先后之差，可能由于动作过程中阻抗变化造成电压分配不均匀。对于电感较大的电器线圈，例如电磁阀、电磁铁或直流电动机励磁线圈等则不宜与相同电压等级的接触器或中间继电器直接并联工作，否则在接通或断开电源时会造成后者的误动作。

2）合理安排电器元件及触点位置。对一个串联电路，各电器元件或触点位置互换，并不影响其工作原理，但在实际连线上却影响到安全、节省导线等各方面的问题。

3）注意避免出现寄生回路。在控制电路的动作过程中，如果出现不是由于误操作而产生的意外接通的电路，称为寄生回路。

2.5.4　任务实施

三相异步电动机Y-△减压起动电气原理图如图 2-43 所示。

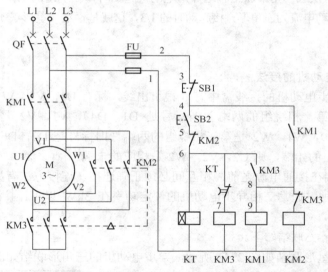

图 2-43　三相异步电动机Y-△减压起动电气原理图（三接触器）

1．三相异步电动机Y-△减压起动电气原理图主电路分析

主电路由三相电源 L1、L2、L3，低压断路器 QF，交流接触器主触点 KM1、KM2、KM3 及三相异步电动机 M 组成。

三相电源 L1、L2、L3，经过低压断路器 QF 后，通过 KM1 的主触点，有两种可能电流流向电动机。一种是电流经过 KM3 主触点进入电动机形成三相异步电动机Y联结，另一种是电流经过 KM2 主触点进入电动机形成三相异步电动机△联结。

2．三相异步电动机Y-△减压起动电气原理图控制电路分析

本任务采用自动控制Y-△减压起动电路，如图 2-43 所示。图中使用了 3 个接触器线圈 KM1、KM2、KM3 和 1 个通电延时型的时间继电器线圈 KT，及起动按钮 SB2，停止按钮 SB1。

由熔断器 FU 实现短路保护。

控制电路动作原理如下。

开启时，按下SB2 ┌─→ KM3线圈得电 ──→ 电动机M起动（星形起动）
　　　　　　　├─→ KM1线圈得电 ──→
　　　　　　　└─→ KT线圈得电t秒后 ──→ KM3失电，KM2线圈得电 ┬─→ M（三角形运行）
　　　　　　　　　　　　　　　　　　　　　　　　　　　　　　└─→ KT、KM3失电

3．电路接线、检查与调试

电路安装按照先主后辅、自上而下的接线方式，而且一定要套线号。电路安装完后用电阻法检查是否有短路性故障。

检查完后通电试车，如有问题，检查排除故障。

电动机Y-△减压起动控制电路并不是唯一的，如图 2-44 所示为另一种自动控制电动机Y-△减压起动控制电路，它不仅只采用两个接触器 KM1、KM2，而且电动机由星形联结转换为三角形联结是在切断电源的同一时间内完成。即按下按钮 SB2，接触器 KM1 通电，电动机接成星形起动，经过一段时间后，KM1 瞬时断电，KM2 通电，电动机接成三角形，然后 KM1 再通电，电动机三角形全压运行。关于控制电路原理，请读者自行分析。

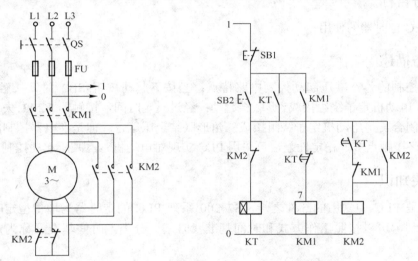

图 2-44 电动机Y-△减压起动电路（两接触器）

2.5.5 任务技能考评

通过本任务的学习和实验训练，对本任务实际掌握情况进行考评，具体考核要求和考核标准见表 2-11。

表 2-11 考核要求和考核标准表

序号	操作内容	技能要求	评分标准	配分	扣分	得分
1	电动机控制	掌握电动机自动控制电路Y-△安装接线 掌握电动机自动控制电路Y-△电路故障排除 掌握电动机自动控制电路Y-△电路减压起动工作原理	概念模糊不清或错误不给分；控制路线理解错误不给分	50		

75

序号	操作内容	技能要求	评分标准	配分	扣分	得分
2	元件安装	能够按照电路图的要求正确使用工具和仪表，熟练地安装电气元件 布线要求美观、紧固、实用、无毛刺、端子标识明确	安装出错或不牢固，扣 1分；损坏元件扣 5 分；布线不规范扣 5 分	20		
3	通电运行	要求无任何设备故障且保证人身安全的前提下通电运行 1 次成功	1 次试运行不成功扣 5分，2 次试运行不成功扣10 分，3 次不成功扣 15 分	30		
备注			指导老师签字 　　　　　　　　　年　月　日			

2.5.6　任务拓展

需要设计实现电动机循环正、反控制电路，电动机在Y-△减压起动后运行。

2.6　任务 6　电动机Y-△减压起动控制 PLC 实现

2.6.1　任务目标

了解 PLC 定时器的使用。

2.6.2　任务描述

继电器控制的Y-△减压起动控制电路特点：当按下起动按钮 SB2 时，接触器 KM1、KM3 闭合，电动机定子绕组接成Y形联结起动；经过一定时间，接触器 KM3 失电释放，接触器 KM2 闭合，将电动机定子绕组接成三角形联结全压运行。但是继电器控制的Y-△减压起动控制电路接触点多、稳定性差，可采用 PLC 实现对电动机Y-△减压起动控制。

2.6.3　相关知识

定时器是 PLC 中常用的部件之一。S7-200 系列 PLC 的定时器为增量型定时器，用于实现时间控制，可以按照工作方式和时间基准（时基）分类，时间基准又称为定时精度和分辨率。

1. 定时器的类型

S7-200 系列 PLC 为用户提供了 3 种类型的定时器：接通延时定时器 TON、保持型接通延时定时器 TONR 和断开延时定时器 TOF。

如图 2-45 所示，定时器的梯形图符号由定时器标识符Txx、定时器的启动电平输入端 IN、时间设定输入端 PT 和定时器编号 Tn 构成。

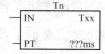

图 2-45　定时器梯形图符号

语句表表示："Txx　Tn　PT"。

Txx 是定时器识别符，接通延时定时器用 TON，保持型接通延时定时器用 TONR，断开延时定时器用 TOF。

定时器 T 编号 n 范围：0～255。

IN 信号范围：I，Q，M，SM，T，C、V，S，L（位），电流。

PT 范围：VW、IW、QW、MW、SMW、AC、AIW、SW、LW、常量、*VD、*AC、*LD（字）。

2．时基标准

按照时基标准，定时器可分为 1ms、10ms、100ms 三种类型，不同的时基标准，定时精度、定时范围和定时器的刷新方式不同。

定时器定时时间 T 的计算：T=设定值×时基标准。

3．不同时基标准的定时器编号

定时器编号不同时，时基标准也随之变化，不同定时器编号的时基标准见表 2-12。

表 2-12　不同定时器编号的时基标准

工作方式	用 ms 表示的分辨率	用 s 表示的最大当前值	定时器号
TONR	1	32.767	T0，T64
	10	327.67	T1～T4，T65～T68
	100	3276.7	T5～T31，T69～T95
TON/TOF	1	32.767	T32，T96
	10	327.67	T33～T36，T97～T100
	100	3276.7	T37～T63，T101～T255

4．工作原理分析

（1）接通延时定时器（TON）

接通延时定时器指令应用如图 2-46 所示，其中包括梯形图、语句表、时序图。当 I0.0 接通时，即驱动 T37 开始计时（数量基脉冲）；计时到设定值 10s 时，T37 状态位置 1，其常开触点接通，驱动 Q0.0 有输出，其后当前值仍增加，但不会影响状态位。当 I0.0 分断时 T37 复位，当前值清零，状态位也清零，即恢复原始状态。若 I0.0 接通时间未到设定值就断开，T37 也跟随复位，Q0.0 不会有输出。

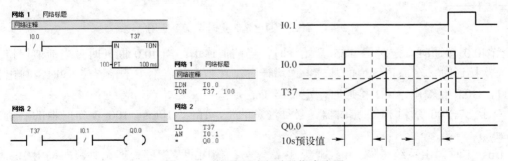

图 2-46　接通延时定时器指令应用

（2）断开延时型定时器（TOF）

断开延时定时器（TOF）指令应用如图 2-47 所示，其中包括梯形图、语句表、时序图。当 I0.0 接通时，定时器输出状态位立即置 1，当前值复位，Q0.0 有输出。当 I0.0 断开时，T37 开始计时，当前值从 0 递增，当前值达到预置值时，定时器状态位复位，并停止计时，当前值保持，Q0.0 没有输出。如果当前值未达到预置值时，则 I0.0 接通，定时器状态位不复位，Q0.0 一直有输出。

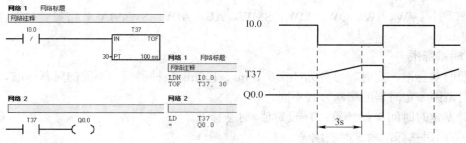

图 2-47　断开延时定时器指令应用

（3）有记忆通电延时型定时器（TONR）

当输入端接通时，定时器开始计时；当输入端断开时，当前值保持；当输入端再次接通时，在原有基础上继续计时。有记忆通电延时型定时器采用线圈的复位指令（R）进复位操作，当复位线圈有效时，定时器当前值清零，输出状态位置 0。

有记忆通电延时型定时器（TONR）指令应用如图 2-48 所示，其中包括梯形图、语句表、时序图。

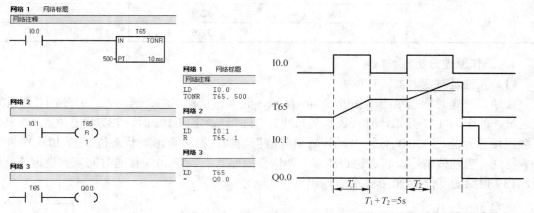

图 2-48　有记忆通电延时定时器指令应用

当 I0.0 接通时，定时器 T65 开始计时，当前值递增；当 I0.0 断开时，当前值保持；当 I0.0 再次接通时，在原记忆值的基础上递增计时，直到当前值不小于预置值 5s 时，输出状态位置 1，Q0.0 有输出。I0.1 接通时，定时器 T65 复位。

对于 S7-200 系列 PLC 定时器，必须注意的是，1ms、10ms、100ms 定时器的刷新方式是不同的。

1ms 定时器由系统每隔 1ms 刷新 1 次，与扫描周期及程序处理无关，即采用中断刷新方式，因此，当扫描周期较长时，在 1 个周期内可能被多次刷新，其当前值在 1 个扫描周期内不一定保持一致。

10ms 定时器则由系统在每个扫描周期开始时自动刷新。由于是每个扫描周期只刷新 1 次，故在每次程序处理期间，其当前值为常数。

100ms 定时器则在该定时器指令执行时被刷新。因而应注意，如果该定时器线圈被激励而该定时器指令并不是每个扫描周期都执行，那么该定时器不能及时刷新，丢失时基脉冲，造成计时失准。如果同 1 个 100ms 定时器指令在 1 个扫描周期中多次被执行，该定时器就会在基脉冲多计时，此时相当于时钟走快了。

当用定时器本身的常闭触点作为本定时器的激励输入时，因为 3 种分辨率的定时器的刷新方式不同，故程序的运行结果也会不同。

对于图 2-49a，由于 T32 是 1ms 定时器，若其当前值刚好在处理 T32 的常闭触点和常开触点之间的时间内被刷新，则 Q0.0 可以接通一个扫描周期，然而这种情况出现的概率是很小的。图 2-49b 则能正常运行。如果换成 T33，由于它是 10ms 定时器，其当前值在扫描周期的开始时被刷新，因而 Q0.0 总可以在 T32 计时（300ms）到时接通 1 个的扫描周期，可正常运行。

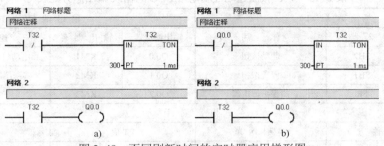

图 2-49 不同刷新时间的定时器应用梯形图

a) 非正常运行 b) 正常运行

2.6.4 任务实施

（1）电动机Y-△减压起动控制任务要求

Y-△减压起动控制电路的主电路和时序图如图 2-50 所示，图 2-50a 所示为主电路图，图 2-50b 所示为Y-△降压起动控制电路的时序图。要求按下起动按钮 KM3 接通，定时器计时，电动机星形起动，经过时间 T1，KM3 停止，KM2 接通，电动机处于三角形运行，按下停止按钮，KM1，KM2 断开，电动机停止。

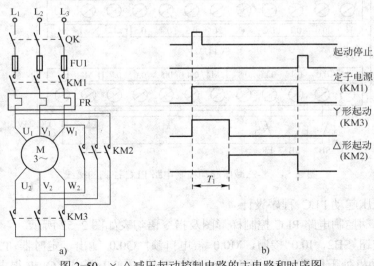

图 2-50 Y-△减压起动控制电路的主电路和时序图

a) 主电路图 b) 时序图

（2）确定 PLC 控制 I/O 分配表及电气原理图

从上面的分析可知系统有起动、停止、热继电器 3 个输入，均为开关量。该系统中有输出信号 3 个，其中 KM1 为电源接触器，KM2 为三角形接触器，KM3 为星形接触器。所以控制系统可选用 CPU221-14 AC/DC/RLY，I/O 点数均为 14 点，满足控制要求，而且还有一定的余量。

丫-△减压起动控制电路的输入有起动按钮、停止按钮和热继电器，PLC 的输入/输出点分配表见表 2-13。

表 2-13　丫-△减压起动控制电路 PLC 的输入/输出点分配表

输 入 端 口			输 出 端 口		
输入继电器	输入器件	作　　用	输出继电器	输出器件	控 制 对 象
I0.0	SB2	起动按钮	Q0.0	KM1	电动机电源接通接触器
I0.1	SB1	停止按钮	Q0.1	KM2	定子绕组三角形联结
I0.2	FR	热保护继电器	Q0.2	KM3	定子绕组星形联结
内 部 元 件					
编 程 元 件		编 程 地 址	PT 值		作　　用
辅助继电器		M0.0			起动/停止控制
定时器		T37	50（5s）		起动时间

（3）丫-△减压起动 PLC 控制电路硬件接线图

用 PLC 进行控制的丫-△减压起动控制电路接线如图 2-51 所示，由于 KM2 和 KM3 不允许同时接通，所以进行了电气互锁。

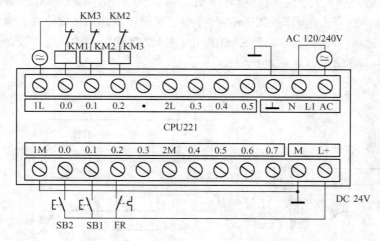

图 2-51　丫-△减压起动控制电路 PLC 控制的接线

（4）丫-△减压起动 PLC 程序设计

丫-△减压起动控制电路 PLC 控制梯形图及指令语句表如图 2-52 所示。

按下起动按钮 SB2，I0.0 接通，M0.0 得电自锁，Q0.0 输出，定时器 T37 开始计时，Q0.2 得电，电动机处于星形起动，经过 5s，T37 动作，Q0.2 断电，Q0.1 得电，电动机进入三角形运行。

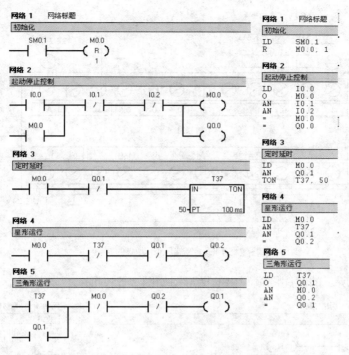

图 2-52 Y-△减压起动控制电路 PLC 控制梯形图及指令语句表

（5）Y-△减压起动任务安装与调试

电路安装按照先主后辅的顺序，而且一定要套线号。电路安装完后用电阻法检查是否有短路性故障。

检查完后将程序下载到 PLC，运行试车，如有问题，检查排除故障。

改进方法：如果在从星形到三角形的转换过程中加入一个较小的延时，其时序图如图 2-53 所示，则可以将硬件接线上的电气互锁省略，使接线更加简单，其硬件接线如图 2-54 所示，又不至于在转换过程中出现短路现象。

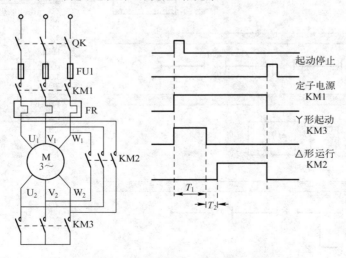

图 2-53　增加延时的Y-△减压起动主电路和时序图

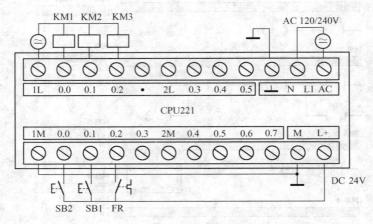

图 2-54 丫-△减压起动硬件接线

根据图 2-53 所示的时序图编写出的梯形图如图 2-55 所示。

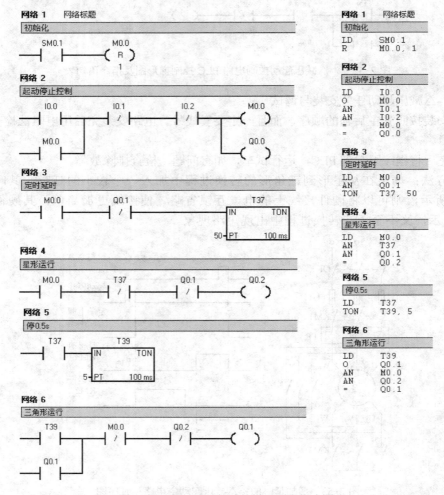

图 2-55 丫-△减压起动的梯形图和指令表

2.6.5　任务技能考评

通过对本任务相关知识的了解和任务实施，对本任务实际掌握情况进行操作技能考评，具体考核要求和考核标准见表 2-14。

表 2-14　任务操作技能考核要求和考核标准

序　号	操作内容	技能要求	评分标准	配分	扣分	得分
1	电路原理图	掌握电动机丫-△减压起动控制电路的原理和构成	概念模糊不清或错误不给分	25		
2	PLC 控制	掌握 PLC 定时指令的指令功能及指令格式 正确连接输入输出端线及电源线	概念模糊不清或错误不给分；接线错误不给分	25		
3	梯形图编写	正确绘制梯形图，并顺利下载	梯形图绘制错误不得分，未下载或下载操作错误不给分	30		
4	PLC 程序运行	能够正确完成系统要求，实现电动机丫-△减压起动控制	1 次试运行不成功扣 5 分，2 次试运行不成功扣 10 分，3 次以上不成功不给分	20		
备注			指导老师签字　　　　　年　　月　　日			

2.6.6　任务拓展

在三相异步电动机丫-△减压起动中，完成电动机正、反转循环控制 PLC 程序梯形图设计及硬件接线。

2.7　任务 7　三相异步电动机制动控制电路的安装与调试

2.7.1　任务目标

1）了解反接制动的原理。
2）了解三相异步电动机反接制动的继电器-接触器控制电路的工作原理。

2.7.2　任务描述

在实际运用中，有些生产机械，如万能铣床、卧式镗床、组合机床等往往要求电动机快速、准确地停车，而电动机在脱离电源后由于机械惯性的存在，完全停止需要一段时间，这样就使得非生产时间延长，影响了劳动生产率，不能适应某些生产机械的工艺需要。在实际生产中，为了保证工作设备的可靠性和人身安全，为了实现快速、准确停车，缩短辅助时间，提高生产机械效率，对要求停转的电动机采取措施，强迫其迅速停车，这就叫"制动"。

三相异步电动机的制动方法有两类：机械制动和电气制动。机械制动是利用机械装置使电动机从电源切断后能迅速停转。它的结构有好几种形式，应用较普遍的是电磁抱闸，它主要用于起重机械上吊重物时，使重物迅速而又准确地停留在某一位置上。电气制动是使异步电动机所产生的电磁转矩和电动机的旋转方向相反。电气制动通常可分为能耗制动和反接制动。

2.7.3 相关知识

（1）机械抱闸制动

机械抱闸制动是在电动机断电后利用机械装置对其转轴施加相反的作用力矩（制动力矩）来进行制动。

1）电磁抱闸制动器的结构。

如图 2-56 所示，电磁抱闸制动器主要由电磁铁和闸瓦制动器等组成。而电磁铁又由线圈、铁心、衔铁组成；闸瓦制动器则由轴、闸轮、闸瓦、杠杆、弹簧组成。

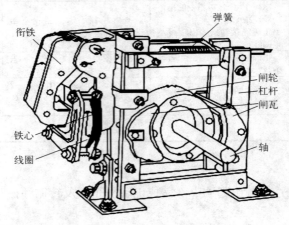

图 2-56　电磁抱闸制动器

2）电磁抱闸制动的控制电路。

电磁抱闸制动的控制电路如图 2-57 所示，其工作过程如下。

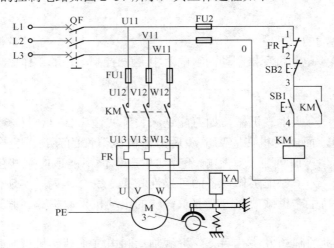

图 2-57　电磁抱闸制动的控制电路

在没通电的情况下，闸瓦紧紧抱住闸轮，电动机处于制动状态。起动时，按下起动按钮 SB1，KM 线圈得电，KM 主触点、自锁触点闭合，电磁抱闸 YA 线圈得电，线圈的电磁吸力大于弹簧的拉力，闸瓦与闸轮分开，电动机起动运转。

制动时，按下停止按钮 SB2，KM 线圈断电释放，YA 线圈断电释放，闸瓦在弹簧力的作用下，紧紧抱住闸轮，电动机迅速制动。

电磁抱闸制动定位准确、制动迅速，广泛应用于电梯、卷扬机、吊车等工作机械上。

（2）电源反接制动

电源反接制动是通过改变电动机定子绕组的电源相序，而迫使电动机迅速停转的一种方法。反接制动通常采用速度继电器来控制其制动过程。

电源反接制动的方法是改变电动机定子绕组与电源的连接相序，如图 2-58 所示，断开 QS1，接通 QS2 即可。

通过电源相序的改变，旋转磁场立即反转，从而使转子绕组中感应电动势、电

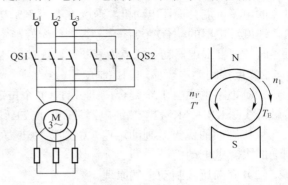

图 2-58　电源反接制动

流和电磁转矩都改变方向，因机械惯性，转子转向未变，电磁转矩与转子的转向相反，电动机进行制动。

2.7.4　任务实施

（1）反接制动电气原理

电源反接制动是在电动机三相电源被切断后，立即通上与原相序相反的三相电源，以形成与原转向相反的电磁转矩，利用这个制动转矩使电动机迅速停止转动。这种制动方式必须在电动机转速降到接近零时切除电源，否则电动机仍有反向力矩，可能会反向旋转，造成事故。

三相异步电动机单向运转反接制动控制电路如图 2-59 所示。

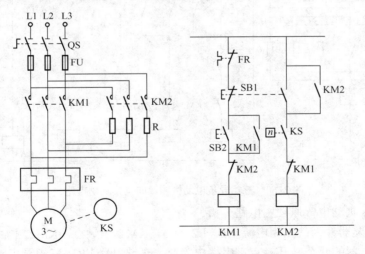

图 2-59　三相异步电动机单向运转反接制动控制电路

1）反接制动电气原理主电路分析。

主电路主要由三相电源 L1、L2、L3，熔断器 FU，两个交流接触器主触点 KM1、KM2，电路电阻 R，热继电器 FR，速度继电器 KS，三相异步电动机 M 组成。

反接制动主电路保护电路有由熔断器 FU 实现的短路保护和热继电器 FR 实现的热保护。

正常起动时 KM1 主触点接通，电动机工作，当电动机停止时，KM2 主触点接通，流向电动机的三相电线序反接，图 2-59 主回路中所串电阻 R 为制动限流电阻，防止反接制动瞬间过大的电流可能会损坏电动机。速度继电器 KS 与电动机同轴，当电动机转速上升到一定数值时，速度继电器的动合触点闭合，为制动做好准备。制动时转速迅速下降，当其转速下降到接近零时，速度继电器动合触点恢复断开，使接触器 KM2 线圈断电，防止电动机反转。

2）反接制动电气原理图控制电路分析。

控制电路主要由 1 个复合按钮 SB1，1 个按钮 SB2，速度继电器常开触点 KS，两个交流接触器线圈 KM1、KM2，热继电器常闭触点 FR 组成。热继电器 FR 常闭触点组成过载保护。

反接制动的优点是制动迅速，但制动冲击力大，能量消耗也大。故常用于不经常起动和制动的大容量电动机。

（2）双向反接制动电气原理

有些设备正转和反转停止都需要制动控制，可以采用三相异步电动机的双向反接制动电路，如图 2-60 所示。

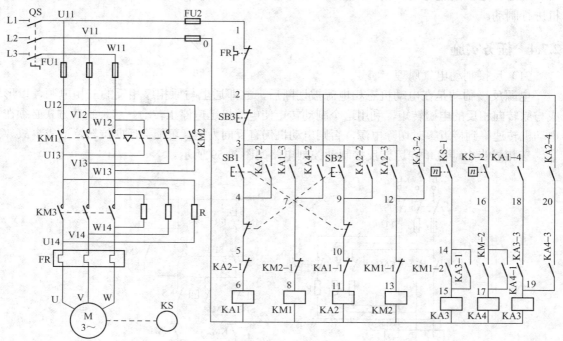

图 2-60 三相异步电动机的双向反接制动电路

1）双向反接制动电气原理主电路分析。

主电路中主要器件为：三相电源 L1、L2、L3，KM1 主触点，KM2 主触点，KM3 主触点，KS 速度继电器的两个常开触点，串接电阻 R，热继电器 FR，三相异步电动机 M。

双向反接制动主电路保护电路有由熔断器 FU 实现的短路保护和热继电器 FR 实现的热保护。

2）双向反接制动电气原理主电路工作原理。

主电路中 KM1 主触点用于正转运行及反转时的反接制动；KM2 主触点用于反转运行

及正转时的反接制动；KM3 运转时闭合，制动时断开，保证电动机串接限流电阻制动；KS 速度继电器的两个常开触点，一个用于正转时的反接制动，另一个用于反转时的反接制动。

控制电路中的主要器件和作用为：SB1 为复合按钮，KA1、KA3 为中间继电器，KM1、KM3 接触器用于电动机的正转控制；SB2 为复合按钮，KA2、KA4 为中间继电器，KM2、KM3 接触器用于电动机的反转控制；正转的反接制动主要用到停止按钮 SB3，速度继电器 KS-1 常开触点，中间继电器 KA3，接触器 KM2、KM3 等；反转的反接制动主要用到停止按钮 SB3，速度继电器 KS-2 常开触点，中间继电器 KA4，接触器 KM1、KM3 等。图 2-60 中，KM1、KM2 为正、反转接触器，KM3 为短接电阻接触器，KA1、KA2、KA3 为中间继电器，KS 为速度继电器，其中，KS-1 为正转闭合触点，KS-2 为反转闭合触点，R 为起动与制动电阻。热继电器 FR 常闭触点用于过载保护。

其控制原理，请读者自行分析。

2.7.5　任务技能考评

通过本任务的学习和实验训练，对本任务实际掌握情况进行考评，具体考核要求和考核标准见表 2-15。

表 2-15　考核要求和考核标准表

序号	操作内容	技能要求	评分标准	配分	扣分	得分
1	基本技能部分	掌握速度继电器的使用	概念模糊不清或错误不给分	20		
2	电动机控制	掌握电动机反接制动继电器控制电路安装接线　掌握电动机反接制动继电器控制电路故障排除	概念模糊不清或错误不给分；控制路线理解错误不给分	30		
3	元件安装	能够按照电路图的要求正确使用工具和仪表，熟练地安装电气元件　布线要求美观、紧固、实用、无毛刺、端子标识明确	安装出错或不牢固，扣 1 分；损坏元件扣 5 分；布线不规范扣 5 分	20		
4	通电运行	要求无任何设备故障且保证人身安全的前提下通电运行 1 次成功	1 次试运行不成功扣 5 分，2 次试运行不成功扣 10 分，3 次不成功扣 15 分	30		
备注			指导老师签字　　　　　年　　月　　日			

2.7.6　任务拓展

一台电动机为Y-△660/380 联结，允许轻载起动，设计采用手动和自动控制减压起动，实现连续运行和点动工作，且当点动工作时要求处于减压状态时具有必要的保护环节。

2.8　任务 8　应用 PLC 实现电动机反接制动控制系统的设计

2.8.1　任务目标

1）了解 PLC 逻辑块指令、边沿指令、非指令。

2）掌握应用 PLC 实现电动机反接制动控制系统的设计、安装、调试。

2.8.2 任务描述

电动机反接制动控制系统也可以用 PLC 实现控制，而且效果好，电路简单，运行稳定。

2.8.3 相关知识

（1）电路块的串联指令 ALD

1）指令功能。

ALD（And Load）：块"与"操作，用于串联连接多个并联电路组成的电路块。

2）指令格式。

ALD 指令格式如图 2-61 所示。

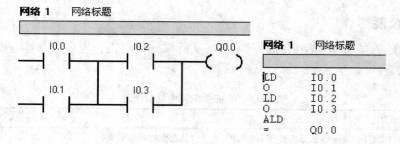

图 2-61　ALD 指令梯形图和指令表

（2）电路块的并联指令 OLD

1）指令功能。

OLD（Or Load）：块"或"操作，用于并联连接多个串联电路组成的电路块。

2）指令格式。

OLD 指令格式如图 2-62 所示。

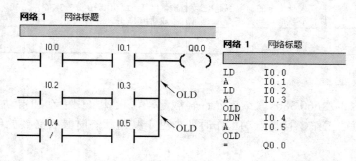

图 2-62　OLD 指令梯形图和指令表

（3）边沿触发指令（EU/ED）

1）指令功能。

EU（Edge Up）：在 EU 指令前有 1 个上升沿时（OFF-ON）产生 1 个宽度为 1 个扫描周

期的脉冲，驱动其后输出线圈。无操作数。

ED（Edge Down）：在 ED 指令前有 1 个下降沿时（ON-OFF）产生 1 个宽度为 1 个扫描周期的脉冲，驱动其后输出线圈。无操作数。

2）指令格式。

指令格式如图 2-63 所示。

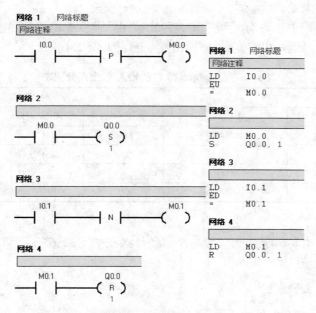

图 2-63　EU/ED 指令梯形图和指令表

（4）逻辑取反指令（NOT）

1）指令功能。

NOT：对该指令前面的逻辑运算结果取反。无操作数。

2）指令格式。

指令格式如图 2-64 所示。

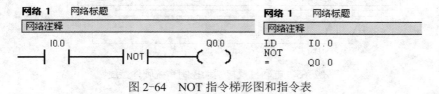

图 2-64　NOT 指令梯形图和指令表

2.8.4　任务实施

（1）反接制动

1）控制要求。

图 2-59 所示为任务 7 的反接制动主电路和控制电路，现将反接制动的控制过程改用 PLC 控制。

2）确定 PLC 控制 I/O 分配表及硬件接线图。

① PLC 的 I/O 分配。

从继电器控制系统图可知，该系统有起动按钮、停止按钮、速度继电器、热继电器 4 个输入，均为开关量。该系统中有输出信号 2 个，其中 KM1 为电源接触器，KM2 为反接制动接触器，所以控制系统可选用 CPU221-14AC/DC/RLY，I/O 点数均为 14 点，满足控制要求，而且还有一定的余量。

反接制动控制电路的输入有起动按钮、停止按钮、速度继电器和热继电器，输出有电源接触器和反接制动接触器，PLC 的输入/输出点分配表见表 2-16。

表 2-16　反接制动 PLC 的输入/输出点分配表

输 入 端 口			输 出 端 口		
输入继电器	输 入 器 件	作　用	输出继电器	输 出 器 件	控 制 对 象
I0.0	SB2	起动按钮	Q0.0	KM1	电源接触器
I0.1	SB1	停止按钮	Q0.1	KM2	反接制动接触器
I0.2	KS	速度继电器			
I0.3	FR	热继电器			

② 硬件接线图。

应用 PLC 实现电动机反接制动控制系统硬件接线如图 2-65 所示。为了防止短路，在 KM1、KM2 接了电气互锁。

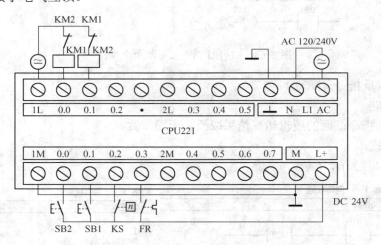

图 2-65　电动机反接制动控制系统硬件接线

3）PLC 程序设计。

由图 2-59 三相异步电动机单向运转反接制动控制电路，根据 I/O 对应关系，FR 的常闭触点用 I0.3 的常闭触点代替，SB2 用 I0.0 代替，SB1 用 I0.1 代替，KS 用 I0.2 代替，KM1 用 Q0.0 代替，KM2 用 Q0.1 代替，获得如图 2-66 所示的反接制动梯形图。

按下起动按钮 SB2，I0.0 接通，Q0.0 得电自锁，KM1 吸合，电动机正转，当速度达到 120 r/min 时，KS 闭合，I0.2 接通，为反接制动作准备；当按下停止按钮 SB1 时，I0.1 接通，Q0.0 断开，KM1 失电，正转停止，KM2 接通，处于反接制动状态，当速度降到低于

100 r/min 时，I0.2 断开，反接制动停止。

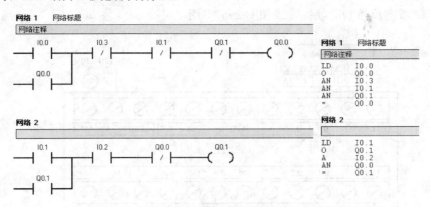

图 2-66　反接制动梯形图

（2）双向反接制动

1）双向反接制动控制要求。

将图 2-60 所示的继电器控制双向反接制动控制电路改为 PLC 控制。

2）双向反接制动电路 PLC 控制的 I/O 分配和硬件接线图。

从继电器控制系统图可知，该系统有正转按钮、反转按钮、停止按钮、正转速度继电器、反转速度继电器、热继电器 6 个输入，均为开关量。该系统中有输出信号 3 个，其中 KM1 为正转接触器，KM2 为反转接触器，KM3 为制动电阻端接继电器，所以控制系统可选用 CPU221-14 AC/DC/RLY，I/O 点数均为 14 点，满足控制要求，而且还有一定的余量。

① PLC 的 I/O 分配。

双向反接制动控制电路的输入有正、反转按钮、停止按钮、速度继电器和热继电器，输出有正转接触器和反转接触器，PLC 的输入/输出点分配见表 2-17。

表 2-17　双向反接制动 PLC 的输入/输出点分配表

输 入 端 口			输 出 端 口		
输入继电器	输入器件	作　用	输出继电器	输出器件	控 制 对 象
I0.0	SB1	正转按钮	Q0.0	KM1	正转接触器
I0.1	SB2	反转按钮	Q0.1	KM2	反转接触器
I0.2	SB3	停止按钮	Q0.2	KM3	电阻端接继电器
I0.3	KS-1	正转速度继电器			
I0.4	KS-2	反转速度继电器			
I0.5	FR	热继电器			
内 部 元 件					
编程元件		编程地址		作　用	
辅助继电器		M0.1		起动/停止控制	
辅助继电器		M0.2		正转起动/停止控制	
辅助继电器		M0.3		正转运行控制	
辅助继电器		M0.4		反转运行控制	

② 硬件接线图。

PLC 控制双向反接制动硬件接线如图 2-67 所示。

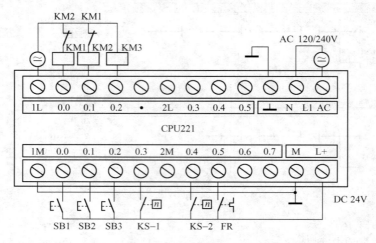

图 2-67　PLC 控制双向反接制动硬件接线

③ PLC 程序设计。

根据 I/O 对应关系和编程规则，得到如图 2-68 所示的梯形图。

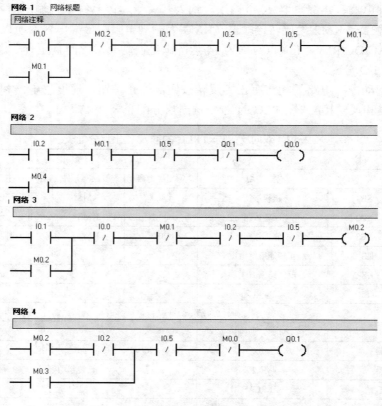

图 2-68　PLC 控制双向反接制动梯形图

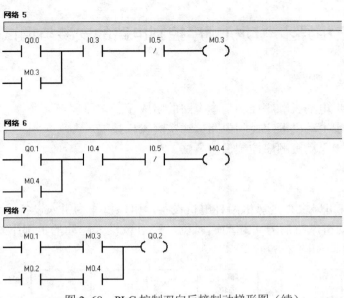

图 2-68 PLC 控制双向反接制动梯形图（续）

（3）安装调试

电路安装按照先主后辅的顺序，而且一定要套线号。电路安装完后用电阻法检查是否有短路性故障。

检查完后将程序下载到 PLC，运行试车，如有问题，则检查排除故障。

2.8.5 任务技能考评

通过对本任务相关知识的了解和任务实施，对实际掌握情况进行操作技能考评，具体考核要求和考核标准见表 2-18。

表 2-18 任务操作技能考核要求和考核标准

序号	操作内容	技能要求	评分标准	配分	扣分	得分
1	电路原理图	掌握电动机反接制动控制电路的原理和构成	概念模糊不清或错误不给分	25		
2	PLC 控制	掌握 PLC 逻辑块指令的指令功能及指令格式 正确连接输入输出端线及电源线	概念模糊不清或错误不给分；接线错误不给分	25		
3	梯形图编写	正确绘制梯形图，并顺利下载	梯形图绘制错误不得分，未下载或下载操作错误不给分	30		
4	PLC 程序运行	能够正确完成系统要求，实现电动机反接制动控制	1 次试运行不成功扣 5 分，2 次试运行不成功扣 10 分，3 次以上不成功不给分	20		
备注			指导老师签字 年 月 日			

2.8.6 任务拓展

一台电动机为 Y-△660/380 联结，允许轻载起动，设计 PLC 实现梯形图，要求采用手动和自动控制减压起动，实现连续运行和点动工作，且当点动工作时要求处于减压状态并具有必要的保护环节。

2.9　任务 9　三相异步电动机顺序控制电路的安装与调试

2.9.1　任务目标

1）了解三相异步电动机顺序控制基本电路的组成及工作原理。
2）了解三相异步电动机顺序控制电路接线实际操作技能。
3）了解三相异步电动机顺序控制保护方法。

2.9.2　任务描述

在某电厂中，有引风机、送风机两种电机设备，引风机作为引入设备，要求在送风机运转之前运行，即起动引风机后方可起动送风机，在引风机未起动的情况下，送风机无法起动。其顺序控制示意图如图 2-69 所示。

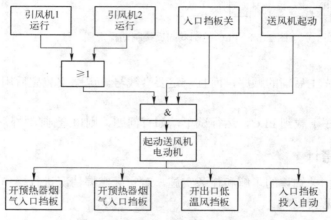

图 2-69　引风机、送风机顺序控制

这种生产实际要求对引风机和送风机进行顺序控制。顺序控制的情况有很多，阀门与主泵电机、压缩机与辅助油泵等都属于顺序控制。大多数工厂中的流水线、传送带也都是顺序控制。

除了顺序控制以外，工业应用中还有一种控制方法十分常见，那就是多点控制。为了操作方便，1 台设备会设有几个操纵盘或按钮站，各处都可以进行操作控制。这样不仅大大增加了控制的灵活性，更使得远程操作变得可能与便利。在以下的内容中，将介绍三相异步电动机的顺序控制基本电路，为学生的技能完善打好基础。

2.9.3　相关知识

顺序控制的基本概念及应用。

（1）顺序控制的功能

顺序控制是指按一定的条件和先后顺序对大型火电单元机组热力系统和辅机，包括电动机、阀门、挡板的启停和开关进行自动控制，也叫做程序控制系统。在生产实践中，常要求各种运动部件之间或生产机械之间能够按顺序工作。例如，车床主轴转动时，要求油泵先给润滑油，主轴停止后，油泵方可停止润滑，即要求油泵电动机先起动，主轴电动机后起动，主轴电动机停止后，才允许油泵电动机停止。顺序控制可分为手动顺序控制和自动顺序控制。

（2）顺序控制的意义

随着机组容量的增大和参数的增多，辅机数量和热力系统的复杂程度大大增加，顺序控制系统涉及面很广，有大量的输入/输出信号和逻辑判断功能。

（3）顺序控制的作用

1）减少了大量烦琐的操作，降低操作人员的劳动强度。

2）保护设备安全。

（4）顺序控制在电厂中的应用

锅炉侧：空预器、送风机、引风机、一次风机、制粉系统等。

汽机侧：循环水泵、凝结水泵、油泵、给水泵等设备及系统。

相对独立的程控系统：如输煤、除灰、化学补给水处理、凝结水处理、锅炉吹灰、锅炉定期排污等系统（一般用 PLC 来实现）。

（5）顺序控制的实现方法

1）控制信号。开关量信息：设备的启、停、开、关等具有两位状态的信息。

2）控制方式。数字逻辑关系：与、或、非、与非、或非、R/S 触发器、计时器等。

3）系统结构。开环系统（按控制方式分），程序控制系统（按控制系统给定值分）。

2.9.4 任务实施

实现电动机顺序控制的方法很多，按电路功能可分为主电路实现顺序控制和控制电路实现顺序控制；按电动机的运行顺序可分为顺序起动和顺序停止。

（1）主电路实现顺序控制

图 2-70 所示为主电路实现电动机顺序控制的电路。

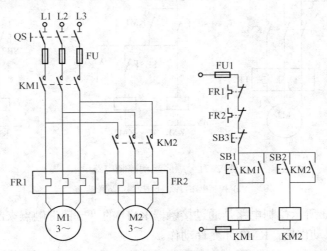

图 2-70　主电路实现顺序控制

1）主电路实现顺序控制主电路分析。

由三相电源 L1、L2、L3，低压断路器 QS，两个交流接触器主触点 KM1、KM2，两个热继电器 FR1、FR2，两个电动机 M1、M2 组成。

低压断路器形成短路保护，热继电器形成热保护和过载保护。

三相电流通过 QS 后，经过 KM1 主触点，一路通过热继电器 FR1 进入电动机 M1，另一路通过 KM2 主触点、热继电器 FR2 进入电动机 M2。其特点是：M2 的主电路接在 KM1 主触点的下面。

2）主电路实现顺序控制控制电路分析。

由两个热继电器常闭触点 FR1、FR2，1 个常闭按钮 SB3，两个常开按钮 SB1、SB2，两个交流接触器常开触点 KM1、KM2，两个交流接触器线圈 KM1、KM2 组成。

其中两个热继电器常闭触点 FR1、FR2 实现过载保护。

电动机 M1 和 M2 分别通过接触器 KM1 和 KM2 来控制，KM2 的主触点接在 KM1 主触点的下面，这就保证了当 KM1 主触点闭合，M1 起动后 M2 才能起动。电路的工作原理为：按下 SB1，KM1 线圈得电吸合并自锁，KM1 主触点闭合，M1 起动，此后，按下 SB2，KM2 主触点闭合，M2 才能起动。停止时，按下 SB3，KM1、KM2 断电，M1，M2 同时停转。

下面介绍几种常见顺序控制方法。

① 控制电路实现顺序起动控制。

控制电路实现顺序起动控制的控制电路如图 2-71 所示。电动机 M1 起动运行之后电动机 M2 才允许起动。

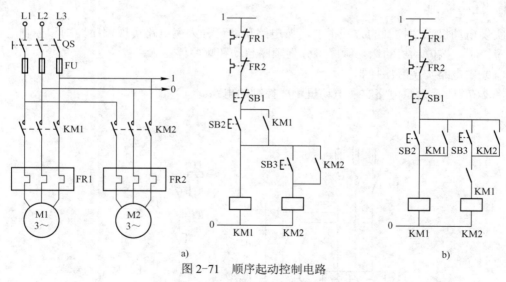

图 2-71 顺序起动控制电路

a) 控制电路自锁   b) 控制电路联锁

其中，图 2-71a 所示控制电路是通过接触器 KM1 的"自锁"触点来制约接触器 KM2 线圈的。只有在 KM1 动作后，KM2 才允许动作。

图 2-71b 所示控制电路是通过接触器 KM1 的"联锁"触点来制约接触器 KM2 线圈的，也只有 KM1 动作后，KM2 才允许动作。

② 顺序电路实现顺序停止控制。

在前面已介绍了顺序控制起动电路，下面将介绍一种按顺序先后停止的联锁控制电路。

在图 2-72 中，按下按钮 SB3，KM1 通电，进入自锁，电动机 M1 起动；按下 SB4 按钮，KM2 通电，进入自锁，电动机 M2 起动；按下按钮 SB1，KM1 断电，电动机 M1 停止，再按下 SB2，KM2 断电，电动机 M2 停止。当未按下 SB1 时，先按 SB2，KM1 保持吸合，KM2 继续通电，电动机 M2 的运行状态不变。

此电路保证了电动机 M1 先停车、电动机 M2 随后停车，电动机 M2 不能单独停车。

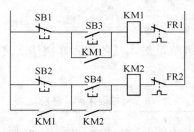

图 2-72　按顺序先后停止的联锁

③ 自动顺序控制。

前面所介绍的都是手动进行顺序控制的控制电路，而在实际生产应用中，往往需要自动实现顺序控制，下面将介绍如何利用时间继电器实现两台三相异步电动机的自动顺序控制。

如图 2-73 所示是采用时间继电器，按时间顺序起动的控制电路。电路要求电动机 M1 起动 t 秒后，电动机 M2 自动起动，可利用时间继电器的延时闭合常开触点来实现。

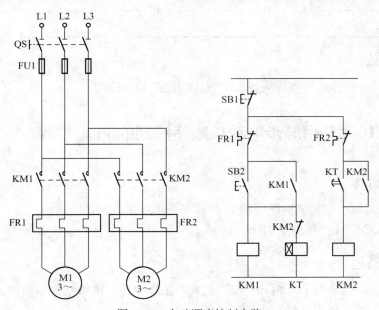

图 2-73　自动顺序控制电路

按下起动按钮 SB2，接触器 KM1 线圈通电并自锁，电动机 M1 起动，同时时间继电器 KT 线圈也通电。定时 t 秒到，时间继电器延时闭合的常开触点 KT 闭合，接触器 KM2 线圈通电并自锁，电动机 M2 起动，同时接触器 KM2 的常闭触点切断时间继电器 KT 线圈电源。

（2）任务安装与调试

选择元器件、工具及导线，并对元器件的质量进行检查。画出两台电动机顺序控制电路的布置图，安装元器件，再画出电动机顺序控制接线图，根据接线图布线，在控制板上进行板前明线布线。安装电动机并可靠连接电动机和电气元件金属外壳的保护接地线。连接电源，检查控制板布线的正确性，经检查无误后，盖上行线槽，通电试车。

2.9.5 任务技能考评

通过本任务的学习和实验训练，对本任务实际掌握情况进行考评，具体考核要求和考核标准见表 2-19。

表 2-19 考核要求和考核标准表

序号	操作内容	技能要求	评分标准	配分	扣分	得分
1	电动机控制	掌握电动机顺序继电器控制电路安装接线 掌握电动机顺序继电器控制电路故障排除	概念模糊不清或错误不给分；控制路线理解错误不给分	30		
3	元件安装	能够按照电路图的要求正确使用工具和仪表，熟练地安装电气元件 布线要求美观、紧固、实用、无毛刺、端子标识明确	安装出错或不牢固，扣 1 分；损坏元件扣 5 分；布线不规范扣 5 分	30		
4	通电运行	要求无任何设备故障且保证人身安全的前提下通电运行 1 次成功	1 次试运行不成功扣 5 分，2 次试运行不成功扣 10 分，3 次不成功扣 15 分	40		
备注			指导老师签字 　　　　年　　月　　日			

2.9.6 任务拓展

如果想增加新的控制地点，应该如何修改两地控制电路图。

2.10 任务 10 三相异步电动机顺序控制的 PLC 实现

2.10.1 任务目标

1）了解三相异步电动机顺序控制 PLC 梯形图的绘制方法。
2）了解 PLC 的计数器指令的使用。

2.10.2 任务描述

在任务 9 中，已学习了三相异步电动机顺序工作原理、电路结构等知识，接下来将继续学习如何使用 PLC 实现电动机顺序控制系统。

在 PLC 出现以前，继电器-接触器控制在工业控制领域占主导地位，由此构成的控制系统都是按预先设定好的时间或条件顺序地工作，若要改变控制的顺序就必须改变控制系统的硬件接线，因此，其通用性和灵活性较差。而 PLC 可在不改变硬件接线的情况下，通过修改程序而改变控制的顺序，有着较好的灵活性和适用性。

2.10.3 相关知识

（1）计数器指令

在前面，已了解了 PLC 的控制指令系统及部分基本指令和定时器指令，下面将对计数器指令进行简要介绍。

S7-200 系列 PLC 有 3 类计数器指令：加计数器指令 CTU、减计数器指令 CTD、加减计数器指令 CTUD。

1）加计数器指令 CTU。

① 指令功能。加计数器对 CU 的上升沿进行加计数；当计数器的当前值大于等于设定值 PV 时，计数器位被置 1；当计数器的复位输入 R 为 ON 时，计数器被复位，计数器当前值清零，位值变为 OFF。操作数为 C×××，PV 值。

说明：CU 为计数器的计数脉冲；R 为计数器的复位；PV 为计数器的预设值，取值范围在 1～32 767。计数器的号码 C×××在 0～255 内任选。计数器也可通过复位指令进行复位。

② 指令格式。指令格式如图 2-74 所示。

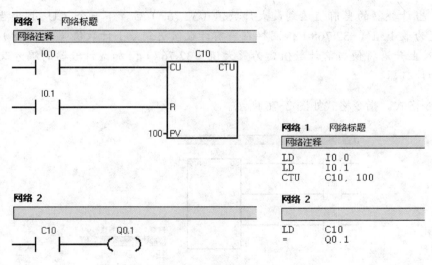

图 2-74 CTU 指令格式

2）减计数器指令 CTD。

① 指令功能。减计数器对 CD 的上升沿进行减计数；当计数器的当前值等于 0 时，该计数器被置位，同时停止计数；当计数装载端 LD 为 1 时，当前值恢复为预设值，位值置 0。

说明：CD 为计数器的计数脉冲；LD 为计数器的装载端；PV 为计数器的预设值，取值范围在 1～32 767。减计数器的编号及预设值寻址范围同加计数器。

② 指令格式。指令格式如图 2-75 所示。

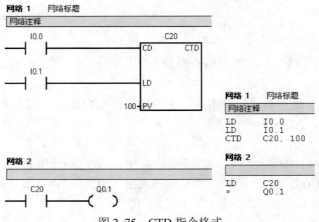

图2-75 CTD 指令格式

3）加减计数器指令 CTUD。

① 指令功能。在加计数脉冲输入 CU 的上升沿，计数器的当前值加 1，在减计数脉冲输入 CD 的上升沿，计数器的当前值减 1，当前值大于等于设定值 PV 时，计数器位被置位。若复位输入 R 为 ON 时或对计数器执行复位指令 R 时，则计数器被复位。

说明：当计数器的当前值达到最大计数值（32 767）后，下一个 CU 上升沿将使计数器当前值变为最小值（-32 768）；同样在当前计数值达到最小计数值（-32 768）后，下一个 CD 输入上升沿将使当前计数值变为最大值（32 767）；加减计数器的编号及预设值寻址范围同加计数器。

② 指令格式。指令格式如图 2-76 所示。

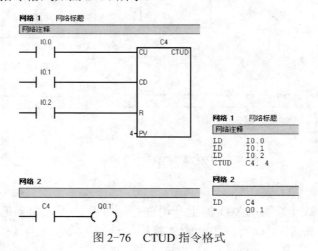

图2-76 CTUD 指令格式

（2）PLC 程序编程原则

PLC 程序设计方法的移植法是根据继电器电路图设计 PLC 梯形图的方法。PLC 使用与继电器电路图极为相似的梯形图语言。如果用 PLC 改造继电器控制系统，根据继电器电路图来设计梯形图是一条捷径。这是因为原有的继电器控制系统经过长时间的使用和考验，已经被证明能完成系统要求的控制功能，而继电器电路图又与梯形图有很多相似之处，因此可以将继电器电路图"翻译"成梯形图，即用 PLC 的外部硬件接线图和梯形图代替继电器系统，这种设计方法一般不需要改动控制面板，保持了系统原有的外部特性，使得操作人员不用改变长期形成的操作习惯。

2.10.4 任务实施

（1）两台电动机顺序起动联锁控制电路

1）控制要求。两台电动机顺序起动联锁控制电路如图 2-77 所示。

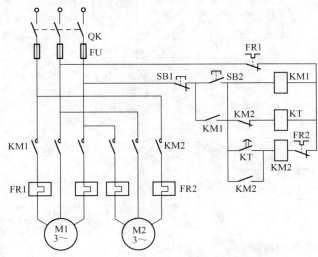

图 2-77　两台电动机顺序起动联锁控制电路

采用 PLC 控制的工作过程如下。

合上电源开关 QK，按下起动按钮 SB2，继电器 KM1 常开触点闭合并自锁，接触器 KM1 得电吸合，电动机 M1 起动。同时定时器 KT 开始计时（时间值 t 由用户设定），延时时间 t 后，KT 常开触点闭合，继电器 KM2 接通并自锁，接触器 KM2 得电吸合，电动机 M2 起动。可见只有 M1 先起动，M2 才能起动。

按下停机按钮 SB1，继电器 KM1、KM2 失电断开，电动机 M1、M2 停止。

电动机 M1 过载时，热继电器 FR1 常闭触点断开，继电器 KM1 和 KM2 失电释放，两台电动机都停止。

当电动机 M2 过载时，热继电器 FR2 常闭触点断开，继电器 KM2 失电，电动机 M2 停止，但电动机 M1 的运转状况不受影响。

2）I/O 分配表与接线图。I/O 分配表见表 2-20。

表 2-20　I/O 分配表

输 入 端 口			输 出 端 口		
输入继电器	输入器件	作　　用	输出继电器	输出器件	控 制 对 象
I0.0	SB1	停止按钮	Q0.0	KM1	控制电动机 M1 的接触线圈
I0.1	SB2	顺序起动运行按钮	Q0.1	KM2	控制电动机 M2 的接触线圈
I0.2	FR1	热继电器 1			
I0.3	FR2	热继电器 2			

PLC 外部接线如图 2-78 所示。

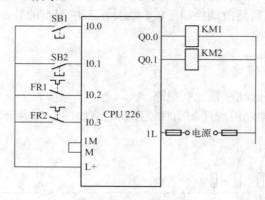

图 2-78　PLC 外部接线

3）梯形图和指令表。梯形图和指令表如图 2-79 所示。

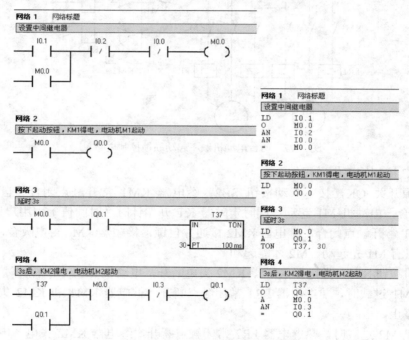

图 2-79　PLC 梯形图和指令程序

（2）任务安装与调试

电路安装按照先主后辅的顺序，而且一定要套线号。电路安装完后用电阻法检查是否有短路性故障。

检查完后将程序下载到 PLC，运行试车，如有问题，则检查排除故障。

2.10.5　任务技能考评

通过对本任务相关知识的了解和任务实施，对实际掌握情况进行操作技能考评，具体考核要求和考核标准见表 2-21。

表 2-21 任务操作技能考核要求和考核标准

序号	操作内容	技能要求	评分标准	配分	扣分	得分
1	电路原理图	掌握电动机顺序控制电路的原理和构成	概念模糊不清或错误不给分	25		
2	PLC 控制	掌握 PLC 计数器指令的指令功能及指令格式 正确连接输入输出端线及电源线	概念模糊不清或错误不给分；接线错误不给分	25		
3	梯形图编写	正确绘制梯形图，并顺利下载	梯形图绘制错误不得分，未下载或下载操作错误不给分	30		
4	PLC 程序运行	能够正确完成系统要求，实现电动机顺序控制	1 次试运行不成功扣 5 分，2 次试运行不成功扣 10 分，3 次以上不成功不给分	20		
备注			指导老师签字 　　　　　　年　　月　　日			

2.10.6　任务拓展

修改三相异步电动机两地控制的 PLC 程序以实现三地控制，修改其 I/O 分配表和梯形图。

模块 3　步进顺序控制方法及其应用

所谓顺序控制，就是按照生产工艺预先规定的顺序，在各个输入信号的作用下，根据内部状态和时间的顺序，在生产过程中各个执行机构自动有秩序进行操作。顺序控制的应用非常广泛，例如组合机床的动力头控制、搬运机械手的控制、包装生产线的控制等都属于顺序控制的范畴。按照顺序控制系统的特征，顺序控制系统可划分为时间驱动顺序控制系统和事件驱动控制系统两大类。顺序控制系统的实现方式有很多，例如继电器组成的逻辑控制系统、PLC、计算机控制系统等。其中 PLC 控制系统以其可靠性高，寿命长，存储器存储值无限次使用，及通过更改控制程序就可以实现不同逻辑关系等优点被广泛使用。

在前面模块介绍完 PLC 基本指令，这个模块里介绍 PLC 控制系统的顺序控制设计法。梯形图的顺序控制法有三种，起保停法，以转换条件为中心法，顺序控制指令法，其中起保停法虽然基于电动机的基本控制环节，但使用起来比较烦琐，所以本模块里通过不同任务介绍以转换条件为中心法及顺序控制指令法。

3.1　任务 1　运料小车自动往返

3.1.1　任务目标

1）掌握顺序功能图的含义及画法。
2）掌握单序列顺序功能图的画法。
3）掌握将单序列顺序功能图转化为梯形图。

3.1.2　任务描述

运料小车自动往返 PLC 控制示意图如图 3-1 所示，A 地为装料处，B 地为卸料处，A、B 两地均设有限位开关，控制小车行走位置。小车初始位置在装料处，按下起动按钮 SB1，系统按照装料、左行、卸料、右行的工作过程自动循环工作，直至按下停车按钮 SB2，小车完成一个循环后，停在原位。小车左行、右行由三相异步电动机正、反转控制，装料和卸料多少由时间控制。

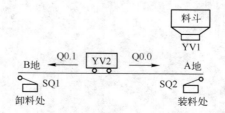

图 3-1　送料小车自动往返 PLC 控制示意图

3.1.3 相关知识

用经验设计法设计梯形图时，没有一套固定的方法和步骤可以遵循，具有很大的试探性和随意性，对于不同的控制系统，没有一种通用的容易掌握的设计方法，在设计复杂系统的梯形图时，用大量的中间单元来完成记忆、联锁和互锁等功能，由于需要考虑的因素很多，它们往往又交织在一起，分析起来非常困难，并且很容易遗漏一些应该考虑的问题。修改某一局部电路时，可能对系统的其他部分产生意想不到的影响，因此梯形图的修改也很麻烦，花了很长的时间还得不到一个满意的结果。用经验法设计出的梯形图往往很难阅读，给系统的维修和改进带来了很大的困难。顺序控制设计法是一种先进的设计方法，很容易被初学者接受，对于有经验的工程师，也会提高设计的效率，程序的调试、修改和阅读也很方便。

使用顺序控制设计法首先要根据系统的工艺过程，画出顺序功能图，然后根据顺序功能图画出梯形图。有的 PLC 编程软件为用户提供了顺序功能图语言，在编程软件中生成顺序功能图后便完成了编程工作。

1．顺序控制设计法基本思想

顺序控制定义：由于每步动作完成后才能进行下一步动作，这属于典型的顺序动作过程。这种在现场输入信号（转换条件）的作用下使执行机构按预测动作的控制称为顺序控制。

顺序控制设计法是针对顺序控制系统的一种专门的设计方法。这种设计方法是将系统的一个工作周期划分为若干个顺序相连的阶段，这些阶段称为步，并且用编程元件来代表各步。步是根据 PLC 输出状态的变化来划分的，在任何一步内，各输出状态不变，但是相邻步之间输出状态是不同的。顺序控制设计法用转换条件控制代表各步的编程元件，让它们的状态按一定顺序变化，然后用代表各步的编程元件去控制 PLC 的各输出位。

程序编写过程：任务描述→顺序功能图→步进梯形图

2．顺序控制功能图

顺序功能图（Sequential Function Chart，SFC）是描述控制系统的控制过程、功能和特性的一种图形，是设计 PLC 的顺序控制程序的主要工具。某控制系统顺序功能图如图 3-2 所示。

顺序功能图主要由步、动作、转换、转换条件、有向连线组成。

（1）顺序功能图的主要元素

1）步及步的划分。

根据控制系统输出状态的变化将系统的一个工作周期划分

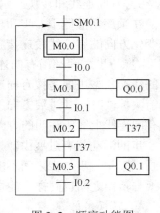

图 3-2　顺序功能图

为若干个顺序相连的阶段，这些阶段称为步（Step）。图中矩形框表示步，方框内是该步的编号。编程时一般用 PLC 内部编程元件（如 M，S）来代表各步。

① 初始步。与系统的初始状态相对应的步称为初始步，初始状态一般是系统等待起动命令的相对静止的状态。初始步用双线方框表示，每一个顺序功能图至少有一个初始步。

② 活动步。当系统正工作在某一步时，该步处于活动状态，称该步为活动步。当步处于活动状态时，相应的动作被执行；当步处于不活动状态时，相应的非存储型命令被停止执行。

③ 步的划分。步根据 PLC 输出量的状态变化划分，在每一步内，各输出量的状态（ON 或 OFF）均保持不变，相邻两步输出量的状态不同。只要系统的输出量状态发生变化，系统就从原来的步进入新的步。例如小车的右行、装料、左行、卸料。

步划分示例。以电动机全压起动 PLC 控制为例，电动机 M 开始时处于停止状态，按下起动按钮 SB1，电动机 M 转动，一旦按下停止按钮 SB2，电动机回到初始的停止状态。根据电动机 M 的状态变化，显然一个周期由停止起始步及转动步组成，如图 3-3 所示。

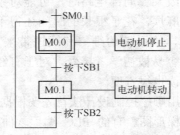

图 3-3　电动机全压起动 PLC 控制顺序功能图

2）动作。

"动作"是指某步处于活动状态时，PLC 向被控对象发出的命令，或被控对象应执行的动作。一个步表示控制过程中的稳定状态，它可以对应一个或多个动作。可以在步右边加一个矩形框，在框中用简明的文字说明该步对应的动作。如图 3-4 所示，一个步对应多个动作时有两种画法，可任选一种。同一步中的动作是同时进行的，动作之间没有顺序关系，可以有存储型和非存储型等。

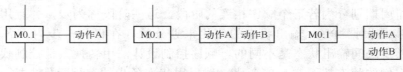

图 3-4　动作的表示

3）有向连线和转换。

在顺序功能图中，步和步按运行时工作的顺序排列并用表示变化方向的有向线段连接起来，这个有向线段称为"有向连线"。步与步之间都用有向连线连接，并且用转换将步分开，步的活动状态进展是按有向连线规定的路线进行。有向连线上无箭头标注时，其进展方向默认为从上到下或从左到右，否则按有向连线上箭头注明的方向进行，如图 3-5 所示。

步的活动状态进展由转换完成。转换用与有向连线垂直的短画线表示，步与步之间不能直接相连，必须有转换隔开，而转换与转换之间也同样不能直接相连，必须有步隔开。

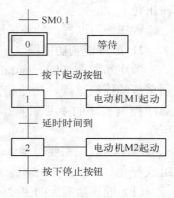

图 3-5　有向连线和转换

4）转换条件。

转换条件是使系统从当前步进入下一步的条件，可以用文字语言、布尔代数表达式或图形符号等标注在表示转换的短画线旁边。假设 X 为转换条件，则 X 和 $\overline{X}$ 分别表示当 X 从状态"0"（断开）到"1"（接通）和 $\overline{X}$ 从状态"1"到"0"时，条件成立。常见的转换条件有按钮、行程开关、定时器和计数器的触点动作（通/断）等。

① 转换实现的基本规则。在顺序功能图中，步的活动状态的进展依靠转换实现。转换

条件的实现必须同时满足两个条件：

- 该转换的所有前级步都是活动步；
- 相应的转换条件成立。

② 转换实现应完成的操作：

- 使所有的后续步都变为活动步；
- 使所有的前级步都变为不活动步。

5）绘制顺序功能图应注意的问题。

① 两个步绝对不能直接相连，必须用一个转换将它们隔开。

② 两个转换也不能直接相连，必须用一个步将它们隔开。

③ 顺序功能图中初始步是必不可少的。

6）只有当某一步所有的前级步都是活动步时，该步才有可能变成活动步。PLC 开始进入 RUN 方式时各步均处于"0"状态，因此必须要有初始化信号，将初始步预置为活动步，否则顺序功能图中永远不会出现活动步，系统将无法工作。

（2）顺序功能图的基本结构

1）单序列。

单序列由一系列顺序激活的步组成，没有分支，每个步后只有一个后级步，步与步之间只有一个转换条件。各步间转换条件满足，后一步成为活动步时，前一步变为不活动步。单序列所表示的动作顺序是一个接着一个完成，如图3-6所示。

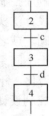

图3-6 单序列结构

2）并行序列。

由两个及以上的分支程序组成，且必须同时执行各分支的程序，称为并行序列。并行序列里某一步有多个后级步，但多个后级步同时激活。如图 3-7 所示，步 2 有两个后级步：步 3 和步 5。当转换条件 c 满足后，步 3 和步 5 同时激活，成为活动步。

- 分支：并行序列的开始用双线表示，转换条件放在双线之上。当并行序列首步为活动步且条件满足时，各分支首步同时变为活动步。
- 合并：并行序列的结束称为合并，用双线表示，转换条件放在双线之下。当各分支的末步都为活动步、且转换条件满足时，将同时转换到合并步，且各末步都变为不活动步。

3）选择序列。

由两个及以上的分支组成，且只能从中选择一个分支执行的程序，称为选择序列。选择序列里某一步有多个后级步，但任何时候只能有一个后级步被激活。如图 3-8 所示，步 2 有两个后级步：步 3 和步 5，两个转换条件：c 和 m，当步 2 为活动步时，转换条件 c 和 m 只有一个满足，这时步 3 或步 5 激活，成为活动步。

- 分支：选择序列的开始，采用水平线；转换符号只能在水平线之下；一般只允许同时选择一个分支；若选择转向某个分支，其他分支的首步不能成为活动步，当前一步为活动步，且转换条件满足时，才能转向下一步。当后一步成为活动步时，前一步变为不活动步。
- 合并：选择序列的结束，采用水平线；转换符号只能在水平线之上；每个选择分支结束都有自己的转换条件。

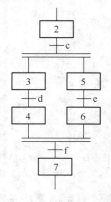

图 3-7　并行序列结构

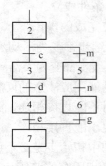

图 3-8　选择序列结构

（3）顺序控制设计法本质

经验设计法实际上是试图用输入信号 I 直接控制输出信号 Q，如图 3-9a 所示，如果无法直接控制，或者为了实现记忆、联锁、互锁等功能，只能被动地增加一些辅助元件和辅助触点。由于不同系统的输出量 Q 与输入量 I 之间的关系各不相同，以及它们对联锁、互锁的要求千变万化，不可能找出一种简单通用的设计方法。

顺序控制设计法是用输入量 I 控制代表各步的编程元件（例如内部存储器位 M），再用它们控制输出量 Q，如图 3-9b 所示。步是根据输出量 Q 的状态划分的，M 与 Q 之间具有很简单的"与"或相等的逻辑关系，输出电路的设计极为简单。任何复杂系统代表步的 M 存储器位的控制电路，其设计方法都是相同的，并且很容易掌握，所以顺序控制设计法具有简单、规范、通用的优点。由于 M 是依次顺序变为 ON／OFF 状态的，实际上已经基本上解决了经验设计法中的记忆、联锁等问题。

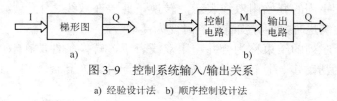

图 3-9　控制系统输入/输出关系

a) 经验设计法　b) 顺序控制设计法

（4）顺序控制梯形图的编程方法

1）以转换条件为中心顺序控制梯形图编程方法。

以转换条件为中心顺序控制梯形图编程方法如下。

①　以某转换条件的所有前级步对应的存储器位的常开触点和该转换条件对应的触点（或电路）的串联作为控制电路。

②　利用该控制电路完成对该转换条件的后续步对应的存储器位置位（起动电路）和所有前级步对应的存储器位复位（停止电路）。

③　每一个转换对应一个控制置位和复位的电路块。

2）输出电路的编程方法。

在顺序功能图中，仅在一步中为 ON 的输出变量，可以将输出线圈直接与代表步的输出线圈并联；若某输出在多个步中都为 1 状态，应将代表各步的输出线圈的常开触点并联后，去驱动输出线圈。

3）单序列顺序功能图编程方法。

由于单序列顺序功能图没有分支，并且每个步后只有一个步，各步间需要转换条件后一步成为活动步时，前一步变为不活动步。而且单序列步的动作顺序是一个接着一个的完成。每步连接着转移，转移后面也仅连接一个步，所以单序列功能图的编程方法本着以转换条件为中心，复位转换条件上一步，置位转换条件下一步即可。

3．程序控制指令

程序控制指令在程序中用于对程序的结构进行合理安排，对提高程序功能以实现某些技巧性运算有重要的意义。程序控制指令包括循环指令、跳转指令、顺序控制继电器指令、子程序、结束及暂停指令，主要用于程序流程的控制。

（1）循环指令 FOR-NEXT

在控制系统中经常会遇到对某项任务需要重复执行若干次的情况，这时可使用循环指令。循环指令由循环开始指令 FOR 和循环结束指令 NEXT 组成。当驱动 FOR 指令的逻辑条件满足时，反复执行 FOR 与 NEXT 之间的程序段。

FOR 指令标记循环的开始，在梯形图中是以功能框的形式编程，名称为 FOR，如图 3-10 所示。它有 3 个输入端，分别是 INDX（当前值计数器），INIT（循环次数初始值），FINAL（循环计数终止值），它们的数据类型都为整数。NEXT 指令为循环体的结束指令，在梯形图中以线圈的形式编程。

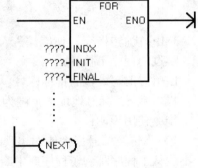

图 3-10　循环指令格式

FOR 和 NEXT 必须成对使用。在 FOR 和 NEXT 之间构成循环体。当允许输入 EN 有效时，执行循环体，INDX 从 1 开始计数。每执行一次循环体，INDX 自动加 1，并且与终止值比较，如果 INDX 大于 FINAL，则循环结束。

例如：给定初值 INIT 为 1，终止值 FINAL 为 60 。那么随着当前循环次数计数值 INDX 从 1 增加到 60 时，FOR 和 NEXT 之间的指令被执行 60 次。

指令使用说明：

1）FOR、NEXT 指令必须成对使用；

2）如果初始值大于终止值，那么循环体不被执行；

3）循环指令可以嵌套，但不能交叉。最大嵌套深度为 8 层；

4）每次使能输入重新有效时，指令将自动复位各参数，使循环指令重新开始执行。

例 3-1：循环指令应用程序。程序如图 3-11 所示。

程序分析：PLC 通电，SM0.1 初始为 ON，累加器 AC1 的值被清零，当 I0.1 接通，执行循环网络 3 程序 60 次，当 VW1 值大于 60 时循环停止，即对累加器 AC1 值自动加 1，共 60 次。

（2）跳转指令 JMP-LBL

跳转指令的功能是根据不同的逻辑条件，有选择地执行不同的程序。利用跳转指令，可以使程序结构更加灵活，减少扫描时间，从而加快系统的响应速度。

跳转指令格式如图 3-12 所示。跳转指令由两条指令组成：跳转开始指令 JMP n 和跳转标号指令 LBL n。

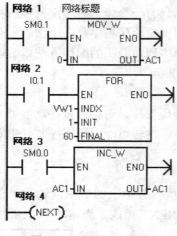

图 3-11　例题 3-1 程序

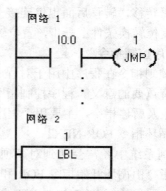

图 3-12　跳转指令格式

JMP：跳转指令，使能输入有效时，把程序的执行跳转到同一程序指定的标号 n 处执行。跳过的程序不执行。

LBL：指定跳转的目标标号。

操作数 n：标号地址，范围为 0～255 的字型类型。

指令使用说明：

1）跳转及标号指令成对出现在程序中，它们可以用在主程序、子程序或中断程序中，但不能从主程序跳到子程序或中断程序，同样也不能从子程序或中断程序跳出；

2）多条跳转指令可以对应同一标号，但一个跳转指令不能对应多个相同标号；

3）由于跳转指令具有选择程序段的功能，因此在同一程序且位于因跳转而不会被同时执行程序段中的同一线圈，不被视为双线圈；

4）在跳转条件中引入上升沿或下降沿脉冲指令时，跳转只执行一个扫描周期，但若用特殊继电器 SM0.0 作为跳转指令的工作条件，跳转就成为无条件跳转。

例 3-2：跳转指令应用程序 1。程序如图 3-13 所示。

应用原理分析：当 I0.0 接通，程序跳转到标号 3 执行后面程序。值得注意的是程序的执行：当 I0.0 先接通，再接通 I0.1，这时 Q0.1 不会接通；如果先 I0.0 不接通，程序照常执行；如果先接通 I0.1 再接通 I0.0，这时 Q0.1 会一直接通，不受 I0.1 控制。在此过程中，无论跳不跳转，只要 I0.2 接通，Q0.2 就接通。

例 3-3：跳转指令应用程序 2。程序如图 3-14 所示。

应用原理分析：跳转指令多用于多种工作方式的控制系统中，如图所示 3-14 所示。当 I0.0 接通，程序跳转到标号 1 后面执行自动程序段，跳过手动程序段。当 I0.0 断开，程序跳过自动程序段，执行手动程序。所以输入继电器 I0.0 为手动/自动转换开关，I0.0 置 1 时执行自动工作方式，I0.0 置 0 时执行手动工作方式。

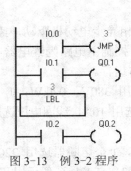

图 3-13　例 3-2 程序

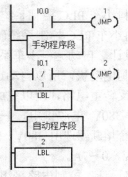

图 3-14　例 3-3 程序

3.1.4　任务实施

1. 控制要求

按下起动按钮 SB1，小车能在 A、B 两地分别起动，小车起动后自动返回 A 地，当限位开关 SQ2 被压合，料斗门 YV1 打开，时间为 100s，给运料车装料。装料结束，料斗门 YV1 关闭。然后小车自动向 B 地运行，到达 B 地后限位开关 SQ1 被压合，卸料门 YV2 打开，时间为 60s，运料车卸料。卸料结束，卸料门 YV2 关闭。然后再返回 A 地，压合限位开关 SQ2，小车开始装料，如此往复。小车在左行或右行过程中，分别由两个指示灯指示其运行的方向。按下停车按钮 SB2 后则小车立即停止运行。小车由交流三相异步电动机控制，右行为正转，左行即为反转，如图 3-1 所示。

2. 确定 PLC 控制 I/O 分配表及电气控制原理图

（1）自动送料小车任务分析

在控制系统设计时，分析完控制系统的设计要求，要根据控制要求编写梯形图程序，在编写程序前首先要做的就是对 PLC 的 I/O 地址进行合理分配。小车运料控制系统输入端连接的元器件为 1 个起动按钮 SB1，1 个停止按钮 SB2，1 个卸料处限位开关 SQ1，1 个装料处限位开关 SQ2，共需 4 个输入触点。输出端连接的元器件为正转控制接触器 KM1，反转控制接触器 KM2，装料门电磁阀 YV1，卸料门电磁阀 YV2，正转运行指示灯 HL1，反转运行指示灯 HL2，共需 6 个输出触点。

（2）自动送料小车 PLC 控制输入/输出（I/O）点设计

通过分析自动送料小车控制系统的要求，可得其 I/O 地址分配见表 3-1。

表 3-1　自动送料小车 I/O 地址分配表

输入（I）			输出（O）		
输入点编号	输入设备名称	代号	输出点编号	输出设备名称	代号
I0.0	起动按钮	SB1	Q0.0	正转接触器	KM1
I0.1	停止按钮	SB2	Q0.1	反转接触器	KM2
I0.2	卸料限位开关	SQ1	Q0.2	正转运行指示灯	HL1
I0.3	装料限位开关	SQ2	Q0.3	反转运行指示灯	HL2
			Q0.4	装料门电磁阀	YV1
			Q0.5	卸料门电磁阀	YV2

（3）自动送料小车 PLC 控制系统电气原理图设计

1）自动送料小车 PLC 控制系统硬件设计。

① 主电路设计。自动运料小车系统的左右行由三相异步电动机驱动，需由 PLC 输出控制接触器间接控制电动机，所以自动运料小车的 PLC 控制主电路为继电器-接触器控制三相异步电动机的正反转主电路，用以完成送料小车的左右运行。

主电路采用 380V 电源供电，三相异步电动机选用 380V，0.4kW；1 个组合开关选用 380V，15A；3 个熔断器选用 380V，5A；2 个接触器选用 10A，线圈电压选用 220V；1 个热继电器选用 380V，0～7A。

② 控制电路设计。控制电路采用 220V 电源供电，1 个熔断器选用 220V，1A；2 个控制按钮均选用 220V，1A；2 个行程开关均选用 LX4-131，LX4 系列行程开关，适用于交流 50Hz，电压值 380V，或直流电压值 220V 的控制电路中，作控制运动机构的行程、变换其运动方向或速度之用；2 个运行指示灯选用 220V，LED 节能指示灯；接线端子为 TB 系列，适用于交流 50Hz，额定电压值 600V、额定电流值 25A 的电路中，作导线间的连接用。由于输入、输出都是开关量，PLC 选用 S7-200 CPU224 便可以满足控制要求。设计出的 PLC 控制系统外部接线示意图，如图 3-15 所示。

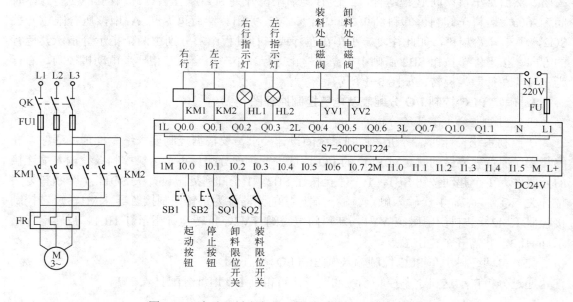

图 3-15　自动运料小车 PLC 控制系统外部接线示意图

3. 自动送料小车 PLC 控制程序设计

（1）根据工作过程画出顺序功能图

绘制顺序功能图时：

1）将流程图中的每一个工序（或阶段）用 PLC 的一个辅助继电器替代；

2）将流程图中的每个阶段要完成的工作（或动作）用 PLC 的线圈指令或功能指令替代；

3）将流程图中各个阶段之间的转移条件用 PLC 的触点或电路块替代；

4）流程图中的箭头方向就是 PLC 顺序功能图中的转移方向。

根据步的划分原则，在任何一步内，PLC 各输出状态不变，但是相邻步之间输出状态是不同的。如图 3-16 所示为自动运料小车顺序控制图，将顺序控制图中每一步用内部继电器代替，得到运料小车单循环或自动循环的顺序功能图，如图 3-17 所示。图中用到内部继电器 M0.0～M0.4，每一个内部继电器表明了每一步的动作内容。当步转移时，前一个内部继电器自动停止工作，后一个内部继电器被置位，开始执行新的操作。

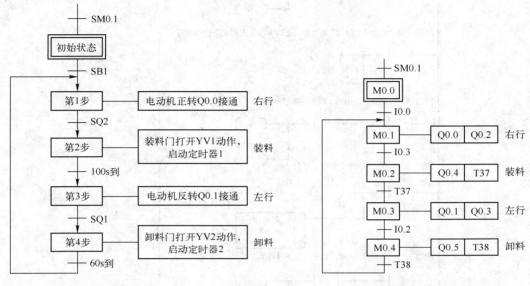

图 3-16　自动运料小车顺序控制图　　　　图 3-17　自动运料小车顺序功能图

自动运料小车顺序功能图分析如下。

初始状态：系统通电，通过初始闭合特殊内部继电器 SM0.1 进入初始状态，系统进入准备状态。

第 1 步：按下起动按钮 SB1，系统初始状态结束，进入第 1 步 M0.1，Q0.0 接通，电动机正转，小车自动前往装料处。

第 2 步：当小车到达装料处，即限位开关 SQ2 被压合，第 1 步 M0.1 结束，进入第 2 步 M0.2，装料电磁阀 YV1 动作，装料门打开，小车装料 100s。

第 3 步：装料 100s 时间到，第 2 步 M0.2 结束，进入第 3 步 M0.3，装料门关闭，停止装料，同时小车向左行驶，即 Q0.1 接通，电动机反转，向卸料处行驶。

第 4 步：当小车到达卸料处，即限位开关 SQ1 被压合，第 3 步 M0.3 结束，进入第 4 步 M0.4，小车停止运行同时卸料电磁阀 YV2 动作，卸料门打开，小车卸料 60s。

返回第 1 步：卸料 60s 时间到，第 4 步 M0.4 结束，返回第 1 步 M0.1，Q0.0 再次接通，电动机正转，小车自动返回装料处，完成一次运料过程，如此循环重复整个工作过程。

（2）自动送料小车 PLC 控制程序设计

1）未加入停止按钮程序设计与分析。

① 未加入停止按钮程序设计。

运料小车的顺序功能图属于单序列顺序功能图，其以转换条件为中心 PLC 梯形图如图 3-18 所示。

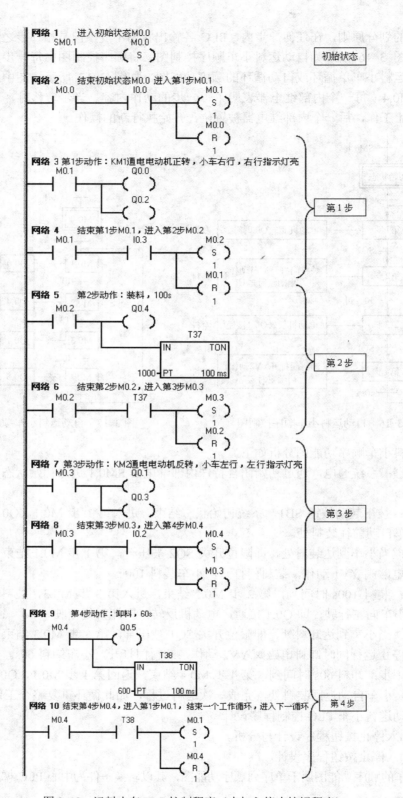

图 3-18 运料小车 PLC 控制程序（未加入停止按钮程序）

② 未加入停止按钮程序分析。

网络 1：进入控制系统初始状态。使用特殊内部继电器 SM0.1（功能：初始接通为 ON）将初始步 M0.0 置位，即 PLC 通电，M0.0 接通并保持，控制系统通电，处于初始等待状态。

网络 2：在 M0.0 保持接通（即为活动步）时，起动按钮 I0.0 接通，转换条件满足，这时，M0.0 的常开触点与 I0.0 的常开触点串联将转换条件 I0.0 上一步 M0.0 复位（结束），下一步 M0.1 置位（进入下一步）。系统进入第 1 步工作，同时结束了初始状态的工作。

网络 3：第 1 步（M0.1）的动作。用代替第 1 步的内部继电器 M0.1 的常开触点驱动第 1 步内需工作的负载，即接通 Q0.0 和 Q0.2，小车右行，同时右行指示灯亮。

网络 2 和网络 3 为第 1 步的程序块。

网络 4：同网络 2。M0.1 的常开触点与转换条件 I0.3 常开触点串联将 I0.3 的上一步 M0.1 复位，下一步 M0.2 置位，使控制系统进入装料阶段。

网络 5：第 2 步（M0.2）的动作。用代替第 2 步的内部继电器 M0.2 的常开触点驱动第 2 步内需工作的负载，即接通 Q0.4 同时定时 100s，小车装料 100s。

网络 4 和网络 5 为第 2 步的程序块。

网络 6：同网络 2。M0.2 的常开触点与转换条件 T37 常开触点串联将 T37 的上一步 M0.2 复位，下一步 M0.3 置位，使控制系统进入小车左行阶段。

网络 7：第 3 步（M0.3）的动作。用代替第 3 步的内部继电器 M0.3 的常开触点驱动第 3 步内需工作的负载，即接通 Q0.1 和 Q0.3，小车左行，左行指示灯亮。

网络 6 和网络 7 为第 3 步的程序块。

网络 8：同网络 2。M0.3 的常开触点与转换条件 I0.2 常开触点串联将 I0.2 的上一步 M0.3 复位，下一步 M0.4 置位，使控制系统进入卸料阶段。

网络 9：第 4 步（M0.4）的动作。用代替第 4 步的内部继电器 M04 的常开触点驱动第 4 步内需工作的负载，即接通 Q0.5 同时启动定时 60s，小车卸料 60s

网络 8 和网络 9 为第 4 步的程序块。

网络 10：用 M0.4 的常开触点与 T38 的常开触点串联将控制系统的最后一步 M0.4 复位（结束），同时将第 1 步 M0.1 置位，目的是可以使系统按控制流程循环工作。

结论：可见，在以转换条件为中心的 PLC 控制梯形图控制程序中，每一步的编程，如网络 1、2、4、6、8、10，用转换条件和活动步的常开触点串联完成复位上一步，置位下一步工作即可。控制系统的输出变量编程，如网络 3、5、7、9，用内部继电器的常开触点驱动输出变量即可。无论是单序列还是复杂序列 PLC 编程只要按照以上两种模式编写，便可完成顺序控制系统的梯形图。在图 3-18 的梯形图中，系统没有加入停止按钮，所以系统一但工作，便不停地循环重复工作，这在实际控制中是不允许的。加入停止按钮的控制程序如图 3-20 和 3-22 所示。

2）加入停止按钮的顺序控制梯形图的编程方法。

在图 3-18 所示梯形图中没有加入停止按钮，只有起动控制，系统起动后，不停循环工作，而实际工作要求加入停止控制，其方法如下。

① 方法 1。如图 3-19 所示，在顺序功能图中加入停止控制，将图 3-17 顺序功能图中第 1 步转换条件 I0.0 换为图 3-19 中的 M1.0，梯形图如图 3-20 所示。

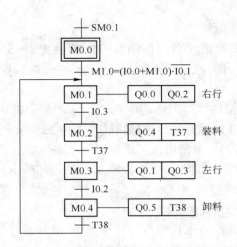

图 3-19　运料小车 PLC 顺序功能图（加入停止控制方法 1）

程序分析如下。

将图 3-18 中的梯形图网络 1、2 换为图 3-20 的程序，其他网络不变，只是向后顺延一个网络。

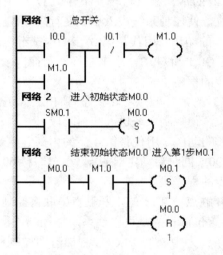

图 3-20　运料小车 PLC 控制程序（加入停止按钮程序方法 1 部分程序）

网络 1：用控制系统起动按钮 I0.0 和停止按钮 I0.1 驱动内部继电器 M1.0，将 M1.0 作为总开关。

网络 2：不变。

网络 3：用 M0.0 的常开触点与总开关 M1.0 的常开触点串联置位 M0.0，复位 M0.1。

如果在某一时刻停止按钮 I0.1 按下，则 M1.0 的常开触点断电，系统循环到网络 3，不能完成上述功能，停止工作。

②　方法 2。加入停止控制方法 2 的顺序功能图如图 3-21 所示，在功能图最后一步转换条件 T38 分别串联停止按钮 I0.1 的常开触点和常闭触点，当停止按钮 I0.1 接通时，I0.1 常开触点闭合，常闭触点断开，系统下一步将通过 T38 的常开触点和 I0.1 的常开触点进入初始状

态 M0.0，但是由于起动按钮 I0.0 接通一次后是断开的，所以，系统不能进入下一步 M0.1，于是停止工作。反之，如果停止按钮 I0.1 没有按下，则系统将通过 T38 的常开触点和 I0.1 的常闭触点循环到 M0.1 处，继续循环工作。

程序分析：前面程序如图 3-18 所示。将图 3-18 程序的网络 I0 替换为如图 3-22 所示的程序，得到停止控制方法 2 的程序。

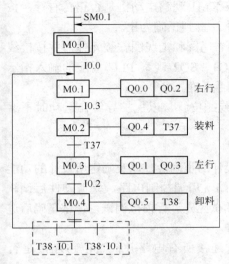

图 3-21　运料小车 PLC 顺序功能图
（加入停止控制方法 2）

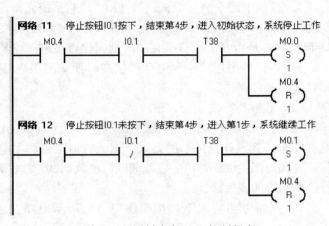

图 3-22　运料小车 PLC 控制程序
（加入停止按钮程序方法 2 部分程序）

3）加入急停控制的程序。

在图 3-20 和图 3-22 中，加入停止控制程序的特点是：无论何时按下停止按钮，系统并不能马上停止工作，而是必须工作完一个周期后到 M0.1 处才能停止。在实际控制中，如果系统出现故障，希望能随时停车，则加入急停控制的程序如图 3-23 所示。

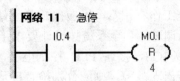

图 3-23　运料小车 PLC 控制程序（加入急停控制部分程序）

程序分析：在程序中加入急停按钮 I0.4，当 I0.4 接通时，系统将 M0.1、M0.2、M0.3、M0.4 复位，即无论系统工作到哪一步，只要 I0.4 接通，都会将各步复位断电，使控制系统停止工作，待系统断电维修后，重新通电，按下起动按钮系统才能重新工作。

4．安装与调试

电气元器件应先检查后使用，避免安装接线后发现问题再拆换，提高制作电路的工作效率。配电柜内元器件布局要合理美观，高低压要分开，以免干扰，元器件之间要留有一定空间，有利于散热和维修。如果选用硬线连线时，走线尽量横平竖直；当选用软线连线时，走线最好采用线槽，连接导线两端一定要安装接线鼻子。连线应牢固可靠。对本系统电气元器件的安装调试应包括以下几个方面。

（1）硬件安装与调试

1）按电器材料明细表逐项检查元件，发现坏的及时更换。

2）按 PLC 控制系统图画出配电柜内元器件布局图及外部元件走线图。

3）主电路安装与调试。按 PLC 控制系统元器件布局图和走线图安装元件，并按接线图连接主电路，连接无误后，加电合上组合开关 QS，按下 KM1 观察电动机是否正转右行，按下 KM2 观察电动机是否反转左行，如果不是，检查电路，直到正确为止。

4）控制电路安装与调试。按 PLC 控制系统元器件布局图和走线图安装元件，并按接线图连接电路。连接无误后，加电，按下 SB1、SB2 和 SQ1、SQ2 观察 PLC 对应的输入指示灯 I0.0~I0.3 是否亮。如有不亮的，则应检查该路接线是否正确。

5）本任务主电路小车电动机接线时要采用坦克链或蛇皮管，以保护导线在运动时不磨损，防止故障产生。

（2）软件与系统运行调试

设计的 PLC 控制系统必须经过联机调试才能保证设计的正确性，以及确定所设计的功能是否完全达到设计任务书的要求。调试时，应先调主电路，后调控制电路，先调硬件后调软件，先调局部后调整体，先空载调试后加载调试。软件调试应先进行模拟调试，调试正确后进行控制系统的联机调试。

1）在断电的情况下，按照图 3-15 所示电路要求连接所有电路并检查电路连接是否正确。

2）在断电的情况下，连接好计算机与 PLC 的连接电缆 PPI。

3）接通 PLC 和计算机的电源，建立 PLC 和计算机的在线通信，将经过模拟调试的程序下载到 PLC 中，

4）接通主电路和控制电路的全部工作电源，将 PLC 模式选择开关拨到 RUN 位置，使 PLC 进入运行状态。

5）空载调试。关闭主电路，接通 PLC 控制电路。依次操作各个按钮和开关，仔细观察系统的运行结果，如果发现系统工作不正常，则应确定是硬件电路故障还是系统程序设计错误，并进行修正，如此反复修正调试，直至系统按设计要求正常工作。

6）加载调试。合上组合开关 QS，接通 PLC 控制电路，根据设计任务对程序进行调试运行，观察程序的运行情况。若出现故障，则应分别检查梯形图和接线是否有误，改正后，重新调试，直至系统按设计要求正常工作。

3.1.5 技能考评

通过本任务的学习和实验训练，对本任务实际掌握情况进行考评，具体考核要求和考核标准见表 3-2。

表 3-2 考核要求和考核标准

序号	操作内容	技能要求	评分标准	配分	扣分	得分
1	电气检查	能按电气元件明细表正确检查所有元件	发现 1 个元件是坏的或错的扣 10 分	25		
2	电路连接	能按 PLC 接线图正确连接电路	发现 1 处接线不正确扣 10 分	25		

序号	操作内容	技能要求	评分标准	配分	扣分	得分
3	编写梯形图	能应用 S7-200 编程软件，能按 PLC 程序图正确绘制梯形图并下载	发现 1 处梯形图错误扣 10 分，未下载扣 10 分，下载不正确扣 10 分	30		
4	PLC 调试	能按任务控制要求调试运行	发现 1 次未成功扣 5 分，2 次未成功扣 10 分，3 次以上未成功不给分	20		
本任务得分			指导老师签字：　　　　　　　年　月　日			

3.1.6 任务拓展

自动小车运料系统在实际应用很广泛，对其控制系统功能要求也很高，其结构示意图如图 3-1 所示。

其控制要求如下。

1）基本控制要求同本任务。

2）控制系统有手动和自动两种工作方式。

3）设计控制系统可以单周期运行和多周期循环运行。

4）控制系统可随时停车。

3.2 任务 2 十字路口交通灯控制

3.2.1 任务目标

1）进一步掌握顺序功能图的含义及画法。

2）掌握并行序列顺序功能图的画法。

3）掌握将并行序列顺序功能图转化为梯形图的方法。

3.2.2 任务描述

按下起动按钮，信号灯系统开始工作，按表 3-3 控制要求周而复始地循环动作；按下停止按钮，所有信号灯都熄灭。

表 3-3　十字路口交通灯控制要求

东西	信号	绿灯亮	绿灯闪亮	黄灯亮	红灯亮		
	时间	20s	3s	2s	25s		
南北	信号	红灯亮			绿灯亮	绿灯闪亮	黄灯亮
	时间	25s			20s	3s	2s

3.2.3 相关知识

1. 并行序列顺序功能图

（1）功能

并行序列结构是指同时处理多个程序流程，多用于表示系统中的同时工作的独立部分。

图 3-24 中当步 13 被激活成为活动步后，若转换条件 e 成立就同时执行左、右两支程序。步 18 为汇合状态，由步 15 和步 17 两个状态共同驱动，当这两个状态都成为活动步且转换条件 p 成立时，汇合转换到步 18。

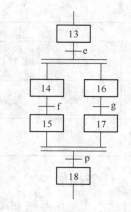

图 3-24　并行序列结构示意图

（2）结构特点

1）分支：在并行序列分支的入口处只有一个转换，转换符号必须画在双水平线的上面，当转换条件满足时，双线下面连接的所有步变为活动步。

2）合并：在并行序列的合并处也仅有一个转换条件，必须画在双线的下面，当连接在双线上面的所有前级步都为活动步且转换条件满足时，才转移到双线下面的步。

2．并行序列顺序功能图编程方法

单序列功能图的编程方法本着以转换条件为中心，复位转换条件上一步，置位转换条件下一步的原则。在并行和选择序列的编程方法中，仍然本着这一原则即可，但是要熟悉并行序列和选择序列结构特点，才能顺利将顺序功能图转换为梯形图。

（1）并行序列分支的编程方法

1）并行序列的分支：利用前级步和转换条件对应的触点组成的串联电路同时对并行序列中的所有后级步进行置位，同时复位所有前级步。如图 3-24 中，在序列的分支点，用步 13 和转换条件 e 组成的串联电路对 e 的后级步 14 和 16 置位，同时对前级步 13 进行复位。

2）并行序列的合并：利用并行序列中所有前级步和转换条件对应的常开触点组成的串联电路同时复位并行序列中的所有前级步，并对后级步进行置位。如图 3-24 中，在序列的合并点，用步 15 和 17 及转换条件 p 组成的串联电路对 p 的后级步 18 置位，同时对前级步 15 和 17 进行复位。

（2）并行序列程序编程注意事项

1）并行性流程的汇合最多能实现 8 个流程的汇合。

2）在并行分支、汇合流程中，条件都是共用的，如上图中的"e"、"p"。

3．程序控制指令

（1）结束指令

END 条件结束指令。当使能输入有效时，终止用户主程序，返回主程序的第一条指令执行。在梯形图中，该指令不能直接与左母线相连。END 指令只能用于主程序，不能在子程序和中断程序中使用。END 指令无操作数。指令格式如图 3-25 所示。

（2）STOP 暂停指令

当使能输入有效时，该指令使主机 CPU 的工作方式由 RUN 切换到 STOP 方式，从而立即终止用户程序的执行，在梯形图中以线圈形式编程，指令不含操作数。指令格式如图 3-26所示。

图 3-25　END 指令格式　　　　图 3-26　STOP 指令格式

注意：END 和 STOP 的区别，如图 3-27 所示。

图中，当 I0.0 接通时，Q0.0 接通，若 I0.1 接通，执行 END 指令，终止用户程序，并返回主程序的起点，这样，Q0.0 仍保持接通，但下面的程序不会执行。若 I0.1 断开，接通 I0.2。则 Q0.1 有输出，若将 I0.3 接通，则执行 STOP 指令，PLC 切换到 STOP 方式，程序立即终止执行，Q0.0 与 Q0.1 均复位。

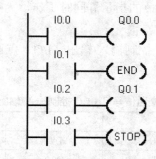

图 3-27　END/STOP 指令的区别

3.2.4　任务实施

1. 控制要求

十字路口交通信号灯的示意图如图 3-28 所示。

对执行元件——指挥灯有如下要求。

1）信号灯系统的工作受启停按钮控制，启动按钮按下开始工作，停止按钮按下停止工作。

2）南北方向绿灯和东西方向绿灯不能同时亮，如果同时亮，则应立即自动关闭信号灯系统，并发出报警信号

3）南北红灯亮维持 25s，在此期间东西绿灯也亮并维持 20s，20s 到时，东西绿灯闪亮 3s 后熄火，在东西绿灯熄灭时，东西黄灯亮并维持 2s。2s 到时，东西黄灯熄灭，东西红灯亮，同时南北红灯熄灭，南北绿灯亮。

4）东西红灯亮维持 25s，与此同时南北绿灯亮维持 20s，然后闪亮 3s 熄灭，接着南北黄灯亮维持 2s 后熄灭。同时南北红灯亮，东西绿灯亮。

5）两个方向的信号灯，按上面的要求周而复始的工作。

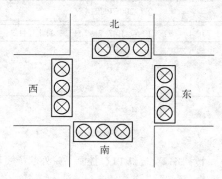

图 3-28　十字路口交通信号灯的示意图

2. 确定 PLC 控制 I/O 分配表及电气控制原理图

（1）十字路口交通信号灯任务分析

十字路口交通信号灯控制系统输入端连接的元器件为 1 个启动按钮 SB1，1 个停止按钮 SB2，共需 2 个输入触点。输出端连接的元器件为东西方向、南北方向各两组指示灯驱动信号，东西南北红黄绿指示灯各 2 组，每组 3 个，共需 12 个输出触点，且都是开关量。由于每一方向的两组指示灯中，同种颜色的指示灯同时工作，为节省输出点数，可以采用并联输出方法，此时仅需要 6 个输出点。

（2）十字路口交通信号灯 PLC 控制输入/输出（I/O）点设计

其 I/O 地址分配见表 3-4。

表 3-4　十字路口交通信号灯 PLC 控制输入/输出（I/O）点分配

输入（I）			输出（O）		
输入点编号	输入设备名称	代号	输出点编号	输出设备名称	代号
I0.0	启动按钮	SB1	Q0.0	东西绿灯	L1、L2
I0.1	停止按钮	SB2	Q0.1	东西黄灯	L3、L4
			Q0.2	东西红灯	L5、L6
			Q0.3	南北绿灯	L7、L8
			Q0.4	南北黄灯	L9、L10
			Q0.5	南北红灯	L11、L12

（3）十字路口交通信号灯 PLC 控制系统电气原理图设计

控制电路采用 220V 供电，2 个按钮均选用 220V，1A 控制按钮；12 个运行指示灯选用 K4-2 THPLC 指示灯；由于输入、输出都是开关量，PLC 选用 S7-200 CPU224 一个即可以满足控制要求。十字路口交通信号灯 PLC 控制系统外部接线图，如图 3-29 所示。

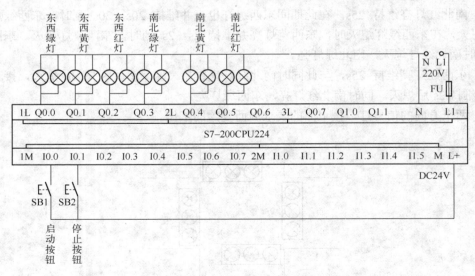

图 3-29　十字路口交通灯 PLC 控制系统外部接线示意图

3．十字路口交通灯 PLC 控制程序设计

（1）根据工作过程画出顺序功能图

根据步的划分原则，在任何一步内，PLC 各输出状态不变，但是相邻步之间输出状态是不同的。

分析十字路口交通灯工作过程，按照控制要求，对于十字路口交通灯，东西方向和南北方向要求同时工作并且各方向的循环周期均为 25s，即南北红灯工作的 25s 内，东西绿灯及黄灯要相继工作，同理东西红灯工作的 25s 内，南北绿灯及黄灯要相继工作，其工作实序图如图 3-30 所示。

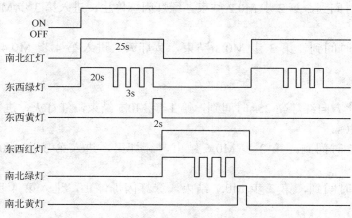

图 3-30　十字路口交通灯工作时序图

可以将十字路口交通灯的东西方向和南北方向作为两个并行的工作过程，并行序列的分支即是总开关接通，合并处即两个方向工作的周期 50s，得到如图 3-31 所示的顺序控制图。

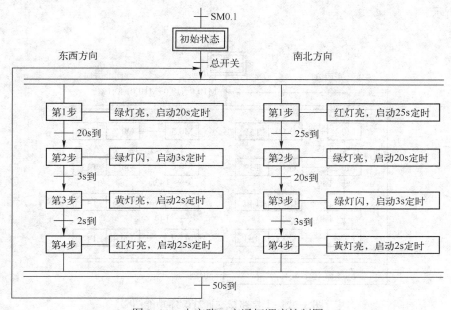

图 3-31　十字路口交通灯顺序控制图

如图 3-31 所示为十字路口交通灯顺序控制图，其功能分析如下。

初始状态：系统通电，通过初始闭合特殊内部继电器 SM0.1 进入初始状态，系统进入准备状态。

按下启动按钮 SB1，系统初始状态结束，同时进入东西方向第 1 步 M0.1 和南北方向第 1 步 M0.5，东西方向绿灯亮 20s，南北方向红灯亮 25s。

东西方向：

第 2 步：东西方向绿灯亮 20s 时间到，第 1 步 M0.1 结束，绿灯灭，进入第 2 步 M0.2，东西方向绿灯闪烁 3s。

第 3 步：3s 时间到，第 2 步 M0.2 结束，绿灯闪烁停止，进入第 3 步 M0.3，东西方向黄灯亮 2s。

第 4 步：2s 时间到，第 3 步 M0.3 结束，黄灯灭，进入第 4 步 M0.4，东西方向红灯亮 25s。

南北方向：

第 2 步：南北方向红灯亮 25s 时间到，第 1 步 M0.5 结束，红灯灭，进入第 2 步 M0.6，南北方向绿灯亮 20s。

第 3 步：20s 时间到，第 2 步 M0.6 结束，绿灯灭，进入第 3 步 M0.7，南北方向绿灯闪烁 3s。

第 4 步：3s 时间到，第 3 步 M0.7 结束，绿灯闪烁停止，进入第 4 步 M1.0，南北方向黄灯亮 2s。

东西方向和南北方向工作一个周期均为 50s，50s 时间到东西方向最后一步和南北方向最后一步同时结束。整个系统完成一个周期工作，自动返回初始状态开始新的周期工作，并且如此循环重复整个工作过程。

将顺序控制图 3-31 中每一步用内部继电器代替，得到十字路口交通灯顺序功能图，如图 3-32 所示。

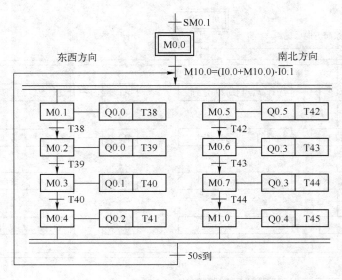

图 3-32　十字路口交通灯顺序功能图

124

（2）十字路口交通灯 PLC 控制程序设计与分析

1）十字路口交通灯 PLC 控制程序。

十字路口交通灯 PLC 控制系统并行序列顺序功能图，以转换条件为中心 PLC 梯形图如图 3-33 所示。

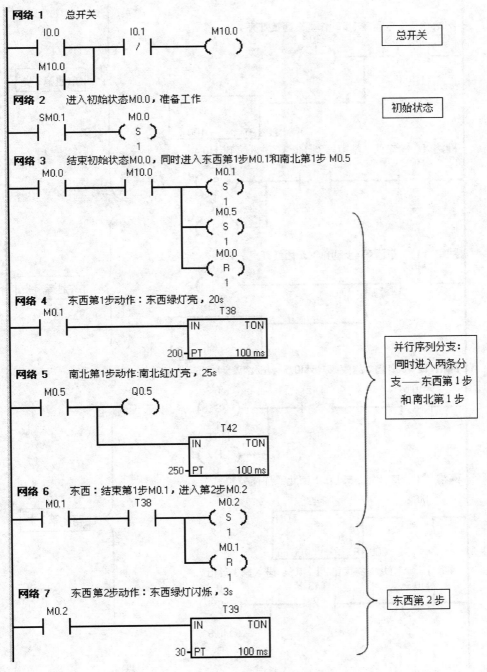

图 3-33　十字路口交通灯 PLC 控制梯形图

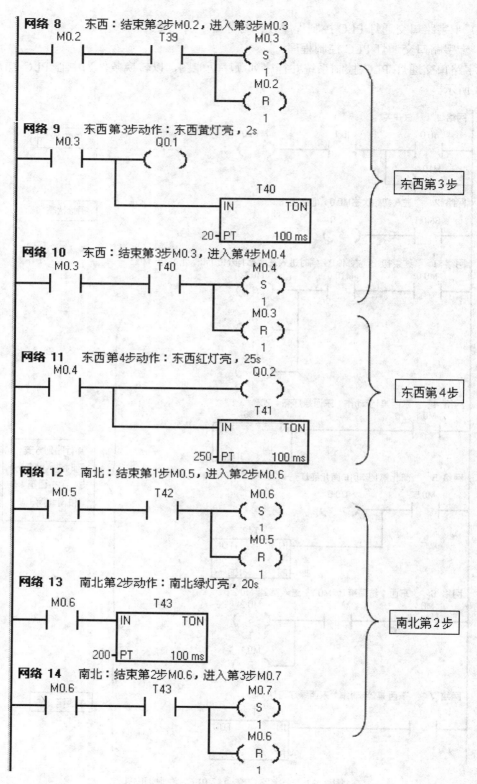

图 3-33　十字路口交通灯 PLC 控制梯形图（续）

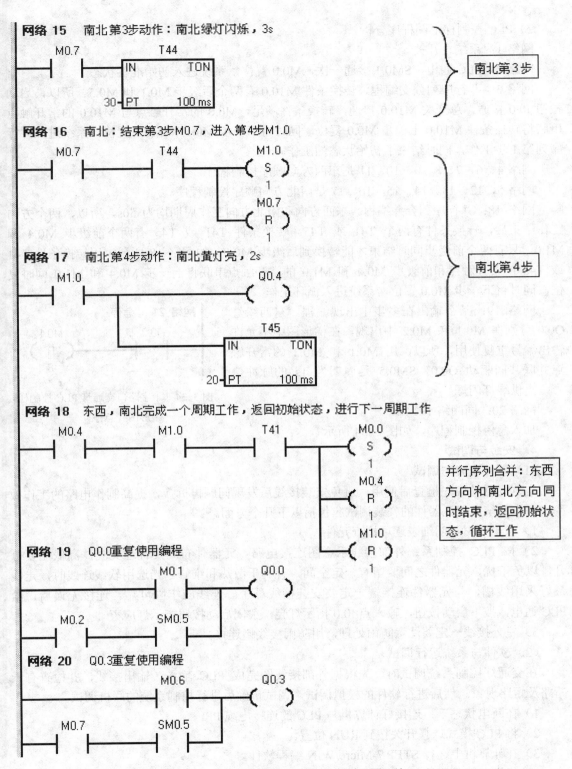

图 3-33　十字路口交通灯 PLC 控制梯形图（续）

2）PLC 控制梯形图程序分析。

网络 1：系统总开关。

网络 2：PLC 通电，SM0.1 接通一次，M0.0 置位，系统进入初始准备状态。

网络 3：并行序列分支编程。转换条件 M10.0 有两个后级步 M0.1 和 M0.5。所以，启动按钮 I0.0 接通，总开关 M10.0 接通，转换条件满足，M0.0 的常开触点与 M10.0 的常开触点串联将转换条件 M10.0 上一步 M0.0 复位，同时将下一步 M0.1 和 M0.5 置位。系统进入并行序列第 1 步工作，同时结束了初始状态的工作。

网络 4、6、7、8、9、10、11 是东西方向顺序控制程序。

网络 5、12、13、14、15、16、17 是南北方向顺序控制程序。

网络 18：并行序列合并编程。东西方向和南北方向工作周期均为 50s，所以，两个方向工作结束后，转换条件有两个 T41 或 T45。转换条件 T41 或 T45 有两个前级步 M0.4 和 M1.0，只有两个前级步同时结束才能转换到后级步 M0.0。如网络 18 所示，用转换条件 T41 或 T45 的常开触点和前级步 M0.4 和 M1.0 的常开触点串联将上一步 M0.4 和 M1.0 同时复位，同时将下一步 M0.0 置位，系统进入循环工作。

网络 19：某个输出在多步中出现编程。东西绿灯 Q0.0 分别在 M0.1 和 M0.2 中出现，在梯形图中不允许输出编号重复使用，所以，用 M0.1 和 M0.2 的常开触点并联共同驱动 Q0.0，SM0.5 是周期为 1s 的脉冲信号，提供绿灯闪烁。

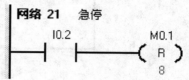

图 3-34　十字路口交通灯 PLC 控制梯形图（急停）

网络 20：同网络 19。

加入急停控制程序，如图 3-34 所示。

4. 安装与调试

（1）硬件安装与调试

电气元器件应先检查后使用，避免安装接线后发现问题再拆换，提高制作电路的工作效率。对本系统电气元器件的安装调试应包括以下几个方面。

1）按电气材料明细表逐项检查元件。

2）按 PLC 控制系统外部接线示意图连接电路。元器件布局要合理美观，高低压要分开，以免干扰，元器件之间要留有一定空间，有利于散热和维修。当选用软线连线时，走线最好采用线槽，与元器件连接端一定要安装接线鼻子。连线应牢固可靠。连接无误后，给 PLC 通电，按下启动按钮，输入点 I0.0 指示灯亮，关闭启动按钮指示灯应灭。

3）室外接线一定要注意防雨处理，用防雨接线帽连接。

（2）软件与系统运行调试

在交通灯控制系统调试时，先根据外部接线图完成 PLC 输入、输出接线，并检查有无断路及短路现象。然后进行软件的模拟调试，调试正确后进行控制系统的联机调试。

1）在断电状态下，连接好计算机与 PLC 的连接电缆 PPI。

2）将 PLC 模式选择开关拨到 RUN 位置。

3）在计算机上运行 STEP 7-Micro/WIN 编程软件。

4）将梯形图程序输入到计算机中。

5）将梯形图程序下载到 PLC 中，使 PLC 进入运行状态。

6）模拟调试。利用编程软件 STEP7-Micro/WIN32 对 PLC 程序进行模拟调试，给定模拟的输入型号，观察程序运行动态，对程序进行编译，运行，监控，调试，直到符合控制要求。

7）联机调试。接通 PLC 和 PC 的电源，建立 PLC 和 PC 的在线通信，将模拟调试好的程序下载到 PLC 中。接通主电路和控制电路的全部工作电源，将 PLC 模式选择开关拨到 RUN 位置，使 PLC 进入运行状态。按下启动按钮 SB1，根据设计任务对程序进行调试运行，观察程序的运行情况。若出现故障，则应分别检查梯形图和接线是否有误，改正后，重新调试，直至系统按设计要求正常工作。

3.2.5 技能考评

通过本任务的学习和实验训练，对本任务实际掌握情况进行考评，具体考核要求和考核标准见表 3-5。

表 3-5 考核要求和考核标准

序号	操作内容	技能要求	评分标准	配分	扣分	得分
1	电气检查	能按电气元器件明细表正确检查所有元件	发现 1 个器件是坏的或错的扣 10 分	25		
2	电路连接	能按 PLC 接线图正确连接电路	发现 1 处接线不正确扣 10 分	25		
3	编写梯形图	能应用 S7-200 编程软件，能按 PLC 程序图正确绘制梯形图并下载	发现 1 处梯形图错误扣 10 分，未下载扣 10 分，下载不正确扣 10 分	30		
4	PLC 调试	能按任务控制要求调试运行	发现 1 次未成功扣 5 分，2 次成功扣 10 分，3 次以上未成功不给分	20		
本任务得分			指导老师签字： 　　　　　年　月　日			

3.2.6 任务拓展

用单序列编程方法实现十字路口交通灯编程，控制要求见表 3-3。

要求：1）画出控制系统单序列功能图；

2）写出对应梯形图；

3）运行并调试。

3.3 任务 3 大小球分拣 PLC 控制系统

3.3.1 任务目标

1）进一步掌握顺序功能图的含义及画法。

2）掌握选择序列顺序功能图的画法。

3）掌握将选择序列顺序功能图转化为梯形图的方法。

3.3.2 任务描述

按下起动按钮，分拣系统开始工作，由机械手臂实现同一槽内大小铁球的分拣操作；机械手位置由限位开关控制，最终将大小球分别放置在不同的槽内，从而实现大小球分拣操作，如果系统不停止，则将重复执行分拣操作。按下停止按钮，无论系统工作在何处，都将停止操作。

3.3.3　相关知识

1. 选择序列顺序功能图

（1）功能

选择序列结构是指任何时刻只能处理一个程序流程。选择序列功能图用于表示系统的几个不同时工作的独立部分的工作情况。当系统的发生条件不同时，产生的动作也不相同，某个系统可能会有好多种可供选择的方式，像此类系统的处理就要使用选择序列功能图来处理。

图 3-35 中，步 1 有多个后级步，但程序执行时，当步 1 被激活成为活动步后，若转换条件 A 成立就执行左侧分支程序，此时，步 2 变为活动步。若转换条件 D 成立就执行第二条分支程序，此时，步 4 变为活动步，其他两条支路也如此。在分支合并处，若步 3 为活动步同时转换条件 C 满足，则步 8 成为活动步，同理，其他 3 条支路也可使步 8 成为活动步。

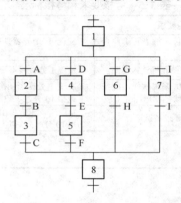

图 3-35　选择序列结构示意图

（2）结构特点

选择分支结构含多个可选择的分支序列，多个分支序列分支开始和结束处用单水平线将各分支连起来。

1）分支：在选择序列分支的入口处，每一条分支都有一个和自己对应的转换，转换符号必须画在单水平线的下面，当某个分支转换条件满足时，该分支连接的第一步变为活动步。一般只允许选择一个分支，两个分支条件同时满足时，优先选择左侧分支。

2）合并：选择序列的合并处，每个分支结束都有一个转换条件，合并处的转换符号只能标注在单水平线的上面。

（3）选择序列顺序功能图编程方法

以转换条件为中心的编程方法中，选择序列中的对于某一个转换条件的前级步和后级步都只有一个，需要复位和置位的存储器位也只有一个，所以选择序列相当于多个单序列的组合，因此选择序列的编程方法和单序列的编程方法完全相同。但是要熟悉选择序列分支和合并处结构特点，才能顺利将功能图转换为梯形图。

1）选择序列分支的编程方法。

选择序列的分支：利用前级步和某一分支的转换条件对应的触点组成的串联电路对选择

序列分支处该转换条件的后级步进行置位，同时复位前级步。如图 3-35 中，在选择序列的分支点，用步 1 和转换条件 A 组成的串联电路对 A 的后级步 2 置位，同时对前级步 1 进行复位，其他分支同理。

选择序列的合并：利用选择序列合并处，处于活动状态的前级步和相应的转换条件对应的常开触点组成的串联电路复位选择序列中的当前前级步，并对后级步进行置位。如图 3-35 中，在选择序列的合并点，用步 3 和转换条件 C 组成的串联电路对后级步 8 置位，同时对前级步 3 进行复位，其他分支同理。

2）选择流程程序编程注意事项。

① 选择流程最多能实现 8 个分支的汇合。

② 在选择分支、汇合流程中，条件都是单独的，如图 3-35 中的 "A"、"D"、"G"、"I"、"C"、"F"。

3.3.4 任务实施

1. 控制要求

机械手分拣大小球的工作示意图如图 3-36 所示。电动机驱动机械臂带动吸盘上下移动，完成取球和放球动作。通过行程开关 SQ2 通断状态来判别大小球，由电动机驱动机械臂左右移动，将大小球送往指定位置，从而完成大小球分拣工作。

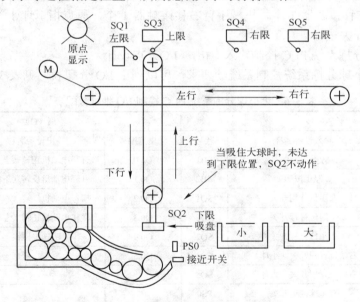

图 3-36 大小球分拣系统的示意图

1）开始自动工作之前要求设备处于原点状态，此时机械臂在上部，左极限位置，上限位开关 SQ3 和左限位开关 SQ1 被压下，吸盘（抓球电磁铁）处于失电状态，同时球槽内有球（接近开关 PS0 闭合），这时原点指示灯亮，表示系统准备就位。

2）按下起动按钮，起动自动循环工作后，机械臂下行 2s，此时，若碰到的是大球，下限位开关 SQ2 仍为断开状态；若碰到是小球，下限位开关 SQ2 则为闭合状态，从而将大小球状态转换为开关检测信号。

3）接通控制吸盘的电磁铁线圈，吸取球。

4）当吸盘吸取到小球时，1s 后机械臂上行，碰到上限位开关 SQ3 后，机械臂右行；碰到小球存放位置右限位开关 SQ4 后转为下行，碰到下限位开关 SQ2 后，将小球释放到小球箱，1s 后上升左移返回到原位。

5）当吸盘吸取到大球时，1s 后机械臂上行，碰到上限位开关 SQ3 后，机械臂右行；碰到大球存放位置右限位开关 SQ5 后转为下行，碰到下限位开关 SQ2 后，将大球释放到大球箱，1s 后上升左移返回到原位。

根据其工作过程，以图中的左上角为机械原点，其动作顺序如图 3-36 所示。下降→吸球→上升→右行→下降→释放球→上升→左行返回到左上原点位置。另外，机械臂下行到达下限位（设定下降时间为 2s，根据电动机运行速度等参数设定）时，吸盘压着大球，下限位行程开关 SQ2 断开，压着小球，下限位行程开关 SQ2 接通。

2．确定 PLC 控制 I/O 分配表及电气控制原理图

（1）大小球分拣系统控制任务分析

大小球分拣系统控制系统输入端连接的元器件为 1 个起动按钮 SB1，1 个停止按钮 SB2，机械手臂上限位开关 1 个，机械手臂下限位开关 1 个，机械手臂左限位 1 个，小球右限位开关 1 个，大球右限位开关 1 个，有无球检测开关 1 个，共需 8 个输入触点。输出端连接的元器件为机械手臂上升控制接触器 1 个，机械手臂下降控制接触器 1 个，吸球口电磁铁 1 个，机械手臂左移接触器 1 个，机械手臂右移接触器 1 个，原点指示灯 1 个，共需 6 个输出触点，且都是开关量。

（2）大小球分拣系统 PLC 控制输入/输出（I/O）点设计

通过分析大小球分拣系统控制系统的要求，可以列出 I/O 分配表，见表 3-6。

表 3-6　大小球分拣系统 PLC 控制 I/O 地址分配表

输入（I）			输出（O）		
输入点编号	输入设备名称	代号	输出点编号	输出设备名称	代号
I0.0	起动按钮	SB1	Q0.0	升降电动机正转（上升）	KM1
I0.1	停止按钮	SB2	Q0.1	升降电动机反转（下降）	KM2
I0.2	左限位行程开关	SQ1	Q0.2	横移电动机反转（右移）	KM3
I0.3	下限位行程开关	SQ2	Q0.3	横移电动机正转（左移）	KM4
I0.4	上限位行程开关	SQ3	Q0.4	吸球电磁铁	YV
I0.5	右限位行程开关（小球）	SQ4	Q0.5	原点指示灯	L1
I0.6	右限位行程开关（大球）	SQ5			
I0.7	有无球接近开关	PS0			

（3）大小球分拣 PLC 控制系统电气原理图设计

1）大小球分拣 PLC 控制系统硬件设计。

① 主电路设计。大小球分拣系统由三相异步电动机控制机械手上下行和左右行，分别对应电动机正、反转控制电路，所以主电路为两台电动机的正、反转控制电路。

主电路为 380V 供电，380V，0.4kW 选用三相异步电动机；1 个 380V，15A 组合开关；6 个 380V，5A 熔断器；4 个 10A 接触器，线圈电压为 220V；2 个热继电器选用 380V，0～7A。大小球分拣 PLC 控制系统主电路接线示意图，如图 3-37 所示。

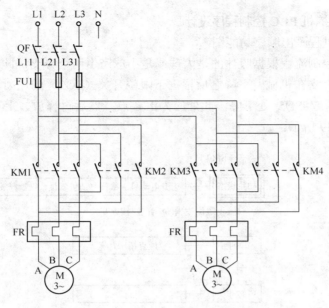

图 3-37　大小球分拣系统主电路

② 控制电路设计。

控制电路采用 220V 供电，2 个 220V，1A 控制按钮；5 个 LX5 3A 行程开关；接近开关选用霍尔式接近开关。由于输入、输出都是开关量，PLC 选用 S7-200 CPU224 一个便可以满足控制要求。

设计出 PLC 控制系统外部接线示意图，如图 3-38 所示。

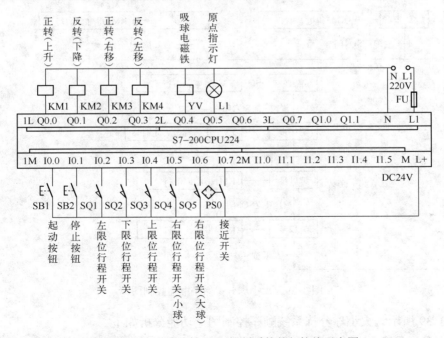

图 3-38　大小球分拣 PLC 控制系统外部接线示意图

3. 大小球分分拣机 PLC 控制程序设计

（1）根据工作过程画出顺序功能图

根据要求，该控制流程根据吸住的是大球或是小球产生两个分支，此处应为分支点，且属于选择性分支。分支在机械臂下降之后根据下限位开关（SQ2）的通断，分别将球吸住、上升、右行到 SQ4 或 SQ5 处下降，此处应为汇合点。然后再释放、上升、左移到原点。顺序控制图如图 3-39 所示。

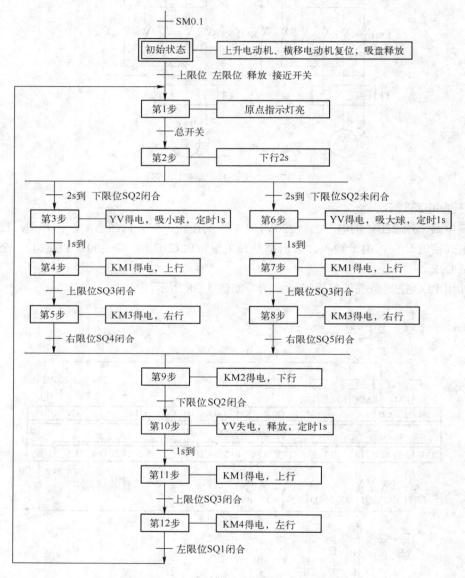

图 3-39　大小球分拣系统顺序控制图

如图 3-39 所示为大小球分拣系统顺序控制图，功能分析如下。

初始状态：系统通电，通过初始闭合特殊内部继电器 SM0.1 进入初始状态，系统进入准备状态，升降电动机，横移电动机均返回原点处，吸球电磁铁处于失电状态。

第 1 步：当升降电动机、横移电动机、吸球电磁铁处于初始状态即上限位开关 SQ3 和左限位开关 SQ1 被压合，同时 PS0 接通时，则系统进入第 1 步，原点指示灯点亮，完成控制系统的初始化。

第 2 步：按下起动按钮 SB1，控制系统初始化结束，进入第 2 步 M0.2，升降电动机反转，即 Q0.1 接通，机械臂下行。

选择序列分支：在选择序列分支点，系统根据转换条件决定选择分支序列的哪一条支路去执行，任何时刻选择序列只有一条支路在工作。本任务中共有两条分支。

第一条：机械臂下降 2s 后，下限位开关 SQ2 被压合。

第 3 步：第 2 步 M0.2 结束，进入第 3 步 M0.3，吸球电磁铁，即 Q0.4 被置位，吸到小球，延缓 1s。

此时系统将按此支路顺序继续工作。

第 4 步：延缓 1s 到，第 3 步 M0.3 结束，进入第 4 步 M0.4，升降电动机正转，即 Q0.0 接通。

第 5 步：当机械臂上行到位，即上限位行程开关 SQ3 被压合时，第 4 步 M0.4 结束，进入第 5 步 M0.5，横移电动机正转，即 Q0.2 接通，机械臂右移。

第 9 步：机械臂右移至小球装箱处，即右限位开关 SQ4 压合，第 5 步 M0.5 结束，此时第一条分支结束，在此处进入控制系统主路，即选择序列的合并，进入第 9 步 M1.1，升降电动机反转，即 Q0.1 接通，机械臂下降。

第 10 步：机械臂下降到位，即下限位开关 SQ2 被压合，此时第 9 步 M1.1 结束，进入第 10 步 M1.2，吸球电磁铁失电，即 Q0.4 被复位，释放小球，同时延缓 1s。

第 11 步：延缓 1s 后，第 10 步 M1.2 结束，进入第 11 步 M1.3，升降电动机正转，即 Q0.0 接通，机械臂上行。

第 12 步：机械臂上行到位，即上限位开关 SQ3 被压合，此时第 11 步 M1.3 结束，进入第 12 步 M1.4，横移电动机反转，即 Q0.3 接通，机械臂左移。

返回第 1 步：当左限位开关 SQ1 被压合，机械臂返回原点处，第 12 步结束，返回第 1 步，系统完成一次分拣工作，并且如此循环下去。

第二条：机械臂下降 2s 后，下限位开关 SQ2 未被压合。

第 6 步：第 2 步 M0.2 结束，进入第 6 步 M0.6，吸球电磁铁得电，即 Q0.4 被置位，吸到大球，延缓 1s。

此时系统将按此支路顺序继续工作。

第 7 步：延缓 1s 到，第 6 步 M0.6 结束，进入第 7 步 M0.7，升降电动机正转即 Q0.0 接通，机械臂上行。

第 8 步：当上限位行程开关 SQ3 被压合，第 7 步 M0.7 结束，进入第 8 步 M1.0，横移电动机正转，即 Q0.2 接通，机械臂右移。

第 9 步：机械臂右移至大球装箱处，即右限位开关 SQ5 压合，第 8 步 M1.0 结束，此时第二条分支结束，在此处进入选择序列的合并处，进入第 9 步 M1.1，升降电动机反转，即

Q0.1 接通，机械臂下降。

此后，重复第 10 步到第 12 步工作，直到返回原点，完成一次分拣工作，继续循环下去。

将顺序控制图 3-39 中每一步用内部继电器代替，得到大小球分拣系统的顺序功能图，如图 3-40 所示。

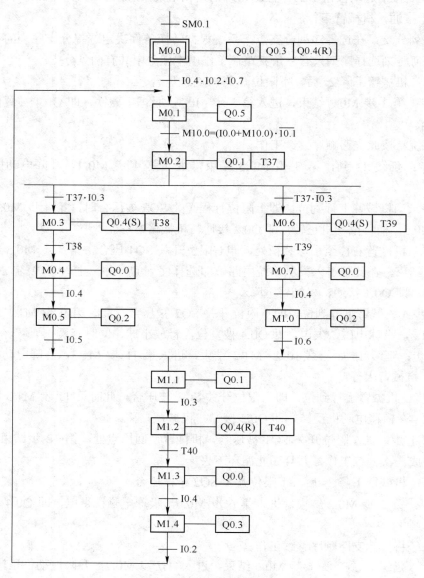

图 3-40　大小球分拣系统顺序功能图

（2）大小球分拣 PLC 控制程序设计

1）大小球分拣 PLC 控制程序。

大小球分拣系统属于选择序列顺序功能图，以转换条件为中心 PLC 梯形图如图 3-41 所示。

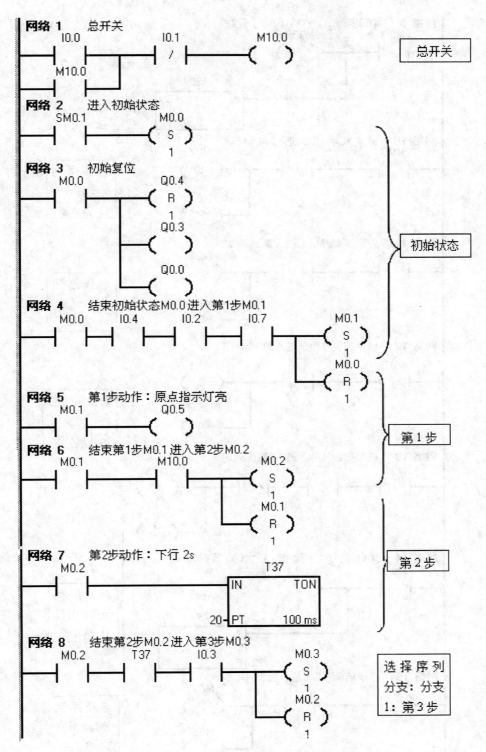

图 3-41 大小球分拣 PLC 控制梯形图

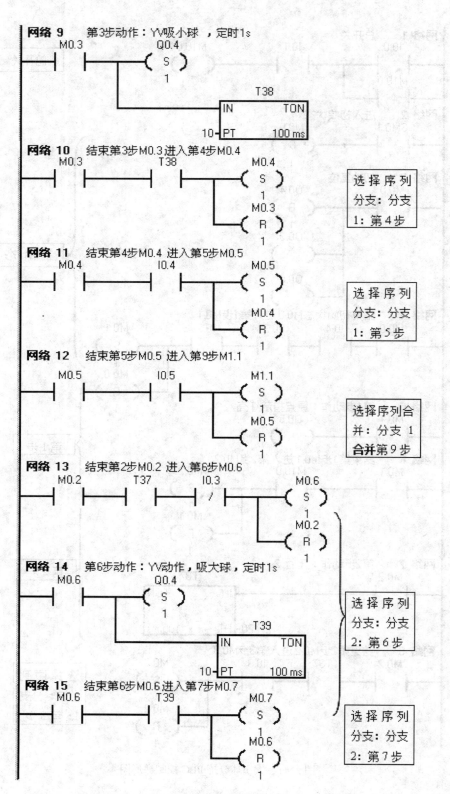

图 3-41 大小球分拣 PLC 控制梯形图（续）

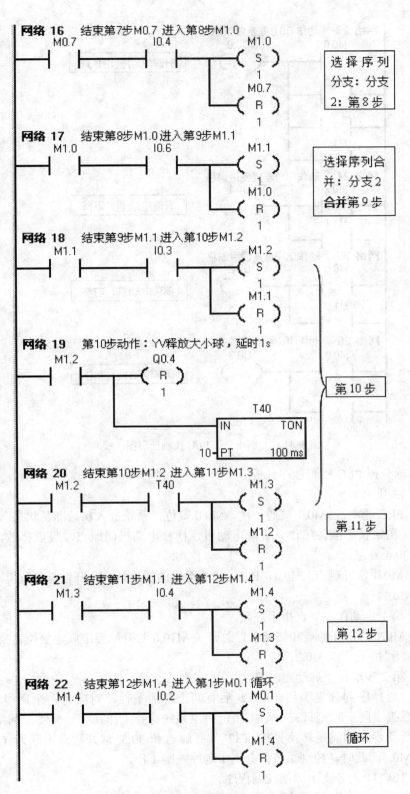

图 3-41 大小球分拣 PLC 控制梯形图（续）

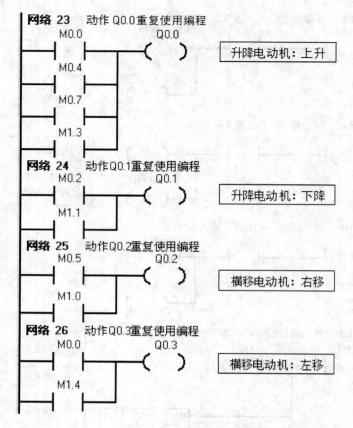

图 3-41 大小球分拣 PLC 控制梯形图（续）

2）大小球分拣 PLC 控制程序分析。

网络 1：总开关。

网络 2：PLC 通电，SM0.1 接通一次，M0.0 置位，系统进入初始准备状态。

网络 3：初始状态准备工作。升降电动机，横移电动机回原点，吸盘释放，即 Q0.0，Q0.3 接通，Q0.4 复位。

网络 4：M0.0 常开触点与 I0.4、I0.2、I0.7 组成的转换条件常开触点复位上一步 M0.0，置位下一步 M0.1。

网络 5：第 1 步动作。原点指示灯亮。

网络 6：M0.1 的常开触点和转换条件总开关 M10.0 常开触点串联，复位转换条件 M10.0 上一步 M0.1，置位下一步 M0.2。

网络 7：第 2 步动作。启动定时器。

网络 8：选择序列分支编程。M0.2 后有两个转换条件，对应有两个后级步 M0.3 和 M0.6。两个后级步同一时刻只有一个工作，决定系统选择工作在哪一分支。网络 8 为分支 1：M0.2 为活动步，如满足转换条件 T37 常开触点和 I0.3 常开触点串联为 ON，则复位 M0.2，置位 M0.3。此时，控制系统按分支 1 顺序控制工作。

网络 9、10、11 为分支 1 顺序控制程序。

网络 13 为分支 2：M0.2 为活动步，如满足转换条件 T37 常开触点和 I0.3 常开触点串联

140

为 ON，则复位 M0.2，置位 M0.6。此时，控制系统按分支 2 顺序控制工作。

网络 14、15、16 为分支二顺序控制程序。

网络 12 和网络 17：选择序列合并编程。由顺序功能图 3-40 可知，分支一和分支二在步 M1.1 处合并，步 M1.1 前有两个转换条件，对应有两个前级步 M0.5 和 M1.0。网络 12 是控制系统按分支一工作时的合并程序，网络 17 是控制系统按分支二工作时的合并程序。

网络 18、19、20、21 为分支合并后的控制程序，其编程方法和单序列相同。

网络 22：M1.4 和转换条件 I0.2 常开触点串联，结束步 M1.4，置位步 M0.1，系统循环工作。

网络 23、24、25、26 为控制系统中重复输出的编程。

4．安装与调试

（1）硬件安装与调试

按照图 3-37 和 3-38 进行装配，在配线过程中要考虑到操作与维修方便，使用安全等因素，应合理设计装配位置图，配电柜内元器件布局要合理美观，高低压要分开，以免干扰，元器件之间要留有一定空间，有利于散热和维修。如果选用硬线连线，则走线尽量横平竖直；若选用软线连线，则走线最好采用线槽，连接导线两端一定要安装接线鼻子。连线应牢固可靠。

对本系统电气元件的安装调试应包括以下几个方面。

1）按电气材料明细表逐项检查元件，发现坏的及时更换。

2）为了方便安装，可以先对控制电路进行装配，控制电路装配完成后，仔细检查连接电路是否正确，检查无误后再对主电路进行配线，主电路配线完成后，同样需仔细检查电路的连接是否正确。

（2）软件与系统运行调试

调试时，应先调主电路，后调控制电路，先调硬件后调软件，先调局部后调整体，先空载调后加载调。

1）在断电状态下，连接好计算机与 PLC 的连接电缆 PPI。

2）将 PLC 模式选择开关拨到 RUN 位置。

3）在计算机上运行 STEP 7-Micro/WIN 编程软件。

4）将梯形图程序输入到计算机中。

5）将梯形图程序下载到 PLC 中，使 PLC 进入运行状态。

6）空载调试。关闭主电路，接通 PLC 控制电路。依次操作各个按钮和开关，仔细观察系统的运行结果，如果发现系统工作不正常，则应确定是硬件电路故障还是系统程序设计错误，并进行修正，如此反复修正调试，直至系统按设计要求正常工作。

7）加载调试。合上组合开关 QS，接通 PLC 控制电路，根据设计任务对程序进行调试运行，观察程序的运行情况。若出现故障，则应分别检查梯形图和接线是否有误，改正后，重新调试，直至系统按设计要求正常工作。

3.3.5 技能考评

通过本任务的学习和实验训练，对本任务实际掌握情况进行考评，具体考核要求和考核标准见表 3-7。

表 3-7 考核要求和考核标准

序号	操作内容	技能要求	评分标准	配分	扣分	得分
1	电气检查	能按电气元件明细表正确检查所有元件	发现 1 个元件是坏的或错的扣 10 分	25		
2	电路连接	能按 PLC 接线图正确连接电路	发现 1 处接线不正确扣 10 分	25		
3	编写梯形图	能应用 S7-200 编程软件，能按 PLC 程序图正确绘制梯形图并下载	发现 1 处梯形图错误扣 10 分，未下载扣 10 分，下载不正确扣 10 分	30		
4	PLC 调试	能按任务控制要求调试运行	发现 1 次未成功扣 5 分，2 次未成功扣 10 分，3 次以上未成功不给分	20		
本任务得分			指导老师签字： 年　月　日			

3.3.6　任务拓展

大小球分拣控制机工作过程如本任务所述。以图 3-36 中的左上角为机械原点，其动作顺序：下降→吸球→上升→右行→下降→释放球→上升→左行返回到左上角原点位置。另外，机械臂下行到达下限位（设定下降时间为 2s，根据电动机运行速度等参数设定）时，吸盘吸着大球，下限位行程开关 SQ2 断开，吸着小球，下限位行程开关 SQ2 接通。

控制要求如下。

1）控制系统有自动部分和手动部分，自动部分执行正常分拣，手动部分进行调整和复位。操作面板如图 3-42 所示。

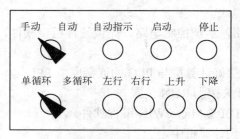

图 3-42　控制操作面板

2）自动分为单循环和多选环两种选择。

3）按下停止按钮时，分拣动作停止，但电磁铁在吸引状态，能吸住铁球，不使其掉下发生故障。

3.4　任务 4　机械手 PLC 控制系统

3.4.1　任务目标

1）掌握顺序控制继电器指令的应用。

2）掌握复杂功能图的应用。

3）掌握将顺序控制继电器法的顺序功能图转化为梯形图的方法。

3.4.2 任务描述

工业机械手是一种能模仿人手动作，在三维空间完成各种作业，按给定的程序或要求自动地完成对象传送或操作，并且有可改变的和反复编程的机电一体化自动化机械装置，特别适用于多品种，变批量的柔性生产。本任务利用机械手模型模仿工业机械手，完成机械手的搬运，传递工作。

3.4.3 相关知识

1．顺序控制继电器指令

顺序控制编程方法，条理清楚，且易于化解复杂控制间的交叉联系，使编程变得容易。因而许多 PLC 公司在其 PLC 产品中引入了专用的顺序控制编程元件及顺序控制指令，使程序控制编程更加简单易行。

使用顺序控制继电器指令实现顺序控制系统设计是 PLC 顺序控制系统除起保停和以转换条件为中心的另一种常用的方法。顺序控制继电器设计法在设计思想上与以转换条件为中心的设计方法上相同，只是在顺序控制功能图上大同小异，如图 3-43 所示。顺序控制继电器法与以转换条件为中心的设计方法不同之处在于，顺序功能图中的每一步是用顺序控制继电器位 S0.0～S31.7 来代替。

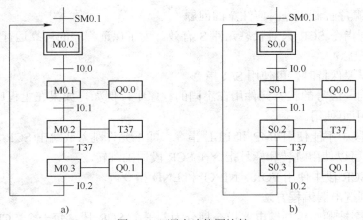

图 3-43 顺序功能图比较

a) 以转换条件为中心的顺序功能图 b) 顺序控制继电器法的顺序功能图

（1）顺序控制继电器（SCR）指令

顺序控制继电器用 3 条指令描述程序的顺序控制步进状态，可用于程序的步进控制、分支、循环和转移控制，指令格式见表 3-8，SCR 指令段格式如图 3-44 所示。

1）装载顺序控制转换指令 SCR，即状态步的开始。

2）顺序控制转换指令 SCRT 用于表示 SCR 段之间的转换。它有两层含义：一方面使当前激活的 SCR 程序段 S 位复位，以使 SCR 程序段停止工作；另一方面使下一个将要执行的 SCR 程序段的 S 位置位。

3）顺序控制指令 SCRE 用于表示一个 SCR 段结束。

表 3-8　顺序控制继电器指令格式

??.? SCR	LSCR　n	步开始指令，为步开始的标志，该步的状态元件的位置 1 时，执行该步
??.? (SCRT)	SCRT　n	步转移指令，使能有效时，关断本步，进入下一步。该指令由转换条件的触点启动，n 为下一步的顺序控制状态元件
(SCRE)	SCRE	步结束指令，为步结束的标志

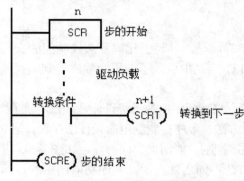

图 3-44　SCR 指令段格式

（2）在使用顺序控制指令时应注意的问题

1）步进控制指令 SCR 只对状态元件 S 有效。为了保证程序的可靠运行，驱动状态元件 S 的信号应采用短脉冲。

2）当输出需要保持时，可使用 S/R 指令。

3）不能把同一编号的状态元件用在不同的程序中，例如，如果在主程序中使用 S0.1，则不能在子程序中再使用。

4）在 SCR 段中不能使用 JMP 和 LBL 指令。即不允许跳入或跳出 SCR 段，也不允许在 SCR 段内跳转。可以使用跳转和标号指令在 SCR 段周围跳转。

5）不能在 SCR 段中使用 FOR、NEXT 和 END 指令。

2．顺序控制继电器编程方法

顺序控制程序被顺序控制继电器指令划分为若干个 SCR 段，每一个 SCR 段对应于功能图中的一步。使用顺序控制继电器编程方法要求如下。

1）在 SCR 段中，用 SM0.0 驱动该步中应为 1 状态的输出线圈。只有活动步对应的 SCR 区的 SM0.0 的常开触点闭合；不活动步的 SCR 区的 SM0.0 的常开触点断开，即 SCR 区内的输出线圈受到对应的顺序控制继电器的控制。

2）SCR 区内的输出线圈还受到与它串联的触点的控制。

3）利用转换条件驱动转换到后续步的 SCRT 指令。

使用顺序控制继电器编程方法除上述要求外，只要在编程过程中，遵循段的开始、段的动作、段的转换、段的结束，按顺序完成四步，根据程序设计需要确定这四个步骤的有无。

例 3-4：使用顺序控制结构，编写出实现红、绿灯循环显示的程序（要求循环间隔时间为 1s）。

根据控制要求首先画出红、绿灯顺序显示的功能流程图，如图 3-45 所示。启动条件为按钮 I0.0，转换条件为时间，步 S0.0 的动作为点红灯，熄绿灯，同时启动定时器，T37 定时时间到，满足转换条件，结束步 S0.0，进入步 S0.1，步 S0.1 动作为点绿灯，熄红灯，同时启动定时器 T38，转换条件满足，结束步 S0.1，继续循环。

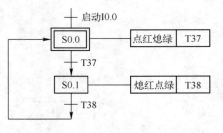

图 3-45　例 3-4 功能流程图

梯形图程序如图 3-46 所示。

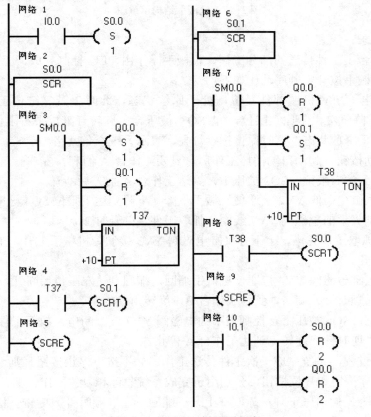

图 3-46　例 3-4 梯形图程序

3.4.4　任务实施

1. 控制要求

（1）机械结构

机械手本体结构如图 3-47 所示，其中，水平和垂直移动分别由气缸驱动，上下左右各装有限位磁性开关：左限位 SQ1、右限位 SQ2，上限位 SQ3、下限位 SQ4，实现机械手臂的上升，下降和伸出、缩回的动作。90°旋转气缸实现底盘左右旋转，旋转盘配有行程开关：右限位 SQ5，左限位 SQ6，实现旋转限位。机械夹手由气动阀控制，工作台 A 有无料检测微动开关 SQ7。

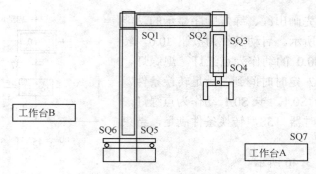

图 3-47 机械手结构示意图

（2）控制要求

为实现工作台上工件传送的部分工作，机械手操作由 PLC 控制完成，工作台 A 在原位平行处，要求机械手按一定顺序动作如下。

1）系统通电，所有机械部件复位，处于原位状态，此时上升气缸位于原点限位，即 SQ1 被压合；下降气缸位于原点限位，即 SQ3 被压合；旋转气缸位于右限位，即 SQ5 闭合；机械夹手处于释放状态。这时原位指示灯亮，表示系统准备就绪。

2）按下起动按钮，起动自动循环工作后，只要工作台 A 有料，左右行气缸电磁阀 YV1 接通右行伸出，到达右限位，SQ2 被压下，到达工作台 A 上方后断开。

3）上下行气缸电磁阀 YV2 接通使机械手下降，下降到达下限位 SQ4 被压下后断开。

4）接通控制夹手的电磁阀 YV7 线圈，抓取工件，并延时 2s。

5）2s 后，抓取工件完毕，上下行气缸电磁阀 YV3 接通使机械手上升，上升到达上限位 SQ3 被压下后断开。

6）左右行气缸电磁阀 YV4 接通使机械手缩回，缩回到达左限位后断开，回到原位。

7）轴向左（顺时针）旋转，到达工作台 B，旋转角度为 90°。

8）旋转到位，SQ6 被压下，控制夹手的电磁阀 YV7 线圈断电，放下工件，并延时 2s。

9）轴向右（逆时针）旋转，到达工作台 A 停止。

按上述工作过程，系统完成一次工件传送工作。如不按下停止按钮，则系统循环工作下去。系统设有急停按钮和复位按钮，分别用于完成系统急停和复位操作。

其工作过程为：伸出→下降→抓取→上升→缩回→左（顺时针）旋转→释放→右（逆时针）旋转回到原点位置。

2．确定 PLC 控制 I/O 分配表及电气控制原理图

（1）机械手传送工件控制任务分析

机械手传送工件控制系统输入端连接的元器件为 1 个起动按钮 SB1，1 个停止按钮 SB2，一个急停按钮 SB3，一个复位按钮 SB4，上下行限位磁性开关 2 个，左右行限位磁性开关 2 个，左右转限位行程开关 2 个，有无料微动开关 1 个，共需 11 个输入触点。输出端连接的元器件为电磁阀，上下左右行电磁阀 4 个，左右转电磁阀 2 个，夹手电磁阀 1 个，原点指示灯 1 个，共需 8 个输出触点。

（2）机械手 PLC 控制输入/输出（I/O）点设计

其 I/O 地址分配见表 3-9。

表 3-9　机械手 PLC 控制系统输入/输出（I/O）点分配表

输入（I）			输出（O）		
输入点编号	输入设备名称	代号	输出点编号	输出设备名称	代号
I0.0	起动按钮	SB1	Q0.0	右行电磁阀	YV1
I0.1	停止按钮	SB2	Q0.1	下降电磁阀	YV2
I0.2	左限位磁性开关	SQ1	Q0.2	上升电磁阀	YV3
I0.3	右限位磁性开关	SQ2	Q0.3	左行电磁阀	YV4
I0.4	上限位磁性开关	SQ3	Q0.4	左转电磁阀	YV5
I0.5	下限位磁性开关	SQ4	Q0.5	右转电磁阀	YV6
I0.6	右转行程开关	SQ5	Q0.6	夹手电磁阀	YV7
I0.7	左转行程开关	SQ6	Q0.7	原点指示灯	HL1
I1.0	有无料微动开关	SQ7			
I1.1	急停按钮	SB3			
I1.2	复位按钮	SB4			

（3）机械手 PLC 控制系统电气原理图设计

控制电路采用 220V 供电，2 个按钮均选用 220V，1A 控制按钮；12 个运行指示灯选用 220V，LED 节能指示灯；由于输入/输出都是开关量，PLC 选用 S7-200 CPU224 一个即可以满足控制要求。设计出的 PLC 控制系统外部接线示意图，如图 3-48 所示。

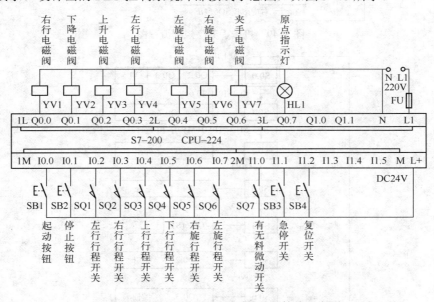

图 3-48　机械手 PLC 控制系统外部接线示意图

3．机械手 PLC 控制程序设计

（1）根据工作过程画出顺序功能图

根据要求，此任务中机械手传送工作只是一个单序列的控制流程，分析控制要求，得到如图 3-49 所示的顺序控制图。

如图 3-49 所示为机械手机顺序控制图，将顺序控制图中每一步用顺序控制继电器代替，得到机械手的顺序功能图，如图 3-50 所示。

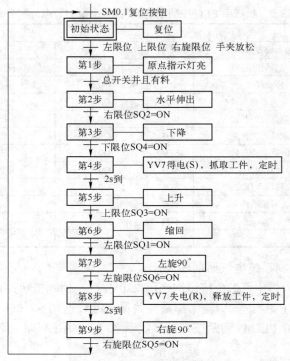

图 3-49　机械手顺序控制流程图

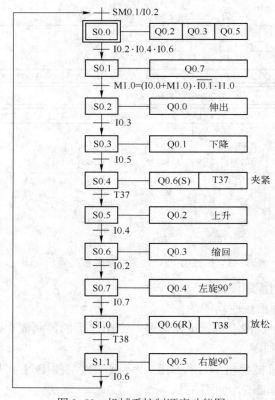

图 3-50　机械手控制顺序功能图

（2）机械手 PLC 控制程序

1）方法一：顺序控制继电器法。

① 程序设计。机械手控制属于单序列顺序功能图，其顺序控制继电器法 PLC 梯形图如图 3-51 所示。

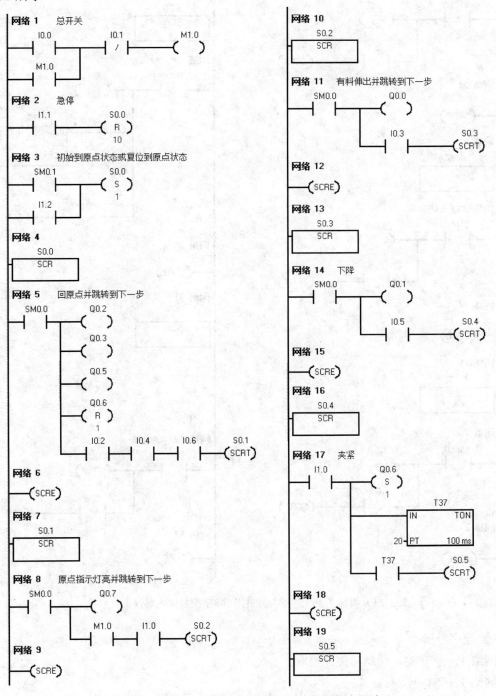

图 3-51　机械手 PLC 控制梯形图（顺序控制继电器法）

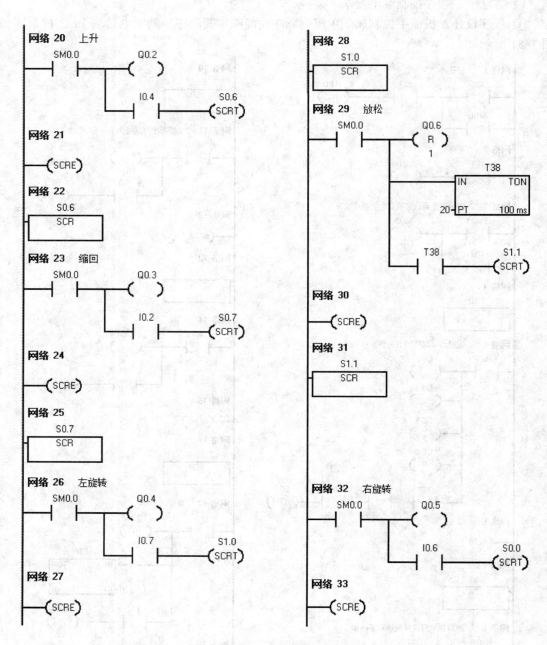

图 3-51 机械手 PLC 控制梯形图（顺序控制继电器法）（续）

② 程序分析。

网络 1：总开关。起动与停止控制。

网络 2：急停控制。

网络 3：进入初始步。PLC 通电，特殊内部继电器 SM0.1 接通一次，将初始步 S0.0 置位。系统进入初始状态，准备工作，或复位到原点状态。

网络 4：初始步 S0.0 的开始。

网络 5：初始步 S0.0 的动作，Q0.2、Q0.3、Q0.5 为 ON 得电动作，上下左右旋转气缸回原点，机械手释放，即 Q0.6 复位动作。回原点后转换条件满足转换到下一步 S0.1 为 ON，S0.0 步 OFF。

网络 6：初始步结束。用步进结束指令 SCRE 标识，S0.0 步 OFF。

由此可见，网络 2～网络 6 为初始步的开始，动作，转换，结束。在步的动作使用特殊内部继电器 SM0.0（PLC 通电，始终为 ON）驱动输出负载。程序中其他各步程序编程方法和初始步相同。例如步 S0.1。

网络 7：步 S0.1 的开始。

网络 8：步 S0.1 动作。由 SM0.0 驱动 Q0.7 输出动作。转换条件 M1.0 为 ON，并且有料 I1.0 为 ON，指定转换到下一步 S0.2 为 ON。

网络 9：步 S0.1 结束，S0.1 步 OFF。

网络 7～9 为步 S0.1 的开始，动作，转换，结束。

同理，网络 10～12 为步 S0.2 的开始，动作，转换，结束。

网络 13～15 为步 S0.3 的开始，动作，转换，结束。

网络 16～18 为步 S0.4 的开始，动作，转换，结束。

网络 19～21 为步 S0.5 的开始，动作，转换，结束。

网络 22～24 为步 S0.6 的开始，动作，转换，结束。

网络 25～27 为步 S0.7 的开始，动作，转换，结束。

网络 28～30 为步 S1.0 的开始，动作，转换，结束。

网络 31～33 为步 S1.1 的开始，动作，转换，结束。并循环。

2）方法二：以转换条件为中心法。

① 程序设计。机械手 PLC 控制属于单序列顺序控制系统，可以使用以转换条件为中心编程，图 3-52 为以转换条件为中心的梯形图，对比顺序控制继电器法，它们各有优缺点，可以根据自己的习惯选用合适的编程方法，对控制系统进行设计编程。并行序列、选择序列同样可以使用顺序控制继电器法编程。

② 程序分析。图 3-52 具体工作过程这里不做分析，请读者自行分析。

4．安装与调试

（1）硬件安装与调试

按表 3-9 和图 3-48 装配机械手控制电路，装配电路前应注意如下几点。

1）按电气材料明细表逐项检查元件，发现坏的及时更换；

2）按 PLC 控制系统图画出配电柜内元器件布局图及外部元件走线图。

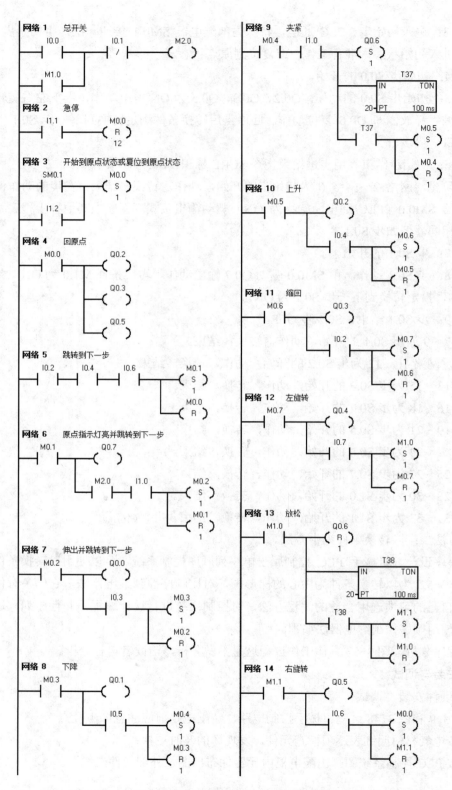

图 3-52　机械手臂 PLC 控制梯形图（以转换条件为中心法）

（2）软件与系统运行调试

系统调试分为硬件调试和程序调试，是系统正式投入使用前的必经步骤。硬件调试相对简单，主要是 PLC 程序的调试。

1）在断电状态下，连接好计算机与 PLC 的连接电缆 PPI。

2）将 PLC 模式选择开关拨到 RUN 位置。

3）在计算机上运行 STEP 7-Micro/WIN 编程软件。

4）将梯形图程序输入到计算机中。

5）将梯形图程序下载到 PLC 中，使 PLC 进入运行状态。

6）模拟调试。根据机械手的工艺要求，用按钮或行程开关模拟实际输入信号，用 PLC 的发光二极管显示输出量的通断状态，发现问题及时修改，直到输出指示完全符合要求。

7）现场调试。硬件电路安装完成并进行硬件电路的通电检查无误，且程序经过模拟调试正确后，即可进行现场调试。将调试正确的程序下载至 PLC，根据控制系统要求，按下复位起动按钮，观察步进电动机是否工作，机械手是否按规定的方向移动，如若不能正常动作或不能在规定位置停止，查找电路故障和机械故障并排除，直到系统能够按控制要求正常工作。

3.4.5　技能考评

通过本任务的学习和实验训练，对本任务实际掌握情况进行考评，具体考核要求和考核标准见表 3-10。

表 3-10　考核要求和考核标准

序号	操作内容	技能要求	评分标准	配分	扣分	得分
1	电气检查	能按电气元件明细表正确检查所有元件	发现 1 个元件是坏的或错的扣 10 分	25		
2	电路连接	能按 PLC 接线图正确连接电路	发现 1 处接线不正确扣 10 分	25		
3	编写梯形图	能应用 S7-200 编程软件，能按 PLC 程序图正确绘制梯形图并下载	发现 1 处梯形图错误扣 10 分，未下载扣 10 分，下载不正确扣 10 分	30		
4	PLC 调试	能按任务控制要求调试运行	发现 1 次未成功扣 5 分，2 次未成功扣 10 分，3 次以上未成功不给分	20		
本任务得分			指导老师签字： 　　　年　　月　　日			

3.4.6　任务拓展

机械手是一种可改变的和反复编程的机电一体化自动化机械装置，特别适用于多品种、变批量的柔性生产。改变其 PLC 控制程序，就可以改变其工作模式。

机械手控制要求如下。

1）初次通电，按顺序完成左右气缸收缩到行程开关接通、上下气缸上升至行程开关接通、旋转气缸顺时针旋转至行程开关接通，机械手在工作台 B 侧。

2）设计控制系统完成一次从工作台 B 到工作台 A 的完整工件搬运操作，即伸出→下降→抓取→上升→缩回→旋转→伸出→下降→释放→上升→缩回→旋转回到原点位置。

3）系统可自动循环工作，按下停止按钮，系统完成一次完整操作后停止，按下急停按钮，系统可在任意位置停止。

4）用顺序控制继电器法完成机械手控制要求。

模块 4 S7-200 PLC 的功能指令及其应用

为了满足工业控制的要求，PLC 生产厂商在逻辑控制指令和步进控制指令外，还为 PLC 增添了过程控制、数据处理等丰富的功能指令。这些功能指令的出现，极大地拓宽了 PLC 的应用范围，并增强了 PLC 编程的灵活性。本模块只简单介绍 S7-200 PLC 的部分常用功能指令。若想深入了解、掌握更多的功能指令，请查阅相关的技术手册。本模块学习的难点在于功能指令往往涉及较多的数据类型，编程时需要注意操作数所选的数据类型应与指令标识符（助记符）相匹配。

S7-200 PLC 功能指令共有 100 多条，主要用于数据的传送、计算、转换、中断及子程序等。功能指令也有 3 种表示形式：指令表，梯形图和功能图。本模块主要介绍常用功能指令梯形图表示法，并通过 4 个任务使读者掌握功能指令的使用方法并进一步熟悉 PLC 控制系统的设计、编程与安装调试方法。

4.1 任务 1 五站呼叫小车 PLC 控制

4.1.1 任务目标

1）巩固已学过的 S7-200 系列 PLC 指令的应用及编程方法与技巧。
2）掌握 S7-200 系列 PLC 触点比较指令与数据传送指令的应用。
3）掌握 PLC 控制系统的设计方法和系统的安装与调试方法。

4.1.2 任务描述

设计一个自动运料小车 PLC 控制系统。生产线起动后，一辆运料小车可以往复行驶在一条生产线上的各个站点，给生产线上的员工送料，结构示意图如图 4-1 所示。生产线上有五个站点，每一个站点有一个限位开关（SQ），其旁边有一个工位，坐一个员工，每一个工位设置一个呼叫按钮（SB）。要求小车无论在哪个站点，当某一个员工按下呼叫按钮，运料小车能自动运行到呼叫工位员工所在站点（不考虑有两人及以上人的呼叫）。其工作流程图如图 4-2 所示。

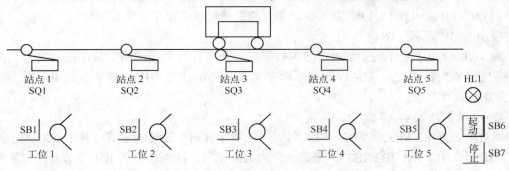

图 4-1 五工位自动送料小车结构示意图

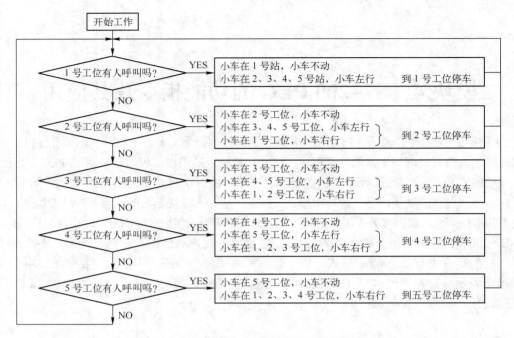

图 4-2　五工位自动送料小车工作流程图

4.1.3　相关知识

S7-200 PLC 数据表示方法有以下四种。

1）用位表示（1 位）。

如 I0.0、I0.1、Q1.0、M3.2、V5.4 等。其中 I0.0 表示输入继电器存储区的一位，在输入继电器存储区第 0 个字节的第 0 位。Q1.0 表示输出继电器存储区的一位，在输出继电器存储区第 1 个字节的第 0 位。M3.2 表示中间继电器存储区的一位，在中间继电器存储区第 3 个字节的第 2 位。

2）用字节 B 表示（8 位）。

如 IB0、QB1、MB2、VB3、SB4 等。其中 IB0 表示输入继电器存储区的 8 位，在输入继电器存储区的第 0 个字节，IB0=（I0.7 I0.6 ～I0.1 I0.0）共 8 位，第 0 位是最低位，第 7 位是最高位。QB1 表示输出继电器存储区的 8 位，在输出继电器存储区的第 1 个字节，QB1=（Q1.7 Q1.6～Q1.1 Q1.0）共 8 位，第 0 位是最低位，第 7 位是最高位。

3）用字 W 表示（16 位）。

如 IW0、QW1、MW2、VW3、SW4 等。一个字含两个连续的字节，低位字节为高 8 位，高位字节为低 8 位。其中 IW0 表示两个字节，IW0=(IB0 IB1)，高 8 位为 IB0 字节，低 8 位为 IB1 字节。

4）用双字 D 表示（32 位）。

如 ID0、QD1、MD2、VD3、SD4 等。一个双字含四个连续的字节。其中 ID0 表示四个字节，ID0=（IB0 IB1 IB2 IB3），最高 8 位为 IB0 字节，次高 8 位为 IB1 字节，低位 8 位为 IB2 字节，最低 8 位为 IB3 字节。

156

1. 触点数据比较指令

触点数据比较指令主要用于比较两个数据的大小，并根据比较的结果使触点闭合或断开，进而实现某种控制要求。

触点数据比较指令有 3 种形式：初始 LD 比较、串联 A 比较、并联 O 比较，每种又有 6 种比较方式：＝＝（等于）、＞（大于）、＜（小于）、＜＞（不等于）、＜＝（小于等于）、＞＝（大于等于）。每一种比较方式又有四种数据类型：字节 B、字 I、双字 DW、实数 R。触点的通与断是根据两个数据 IN1/IN2 比较的结果决定。比较指令的梯形图格式如图 4-3 所示。

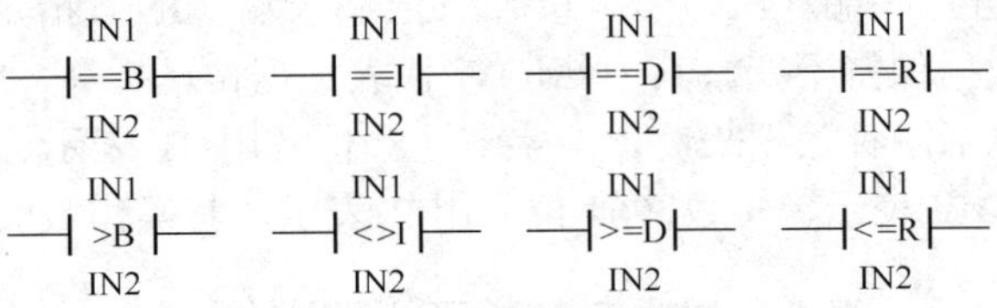

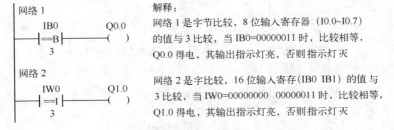

图 4-3　比较指令梯形图

其中，两条竖线表示触点，运算符是比较运算符，之后的 B、I、D、R 是比较数据的类型，IN1、IN2 是比较的两个操作数。操作数（IN1、IN2）的类型有：字节 B，字 I，双字 D，实数 R。注意字（16 位）比较不是用字母 M 表示，而是用字母 I 表示。且相等比较符不是用＝，而是用＝＝表示。其操作数 IN1、IN2 的取值范围见表 4-1。

表 4-1　触点数据比较指令可以使用的操作数表

指　　令	IN/OUT	操作数取值范围	数 据 类 型
B	IN/OUT	IB、QB、MB、SMB、SB、VB、LB、AC、常数、*VD、*AC、*LD	字节
I	IN/OUT	IW、QW、MW、SMW、SW、VW、T、C、AIW、LW、AC、常数、*VD、*AC、*LD	字，整型
D	IN/OUT	ID、QD、MD、SMD、SD、VD、LD、HC、AC、常数、*VD、*AC、*LD	双字，整型
R	IN/OUT	ID、QD、MD、SMD、SD、VD、LD、AC、常数、*VD、*AC、*LD	实数

触点比较指令使用举例说明，如图 4-4 所示。

网络 1
　IB0　　　Q0.0
　┤==B├　　（　）
　　3

网络 2
　IW0　　　Q1.0
　┤==I├　　（　）
　　3

解释：

网络 1 是字节比较，8 位输入寄存器（I0.0~I0.7）的值与 3 比较，当 IB0=00000011 时，比较相等，Q0.0 得电，其输出指示灯亮，否则指示灯灭

网络 2 是字比较，16 位输入寄存（IB0 IB1）的值与 3 比较，当 IW0=00000000 00000011 时，比较相等，Q1.0 得电，其输出指示灯亮，否则指示灯灭

图 4-4　触点比较指令使用说明

2. 数据传送指令

数据传送指令的主要作用是将常数或存储器中的数据传送到另一存储器中。它包括单一数据传送及成组数据传送两大类。常用于设定参数、数据处理以及建立参数表等。数据传送指令按操作数的数据类型可分为字节 B（8 位）传送（MOVB）、字 W（16 位）传送

（MOVW）、双字 DW（32 位）传送（MOVDW）、和实数 R（64 位）传送（MOVR）指令四种，如图 4-5 所示。

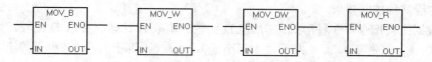

图 4-5　数据传送指令梯形图

数据传送指令是当允许端（EN）为 1 时，把输入端（IN）指定的数据传送到输出端（OUT），传送过程中数据保持不变。其中 MOV 代表数据传送指令，MOV 之后的字母代表传送数据的长度。它包括四种数据长度，即字节（8 位）用 B 表示、字（16 位）用 W 表示、双字（32 位）用 DW 表示、实数（64 位）用 R 表示，其操作数的取值范围见表 4-2。

表 4-2　数据传送指令可以使用操作数表

指　　令	IN/OUT	操作数取值范围	数 据 类 型
MOVB	IN	IB、QB、MB、SMB、SB、VB、LB、AC、常数、*VD、*AC、*LD	字节
	OUT	IB、QB、MB、SMB、SB、VB、LB、AC、*VD、*AC、*LD	字节
MOVW	IN	IW、QW、MW、SMW、SW、VW、T、C、AIW、LW、AC、常数、*VD、*AC、*LD	字，整型
	OUT	IW、QW、MW、SMW、SW、VW、AQW、LW、AC、*VD、*AC、*LD	字，整型
MOVDW	IN	ID、QD、MD、SMD、SD、VD、LD、HC、AC、常数、*VD、*AC、*LD、&IB、&QB、&MB、&VB、&SB、&T、&C	双字，整型
	OUT	ID、QD、MD、SMD、SD、VD、LD、AC、*VD、*AC、*LD	双字，整型
MOVR	IN	ID、QD、MD、SMD、SD、VD、LD、AC、常数、*VD、*AC、*LD	实数
	OUT	ID、QD、MD、SMD、SD、VD、LD、AC、*VD、*AC、*LD	实数

数据传送指令使用举例说明，如图 4-6 所示。

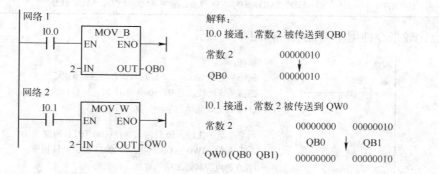

图 4-6　数据传送指令使用说明

3. 数据块传送指令

数据块传送指令主要用于成组数据传送。数据块传送指令按操作数的数据类型可分为字节 B（8 位）传送（BLKMOVB）、字 W（16 位）传送（BLKMOVW）和双字 D（32 位）传送（BLKMOVD）三种。如图 4-7 所示。

图 4-7   数据块传送指令梯形图

数据块传送指令是当允许端（EN）为 1 时，把输入端（IN）指定的存储器开始的连续 N 个数据传送到输出端（OUT）指定的连续 N 个存储器中。传送过程中数据保持不变。其中 BLKMOV 代表数据块传送指令，BLKMOV 之后的字母代表传送数据的长度。它包括三种数据长度，字节（8 位）用 B 表示、字（16 位）用 W 表示、双字（32 位）用 D 表示，其操作数的取值范围见表 4-3。

表 4-3   数据块传送指令可以使用操作数表

指　　令	IN/OUT	操作数取值范围	数 据 类 型
BMB	IN /OUT	IB、QB、MB、SMB、SB、VB、LB、*VD、*AC、*LD	字节
	N	IB、QB、MB、SMB、SB、VB、LB、AC、*VD、*AC、*LD、常数	字节
BMW	IN	IW、QW、MW、SMW、SW、VW、T、C、AIW、LW、*VD、*AC、*LD	字
	OUT	IW、QW、MW、SMW、SW、VW、T、C、AQW、LW、*VD、*AC、*LD	字
	N	IW、QW、MW、SMW、SW、VW、LW、AC、*VD、*AC、*LD、常数	字节
BMD	IN/OUT	ID、QD、MD、SMD、SD、LD、*VD、*AC、*LD	双字
	N	ID、QD、MD、SMD、SD、VD、LD、AC、*VD、*AC、*LD、常数	字节

数据块传送指令使用举例说明，如图 4-8 所示。

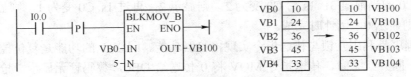

图 4-8   数据块传送指令使用举例

4. 应用举例

下面给出了四段 PLC 梯形图程序，I0.0、I0.1、I0.2、I0.3 接开关，QB0 接七段数码管。PLC 控制接线图如图 4-9 所示，四段梯形图如图 4-10 所示。

四段程序说明：前两段是倒计时程序，后两段是抢答器程序。

第一段程序使用计数器、比较指令和传送指令实现倒计时。网络 1 的功能是 3s 倒计时器控制。SM0.5 是 1s 脉冲发生器，计数器 C0 的设定值为 4。I0.0 所接的开关闭合之前，计数器 C0 处于复位状态，C0 的当前值为 0，倒计时器无显示；当 I0.0 所接的开关闭合后，C0 的当前值变为 4，C0 计数器以 1s 减 1 开始计数，来一个脉冲则计数器 C0 的当前值减 1，直到减到 0 为止。当 I0.0 开关断开时计数器复位。网络 2、3、4、5 的功能是不断地比较输出显示控制。当计数器的当前值与 3 比较相等时，传送指令 MOV 将 16 进制 4F 送到输出继电器 QB0，七段数码管显示 3；当计数器的当前值与 2 比较相等时，传送指令 MOV 将 16 进制 5B 送到输出继电器 QB0，七段数码管显示 2；当计数器的当前值与 1 比较相等时，传送指令

MOV 将 16 进制 06 送到输出继电器 QB0，七段数码管显示 1；当计数器的当前值与 0 比较相等时，传送指令 MOV 将 16 进制 7F 送到输出继电器 QB0，七段数码管显示 0，倒计时完成。

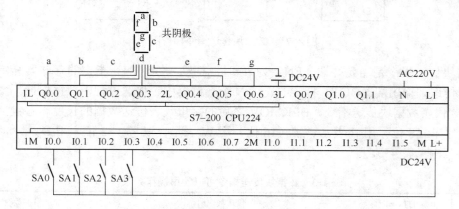

图 4-9　PLC 控制电气原理图

第二段程序使用了计数器、传送指令和七段码指令 SEG 实现倒计时。网络 1 的功能是 3s 倒计时器控制。SM0.5 是 1s 脉冲，计数器 C0 的设定值为 4。I0.0 所接的开关闭合之前，计数器 C0 处于复位状态，C0 的当前值为 0，倒计时器无显示；I0.0 所接的开关闭合后，计数器 C0 的当前值变为 4，计数器 C0 以 1s 减 1 进行计数，来一个脉冲，C0 计数器当前值减 1，直到减到 0 为止。当 I0.0 开关断开时计数器复位。网络 2 的功能是不断地输出显示计数器的当前值。当 I0.0 所接的开关闭合后，传送指令 MOV 把计数器 C0 当前值（0000 0000 0000 0011）送到变量寄存器 VW0，VB0 为高 8 位（0000 0000），VB1 为低 8 位（0000 0011），七段码指令 SEG 把 VB1 的内容转换为七段码（0100 1111）送给输出继电器 QB0，显示器显示 C0 的当前值 3；1s 后 C0 变为 2，则显示 2；再过 1s C0 变为 1，则显示 1；最后 C0 变为 0，则显示 0，倒计时完成。

第三段程序是利用互锁与传送指令实现抢答器功能。网络 1 的功能是复位控制。当 I0.0 所接开关处于断开状态时，传送指令 MOV 将 0 传送给 QB0，数码管无显示，抢答器不能抢答。闭合 I0.0 所接开关，抢答器可以抢答。网络 2 的功能是闭合 I0.0 开关后抢答器开始工作，如果 I0.1 先闭合，并互锁，则其他两个开关闭合（抢答）失效，传送指令 MOV 将 $(6)_D=(6)_H$ 传送给 QB0，数码管显示 1；如果 I0.2 先闭合，并互锁，则其他两个开关闭合（抢答）失效，传送指令 MOV 将 $(91)_D=(5B)_H$ 传送给 QB0，数码管显示 2；如果 I0.3 先闭合，并互锁，则其他两个开关闭合（抢答）失效，传送指令 MOV 将 $(79)_D=(4F)_H$ 传送给 QB0，数码管显示 3；断开 I0.0 开关，抢答器复位无显示。

第四段程序是利用互锁与七段码指令实现抢答功能。网络 1 的功能是复位控制。当闭合 I0.0 所接开关时，七段码指令 SEG 把 0 转换为七段码传送给 QB0，数码管显示 0，抢答器不能抢答。断开 I0.0 所接开关，抢答器可以抢答。网络 2 的功能是断开 I0.0 开关后抢答器开始工作，如果 I0.1 先闭合，并互锁，则其他两个开关闭合（抢答）失效，七段码指令 SEG 把 1 转换为七段码（0000 0110）传送给 QB0，数码管显示 1；如果 I0.2 先闭合，并互锁，则其他两个开关闭合（抢答）失效，七段码指令 SEG 把 2 转换为七段码（0000 0110）传送给 QB0，数码管显示 2；如果 I0.3 先闭合，并互锁，则其他两个开关闭合（抢答）失效，七段码指令 SEG 把 3 转换为七段码（0101 1011）传送给 QB0，数码管显示 3；闭合 I0.0 开关，抢答器复位显示 0。

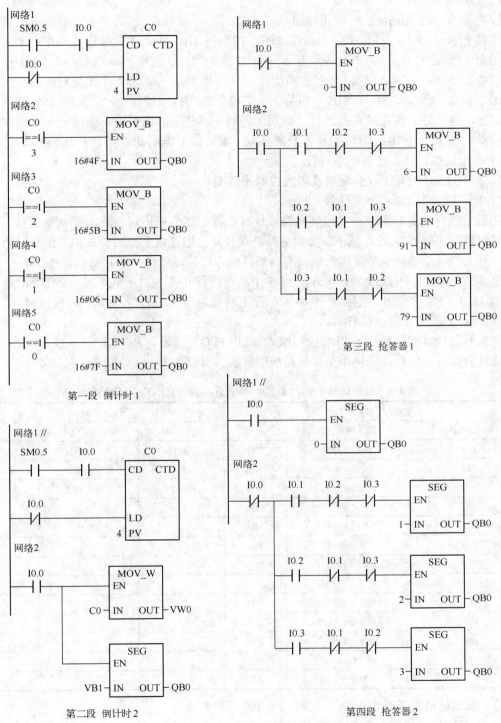

第一段　倒计时 1

第二段　倒计时 2

第三段　抢答器 1

第四段　抢答器 2

图 4-10　四段梯形图

4.1.4 任务实施

1. 控制要求

按下起动按钮 SB6，生产线工作指示灯 HL1 亮，生产线上的运料小车随时可以被呼唤运行（只考虑一人呼叫）；按下停止按钮 SB7，指示灯 HL1 灭，生产线停止工作，运料小车不能运行。设送料小车停靠的站点有五个，其值为 1～5，每一站点对应的限位开关为 SQ1、SQ2、SQ3、SQ4、SQ5；工位也有五个，其值也为 1～5，每一个工位对应的呼叫按钮为 SB1、SB2、SB3、SB4、SB5。当某一个工位的呼叫按钮被按下时，运料小车能自动左行或右行，到达呼叫按钮所在的工位，给员工送料。本任务的运料小车采用一台三相异步电动机拖动，左右行驶由电动机的正、反转实现。KM1 工作电动机正转，运料小车左行；KM2 工作电动机反转，运料小车右行。

2. 确定 PLC 控制 I/O 分配表及电气控制原理图

（1）五工位自动送料小车任务分析

在五工位自动送料小车自动控制系统设计时，首先要分析控制系统的控制要求及工作流程。在编写程序前要对 PLC 的 I/O 接口进行合理分配。通过以上控制要求和工作流程的分析可知，五工位自动送料小车控制系统接有 13 路输入信号，包括一个起动按钮 SB6，一个停止按钮 SB7，5 个呼叫按钮 SB1～SB5 和 5 个站点行程开关 SQ1～SQ5，一个热继电器触点 FR；接有 3 路输出信号，包括一个小车左行正转接触器 KM1，一个小车右行反转接触器 KM2 和一个小车运行指示灯 HL1。

（2）五工位自动送料小车 PLC 控制输入/输出（I/O）点设计

通过分析五工位自动送料小车控制系统的要求，可以列出 I/O 分配表，见表 4-4。

表 4-4　自动运料小车 PLC 控制系统输入/输出（I/O）点分配表

输入（I）			输出（O）		
输入点编号	输入设备名称	代号	输出点编号	输出设备名称	代号
I0.0	工位 1 呼叫	SB1	Q0.0	运行指示灯	HL1
I0.1	工位 2 呼叫	SB2	Q0.1	左行接触器	KM1
I0.2	工位 3 呼叫	SB3	Q0.2	右行接触器	KM2
I0.3	工位 4 呼叫	SB4			
I0.4	工位 5 呼叫	SB5			
I0.5	起动按钮	SB6			
I0.6	停止按钮	SB7			
I1.0	站 1 行程开关	SQ1			
I1.1	站 2 行程开关	SQ2			
I1.2	站 3 行程开关	SQ3			
I1.3	站 4 行程开关	SQ4			
I1.4	站 5 行程开关	SQ5			
I1.5	热继电器触点	FR			

（3）五工位自动送料小车 PLC 控制系统电气原理图设计

1）五工位自动送料小车 PLC 控制系硬件设计。

① 主电路设计。

由于五工位自动送料小车的左右运行是由三相异步电动机驱动，而 PLC 不能直接控制三相异步电动机，需要借助接触器间接控制，所以五工位自动送料小车的 PLC 电气控制的主电路是继电器-接触器控制三相异步电动机的正、反转主电路，以完成送料小车的左右运行。

主电路采用 380V 供电，三相异步电动机如果选用 380V，0.4kW；1 个断路器选用 380V，10A；3 个熔断器选用 380V，5A；2 个交流接触器选用 10A，线圈电压为 220V；1 个带断相保护的热继电器选用 380V，0～6A 可调。

② 控制电路设计。

由于五工位自动送料小车采用 PLC 控制，首先要根据 I/O 分配表中输入/输出的点数选择 PLC。在选择 PLC 时，PLC 的输入/输出点数要有一定的余量，输入端口的点数要大于 13 个；输出接口的点数要大于 3 个，由于输入接口接按钮和行程开关，输出接口接接触器和指示灯，都是开关量，所以选用继电器输出型；最终可以确定为西门子 S7-200 系列 PLC，CPU 224 即可以满足控制要求。其次选择控制电路的其他元件。控制电路采用 220V 供电，1 个熔断器选用 220V，2A；1 个运行指示灯选用 220V，LED 节能指示灯；2 个接触器选用线圈电压为 220V；7 个按钮均选用控制按钮≥24V，0.5A；5 个控制行程开关均选用 LX5，3A。可以设计出五工位自动送料小车 PLC 控制系统电气原理图，如图 4-11 所示。

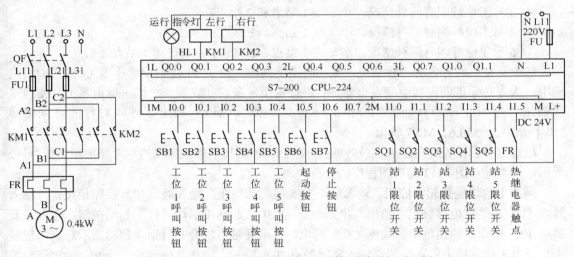

图 4-11　五工位小车自动送料 PLC 控制系统电气原理图

2）五工位自动送料小车 PLC 控制系统软件设计。

PLC 控制系统软件设计也就是 PLC 控制的程序设计，也是 PLC 控制系统电气原理图的重要组成部分，与硬件缺一不可，但是软件编辑的好坏直接影响着 PLC 控制系统控制质量，所以在这里重点讲解。

3. 五工位小车自动送料 PLC 控制程序设计

通过分析该任务的控制要求和工作流程，可以知道该系统不是顺序控制系统，不能用模块 3 所讲的方法，但是可以借助模块 3 的思路设计该系统。以下采用两种方法实现该系统，使读者进一步了解 PLC 控制系统的设计方法和 PLC 控制系统的编程技巧。方法 1 使用基本指令与继电接触控制电路的设计思路设计，方法 2 使用功能指令与计算机算法的设计思路设计。这两种方法是 PLC 程序设计的最基础方法，这个任务的实现隐含了电梯控制设计的基本思路，为读者今后读或编写电梯控制类程序打下良好的基础。

（1）方法 1：五站呼叫小车的 PLC 控制基本指令实现

通过分析运料小车工作流程可以知道小车只有三种情况：不动、左行和右行。以下是运料小车的运行情况。

1）小车在本站本工位呼叫，运料小车不运行，KM1、KM2 均不工作。不用编程，只剩下左右运行两种情况。

2）先把 1 号工位到 5 号工位左行呼叫的所有情况列出来（KM1 工作，电动机正转，运料小车左行）：

① 1 号工位呼叫有四种情况，小车在 2 站点、3 站点、4 站点和 5 站点；

② 2 号工位呼叫有三种情况，小车在 3 站点、4 站点和 5 站点；

③ 3 号工位呼叫有两种情况，小车在 4 站点和 5 站点；

④ 4 号工位呼叫有一种情况，小车在 5 站点。

3）同样再把 1 号到 5 号工位右行呼叫的所有情况列出来（KM2 工作，电动机反转，运料小车右行）：

① 2 号工位呼叫有一种情况，小车在 1 站点；

② 3 号工位呼叫有两种情况，小车在 1 站点和 2 站点；

③ 4 号工位呼叫有三种情况，小车在 1 站点、2 站点和 3 站点；

④ 5 号工位呼叫有四种情况，小车在 1 站点、2 站点、3 站点和 4 站点。

结论：左、右行各有十种情况，编程时不要漏掉。由于 PLC 输出继电器 Q 的线圈只能使用一次，必须借助内部中间继电器 M 进行输出，最后并联到一个输出继电器上，实现多次输出。呼叫左行的分别借用 M0.0、M0.1、M0.2、M0.3 输出；呼叫右行的分别借用 M0.4、M0.5、M0.6、M0.7 输出。

根据这种思路设计出了五工位呼叫小车 PLC 控制基本指令实现的参考梯形图如图 4-12 所示。以下是对图 4-12 梯形图程序的分析。

网络 1 的功能是起停控制。输入触点 I0.5 接起动按钮，输入触点 I0.6 接停止按钮，输入触点 I1.5 接热继电器触点，输出继电器触点 Q0.0 接起动指示灯。按下起动按钮，输入常开触点 I0.5 闭合，输出继电器线圈 Q0.0 得电，其常开触点闭合并自锁，起动指示灯亮，运料小车可以工作。按下停止按钮，输入常闭触点 I0.6 断开，或热继电器动作断开，输出继电器线圈 Q0.0 失电，起动指示灯灭，运料小车停止工作。

网络 2 的功能是 1 号工位呼叫左行。输入继电器 I0.0 接 1 号工位呼叫按钮，输入继电器 I1.0～I1.4 接 1～5 站点限位开关，内部辅助继电器 M0.0 为 1 号工位呼叫左行暂存。当运料小车停在 2～5 的任意一站时，输入继电器 I1.1～I1.4 之中，就会有一个常开触点被接通闭合，当 1 号工位呼叫按钮被按下时，其常开触点闭合，Q0.0 的常开触点运料小车在起动后已闭合，内部辅助继电器线圈 M0.0 得电并自锁，网络 6 中的输出继电器线圈 Q0.1 得电，运料小车左行，到 1 号工位，限位开关 I1.0 动断，内部辅助继电器 M0.0 失电，同时输出继电器 Q0.1 失电，运料小车停止运行。

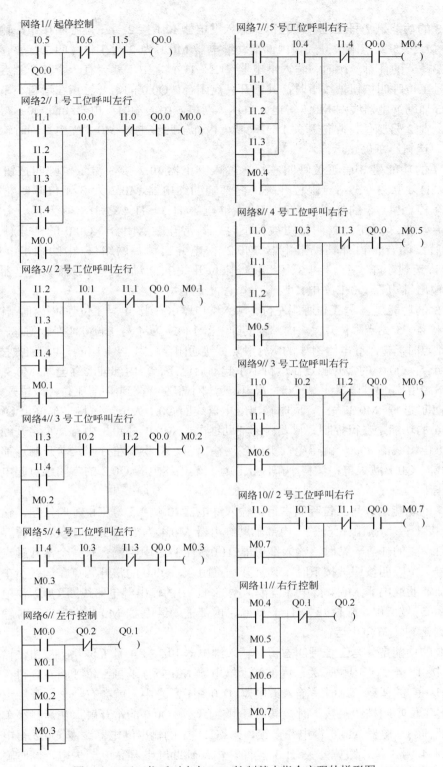

图 4-12　五工位呼叫小车 PLC 控制基本指令实现的梯形图

网络3的功能是2号工位呼叫左行。输入继电器I0.1接2号工位呼叫按钮,输入继电器I1.1～I1.4接2～5站点限位开关,内部辅助继电器M0.1为2号工位呼叫左行暂存。当运料小车停在3～5的任意一站时,输入继电器I1.2～I1.4之中,就会有一个常开触点被接通闭合,当2号工位呼叫按钮被按下时,其常开触点闭合,Q0.0的常开触点在运料小车起动后已闭合,内部辅助继电器线圈M0.1得电并自锁,网络6中的输出继电器线圈Q0.1得电,运料小车左行,到2号工位,限位开关I1.1动断,内部辅助继电器M0.1失电,同时输出继电器Q0.1失电,运料小车停止运行。

网络4的功能是3号工位呼叫左行。输入继电器I0.2接3号工位呼叫按钮,输入继电器I1.2～I1.4接3～5站点限位开关,内部辅助继电器M0.2为3工位呼叫左行暂存。当运料小车停在4～5的任意一站时,输入继电器I1.3～I1.4之中,就会有一个常开触点被接通闭合,当3号工位呼叫按钮被按下时,其常开触点闭合,Q0.0的常开触点运料在小车起动后已闭合,内部辅助继电器M0.2得电并自锁,网络6中的输出继电器线圈Q0.1得电,运料小车左行,到3号工位,限位开关I1.2动断,内部辅助继电器M0.2失电,同时输出继电器Q0.1失电,运料小车停止运行。

网络5的功能是4号工位呼叫左行。输入继电器I0.3接4号工位呼叫按钮,输入继电器I1.3～I1.4接4～5站点限位开关,内部辅助继电器M0.3为4号工位呼叫左行暂存。当运料小车停在5站点时,输入继电器I1.4的常开触点被接通闭合,当4号工位呼叫按钮被按下时,其常开触点闭合,Q0.0的常开触点在运料小车起动后已闭合,内部辅助继电器M0.3得电并自锁,网络6中的输出继电器线圈Q0.1得电,运料小车左行,到4号工位,限位开关I1.3动断,内部辅助继电器M0.3失电,同时输出继电器线圈Q0.1失电,运料小车停止运行。

网络6的功能是左行控制。只要内部辅助继电器M0.0～M0.3中有一个常开触点接通闭合,输出继电器线圈Q0.1就得电,实现多次输出,运料小车左行;其常开触点都断开,输出继电器线圈Q0.1就失电,运料小车停止左行。输出继电器Q0.2的常闭触点起电动机正、反转互锁作用。

网络7的功能是5号工位呼叫右行。输入继电器I0.4接5号工位呼叫按钮,输入继电器I1.0～I1.4接1～5站点限位开关,内部辅助继电器M0.4为5号工位呼叫右行暂存。当运料小车停在1～4的任意一站时,输入继电器I1.0～I1.3之中,就会有一个常开触点被接通闭合,当5号工位呼叫按钮被按下时,其常开触点闭合,Q0.0的常开触点在运料小车起动后已闭合,内部辅助继电器M0.4得电并自锁,网络11中的输出继电器线圈Q0.2得电,运料小车右行,到5号工位,限位开关I1.4动断,内部辅助继电器M0.4失电,同时输出继电器Q0.2失电,运料小车停止运行。

网络8的功能是4号工位呼叫右行。输入继电器I0.3接4号工位呼叫按钮,输入继电器I1.0～I1.3接1～4站点限位开关,内部辅助继电器M0.5为4号工位呼叫右行暂存。当运料小车停在1～3的任意一站时,输入继电器I1.0～I1.2之中,就会有一个常开触点被接通闭合,当4号工位呼叫按钮被按下时,其常开触点闭合,Q0.0的常开触点在运料小车起动后已闭合,内部辅助继电器M0.5得电并自锁,网络11中的输出继电器线圈Q0.2得电,运料小车右行,到4号工位,限位开关I1.3动断,内部辅助继电器M0.5失电,同时输出继电器Q0.2失电,运料小车停止运行。

网络9的功能是3号工位呼叫右行。输入继电器I0.2接3号工位呼叫按钮,输入继电器

I1.0～I1.2 接 1～3 站点限位开关，内部辅助继电器 M0.6 为 3 号工位呼叫右行暂存。当运料小车停在 1～3 的任意一站时，输入继电器 I1.0～I1.1 之中，就会有一个常开触点被接通闭合，当 3 号工位呼叫按钮被按下时，其常开触点闭合，Q0.0 的常开触点在运料小车起动后已闭合，内部辅助继电器 M0.6 得电并自锁，网络 11 中的输出继电器线圈 Q0.2 得电，运料小车右行，到 3 号工位，限位开关 I1.2 动断，内部辅助继电器 M0.6 失电，同时输出继电器 Q0.2 失电，运料小车停止运行。

网络 10 的功能是 2 号工位呼叫右行。输入继电器 I0.1 接 2 号工位呼叫按钮，输入继电器 I1.0～I1.1 接 1～2 站点限位开关，内部辅助继电器 M0.7 为 2 号工位呼叫右行暂存。当运料小车停在 1 站点时，输入继电器 I1.0 就会有一个常开触点被接通闭合，当 2 号工位呼叫按钮被按下时，其常开触点闭合，Q0.0 的常开触点在运料小车起动后已闭合，内部辅助继电器 M0.7 得电并自锁，网络 11 中的输出继电器线圈 Q0.2 得电，运料小车右行，到 2 号工位，限位开关 I1.1 动断，内部辅助继电器 M0.7 失电，同时输出继电器 Q0.2 失电，运料小车停止运行。

网络 11 的功能是右行控制。只要内部辅助继电器 M0.4～M0.7 有一个常开触点接通，输出继电器线圈 Q0.2 就得电，运料小车右行；其常开触点均断开，输出继电器 Q0.2 就失电，运料小车就停止运行。Q0.1 的常闭触点起电动机正、反转互锁作用。

（2）方法 2：五工位呼叫小车的 PLC 比较、传送指令实现

若站点号用 m 表示（m=1、2、3、4、5），呼叫工位号用 n 表示（n=1、2、3、4、5）。进一步分析方法 1 中运料小车左右运行情况可以得出以下结论。

1）当按下呼叫按钮时，若站点号=呼叫工位号即 m=n，则运料小车不动，KM1、KM2 均不工作。

2）当按下呼叫按钮时，若站点号>呼叫工位号即 m>n，则运料小车左行，KM1 工作，运料小车正转。

3）当按下呼叫按钮时，若站点号<呼叫工位号即 m<n，则运料小车右行，KM2 工作，运料小车反转。

用内部存储器 MB0 存放呼叫工位号 n，用内部存储器 MB1 存放站点号 m，五工位呼叫小车 PLC 控制程序可通过传送指令 MOV 和触点比较指令实现，其梯形图如图 4-13 所示，分析如下。

网络 1 的功能是起停控制。输入继电器 I0.5 接起动按钮，输入继电器 I0.6 接停止按钮，输入继电器 I1.5 接热继电器触点 FR，输出继电器 Q0.0 接起动指示灯。按下起动按钮，其常开触点 I0.5 闭合，输出继电器 Q0.0 得电，其触点闭合并自锁，同时发出一个上升沿脉冲，把当前运料小车所在的站点号 MB1 传送给呼叫工位号 MB0（初始化小车不运动），并且起动指示灯亮，运料小车可以工作。按下停止按钮，其常闭触点 I0.6 动断，或热继电器触点 I1.5 动断，输出继电器 Q0.0 断电，起动指示灯灭，运料小车停止工作。

网络 2～网络 6 是把当前呼叫的工位号传送到内部辅助存储器 MB0 中。1 号工位呼叫 MB0 中为 1，2 号工位呼叫 MB0 中为 2，依此类推。

网络 7～网络 11 是把当前运料小车所到的站点号传送到内部辅助存储器 MB1 中。到达 1 号站点 MB1 中为 1，到达 2 号站点 MB1 中为 2，依此类推。

网络 12 的功能是左行控制。运料小车起动后，Q0.0 的常开触点已闭合，内部辅助存储

器 MB1 与 MB0 进行字节比较，当 MB1 的内容大于 MB0 的内容时，输出继电器线圈 Q0.1 得电，运料小车左行。当 MB1 的内容等于 MB0 的内容时，输出继电器 Q0.1 失电，运料小车停止运行。Q0.2 的常闭触点起电动机正、反转互锁的作用。

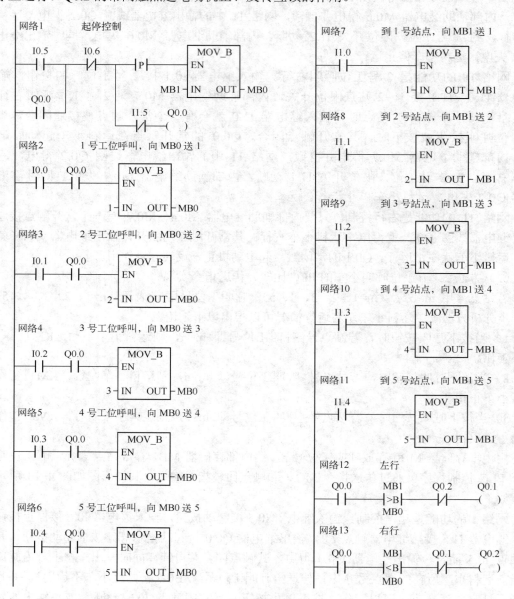

图 4-13　五工位呼叫小车 PLC 比较、传送指令实现的梯形图

网络 13 的功能是右行控制。运料小车起动后，Q0.0 的常开触点已闭合，对内部辅助存储器 MB1 与 MB0 进行字节比较，当 MB1 的内容小于 MB0 的内容时，输出继电器线圈 Q0.2 得电，运料小车右行。当 MB1 的内容等于 MB0 的内容时，输出继电器线圈 Q0.2 失电，运料小车停止运行。Q0.1 的常闭触点起电动机正、反转互锁的作用。

例如，起动时运料小车在 5 号站点，MB1 的内容为 5，MB0 的内容也被传送为 5，电动机不动；如果 2 号工位呼叫，则 MB0 的内容被传送为 2，MB1 的内容与 MB0 的内容比较，MB1=5 大于 MB0=2，运料小车左行；当小车到达 2 号工位时，MB1 的内容被传送为 2，当 MB1 的内容再与 MB0 的内容比较时，MB1=2 等于 MB0=2，运料小车停止运行。如果要实现多工位呼叫而只响应第一个工位，则必须采用自锁与互锁控制，程序中可增加五个状态寄存器，存放呼叫状态。呼叫状态之间进行电气互锁，确保只有第一个工位呼叫有效。

4．安装与调试

在电气控制系统安装时，首先要根据电气原理图，列出电气材料明细表，根据明细表领取或购买电气元件，并对其进行检查、测绘。其次根据实际电气元件画出电气控制箱内元器件布局图及控制系统接线图，如图 4-14 所示。在绘制电气元件布局图时，电气控制箱内元器件布局要合理美观，高低压要分开，以免干扰，元器件之间要留有一定空间，以利于散热和维修；一定要考虑到元件与元件之间的走线，是使用硬线还是软线设计走线路线；也要考虑箱内元件与箱外元件的连接，一般采用接线排；还要考虑到运动导线的保护问题，如护线圈、塑料绑带、尼纶缠绕带、蛇皮管、坦克链等；最后列出辅助材料明细单，购买辅助材料。辅助材料选择的好坏，会影响系统运行质量和美观，应该注意。如果是实验箱，则可以根据实际情况确定，或者省略。最后按电气控制系统图连接线路。对本系统电气元件的安装调试应包括以下几个方面。

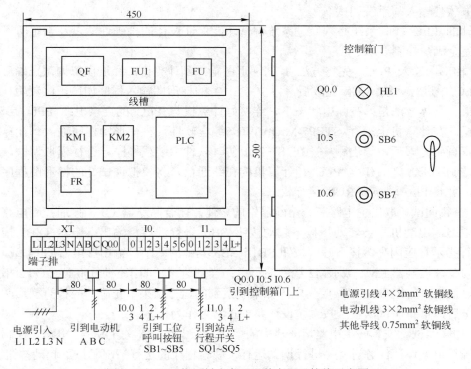

图 4-14　五工位运料小车元器件布局及接线示意图

（1）电气元件与辅助材料检查

按电气材料明细表逐项检查电气元件及辅料，发现坏的及时更换，避免安装接线后发现电气元件有问题再拆换，以提高制作电气控制箱的工作效率。

（2）硬件安装与调试

在硬件安装与调试时，应先熟悉电气原理图，再进行安装；安装时先装主电路，后装控制电路；调试时先调局部后调整体，先空载调试后加载调试。

1）主电路安装调试。按 PLC 控制系统元器件布局图和控制系统接线图安装元器件，并按电气原理图连接主线路。连接完成后应仔细检查，确保连接无误后，合上断路器 QF，KM1 触点闭合观察电动机是否正转，KM2 触点闭合观察电动机是否反转，如果不是，则应重新检查线路，直到正确为止。在实际安装中应注意，每根导线中间不要有接头，以免使用过程中发热损坏，出现故障。连线应牢固可靠。如果控制箱内选用硬线连线，则走线尽量横平竖直；当选用软线连线时，走线最好采用走线槽；连接导线两端一定要安装接线鼻子，标明线号；控制箱到运行电动机的导线，也要放在线槽中加以保护；随小车一起运动的导线要采用拖链或蛇皮管进行保护，以免在运动时磨损，产生故障。

2）控制电路安装调试。按 PLC 控制系统元器件布局图和接线图安装元器件，并按电气原理图连接控制电路。注意：控制箱到呼叫按钮、站点行程开关的导线，也要放到线槽中加以保护。连接完成后应仔细检查，确保连接无误后，将 PLC 模式选择开关拨到 STOP 位置，通电，分别按下 SB1～SB7 和 SQ1～SQ5 观察 PLC 对应的输入指示灯 I0.0～I1.4 是否闪亮。如有不亮的，则应检查该路接线是否正常。

（3）软件输入与系统调试

设计的 PLC 控制系统必须经过系统调试才能保证设计的正确性，以及确定所设计的功能是否完全满足控制要求。

1）梯形图输入 PLC。先将方法 1 的梯形图输入到计算机，经过模拟调试正确后，再下载到 PLC 中进行系统调试。完成后，再按方法 2 的梯形图输入程序调试，比较两种方法的运行效果。具体方法是：在断电状态下，连接好计算机与 PLC 的连接电缆 PPI。启动 PLC 与计算机。在计算机上运行 STEP7-Micro/WIN 编程软件，将梯形图程序输入到计算机中，反复检查直到无误后，导出程序，在 S7-200 仿真软件中装载程序，进行模拟调试，直到可以满足控制要求。之后建立 PLC 和计算机的在线通信，将模拟调试好的梯形图程序下载到 PLC 中，并将 PLC 转换到 RUN 运行状态。

2）空载调试。取出主电路三个熔断器中的熔体，闭合断路器 QF，接通控制电路，没有接通主电路，电动机不会转动。按下起动按钮 SB6 进行观察，输出继电器 Q0.0 指示灯、HL1 运行指示灯应闪亮，按下呼叫按钮 SB1～SB5 其中的一个，输出继电器 Q0.1 或 Q0.2 指示灯应闪亮，接触器 KM1 或 KM2 线圈应得电；当到达该呼叫工位时 Q0.1 或 Q0.2 指示灯应灭，接触器 KM1 或 KM2 线圈应失电。如果观察到的运行结果不正确，应检查梯形图是否有误，改正后，重新调试，直至按系统设计要求正常工作为止。

3）加载调试。安装好主电路熔断器中的熔体，合上组合开关 QS，主电路、控制电路均接通电源，根据设计任务对程序进行调试运行，观察程序的运行情况。按下起动按钮 SB6 观察，输出继电器 Q0.0 指示灯亮，HL1 运行指示灯闪亮，按下任意一个呼叫按钮（SB1～SB5），输出继电器 Q0.1 或 Q0.2 指示灯应按控制要求闪亮，接触器 KM1 或 KM2 线圈应按控制要求得电，电动机左行或右行；当小车到达呼叫工位时，Q0.1 或 Q0.2 指示灯应灭，接触器 KM1 或 KM2 线圈失电，电动机停止运行。若出现问题，则应分别检查梯形图和接线是否有误，改正后，重新调试，直至满足系统设计要求。

4.1.5 技能考评

通过本任务的学习和实验训练，对本任务实际掌握情况进行考评，具体考核要求和考核标准见表4-5。

表4-5 考核要求和考核标准表

序　号	操作内容	技能要求	评分标准	配分	扣分	得分
1	电气检查	能按电气原理图正确检查所有元件	发现1个元件错误扣5分	25		
2	电路连接	能按PLC接线图正确连接电路	主电路接线不正确扣10分 控制电路接线不正确扣15分 发现1处错误扣5分	25		
3	编写梯形图	能正确使用S7-200编程软件绘制梯形图并下载，能正确使用S7-200仿真软件	梯形图错误扣20分，下载不正确扣10分，发现1处错误扣5分	30		
4	PLC调试	能按任务控制要求调试系统	空载调试5分，加载调试15分。发现1次未成功扣5分，2次未成功扣10分，3次以上未成功不给分	20		
本任务得分			指导老师签字： 年　月　日			

4.1.6 任务拓展

生产线起动后，一辆运料小车可以往复行驶在一条生产线上的各个站点，给生产员工送料，其结构如图4-1所示。控制要求：①生产线上有五个站点，每一个站点有一个限位开关（SQ1～SQ5）；其旁有一个工位，每一个工位有一个员工，每一个工位设置一个呼叫按钮（SB1～SB5）；生产线上有一个七段数码管显示器（显示呼叫工位号）；还有一个故障电铃DL。有员工呼叫，数码管显示器显示呼叫工位号，小车开始运行到其工位后停止显示，如果小车被呼叫30s不运行，数码管显示器开始1s闪烁并且故障电铃HA响。此时需停机检修，重新起动。小车无论在哪个站点，当某一个工位有员工按下呼叫按钮时，运料小车能自动运行到呼叫工位所在站点，如果多人呼叫，则只响应第一个呼叫的员工。②不论何时按下停止按钮，小车仍然能停在之前呼叫的站点上。

4.2 任务2 彩灯循环PLC控制

4.2.1 任务目标

1）巩固已学过的S7-200系列PLC指令的应用及编程方法与技巧。

2）进一步掌握S7-200系列PLC比较、传送指令的应用。

3）掌握S7-200系列PLC移位、算术指令的应用。

4）进一步掌握PLC控制系统的设计方法和系统的安装与调试方法。

4.2.2 任务描述

设计一个高楼外墙装饰彩灯 PLC 控制系统。高楼外墙装饰彩灯共有 5 组，这 5 组彩灯的工作方式为：①上半部分彩灯循环，正向单组点亮 1s 再熄灭，之后反向单组点亮 1s，如此循环 5 次；②下半部分彩灯循环，正向单组依次点亮 1s，之后反向单组依次 1s 熄灭，如此循环 5 次；③如此循环①和②。工作流程图如图 4-15 所示。

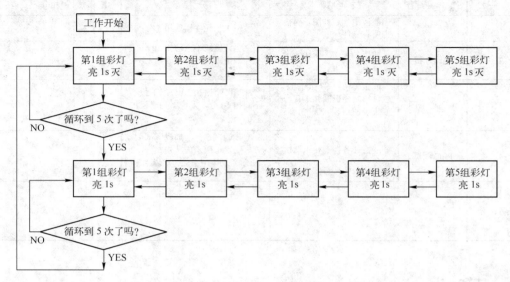

图 4-15　彩灯循环工作流程图

4.2.3 相关知识

1．移位指令

（1）右移位指令 SHR（B/W/DW）IN　　N　　OUT

右移位指令是当允许端（EN）为 1 时，把输入端（IN）指定的数据右移 N 位，结果存入 OUT 单元。右移位指令按操作数的数据类型可分为字节、字、双字右移位指令。如图 4-16 所示。

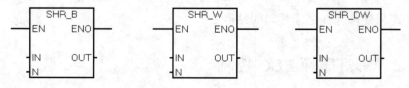

图 4-16　右移位指令梯形图

（2）左移位指令 SHL（B/W/DW）IN　　N　　OUT

左移位指令是当允许端（EN）为 1 时，把输入端（IN）指定的数据左移 N 位，结果存入 OUT 单元。左移位指令按操作数的数据类型可分为字节、字、双字左移位指令。如图 4-17 所示。

172

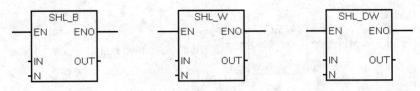

图 4-17　左移位指令梯形图

右移位和左移位指令对移位后的空位自动补零。溢出位（SM1.1）的值就是最后一次移出的位值。如果移位的结果是 0，零存储器位（SM1.0）置位。

左移位编程举例，如图 4-18 所示。

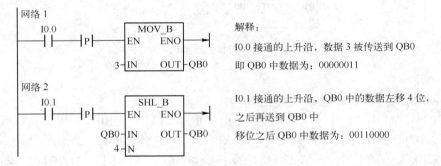

图 4-18　左移位指令编程举例

（3）循环右移位指令 ROR（B/W/DW）IN　N　OUT

循环右移位指令是当允许端（EN）为 1 时，把输入端（IN）指定的数据循环右移 N 位，结果存入 OUT 单元。循环右移位指令按操作数的数据类型可分为字节、字、双字循环右移位指令。如图 4-19 所示。

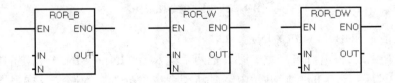

图 4-19　循环右移位指令梯形图

（4）循环左移位指令 ROL（B/W/DW）IN　N　OUT

循环左移位指令是当允许端（EN）为 1 时，把输入端（IN）指定的数据循环左移 N 位，结果存入 OUT 单元。循环左移位指令按操作数的数据类型可分为字节、字、双字循环左移位指令。如图 4-20 所示。

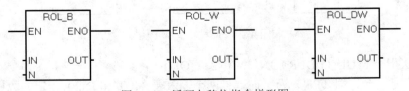

图 4-20　循环左移位指令梯形图

循环右移指令编程举例，如图 4-21 所示。

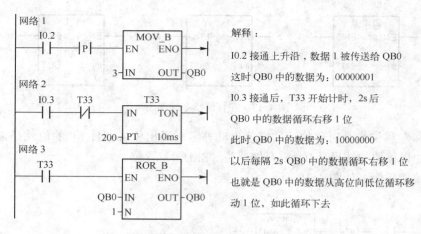

图 4-21　循环右移位指令编程举例

2. 算术指令

（1）加法指令 ADD（I/DI/R）IN1　IN2　OUT

加法指令是当允许端（EN）为 1 时，把两个输入端（IN1 和 IN2）指定的数相加，结果送到输出端（OUT）指定的存储单元中。加法指令可分为整数加法，梯形图中用 ADD_I 表示；双整数加法，梯形图中用 ADD_DI 表示；实数加法，梯形图中用 ADD_R 表示。如图 4-22 所示。

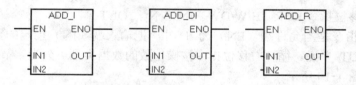

图 4-22　加法指令梯形图

（2）减法指令 SUB（I/DI/R）IN1　IN2　OUT

减法指令是当允许端（EN）为 1 时，把两个输入端（IN1 和 IN2）指定的数相减，结果送到输出端（OUT）指定的存储单元中。减法指令也可分为整数减法，梯形图中用 SUB_I 表示；双整数减法，梯形图中用 SUB_DI 表示；实数减法，梯形图中用 SUB_R 表示。如图 4-23 所示。

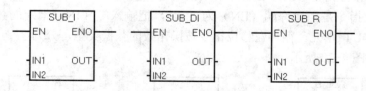

图 4-23　减法指令梯形图

（3）乘法指令 MUL（I/DI/R）IN1　IN2　OUT

乘法指令是当允许端（EN）为 1 时，把两个输入端（IN1 和 IN2）指定的数相乘，结果送到输出端（OUT）指定的存储单元中。乘法指令可分为四种：一是整数乘法，梯形图中用 MUL_I 表示；二是双整数乘法，梯形图中用 MUL_DI 表示；三是实数乘法，梯形图中用

MUL_R 表示；四是常规乘法指令，梯形图中用 MUL 表示，常规乘法指令是两个 16 位整数相乘，产生一个 32 位结果，送到输出端指定的存储单元中去。4 种指令梯形图如图 4-24 所示。

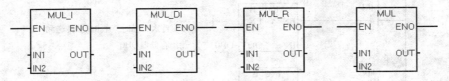

图 4-24　乘法指令梯形图

（4）除法指令 DIV（I/DI/R）IN1　IN2　OUT

除法指令是当允许端（EN）为 1 时，被除数 IN1 与除数 IN2 相除，其结果商送到输出端（OUT）指定的存储单元中。除法指令可分为四种：一是整数除法，梯形图中用 DIV_I 表示；二是双整数除法，梯形图中用 DIV_DI 表示；三是实数除法，梯形图中用 DIV_R 表示；四是常规除法，梯形图中用 DIV 表示，常规除法指令是两个 16 位数相除，产生一个 32 位数结果，送到输出端指定的存储单元中去，其中高 16 位是余数，低 16 位是商。4 种指令梯形图如图 4-25 所示。

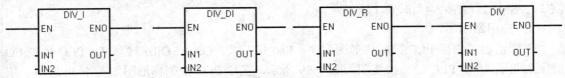

图 4-25　除法指令梯形图

（5）加 1 指令 INC（B/W/DW）IN　OUT

加 1 指令是当允许端（EN）为 1 时，把输入端（IN）的数据加 1，其结果存放到输出端（OUT）指定的存储单元中。加 1 指令按操作数的数据类型可分为：字节加 1，梯形图中用 INC_B 表示；字加 1，梯形图中用 INC_W 表示；双字加 1，梯形图中用 INC_DW 表示。如图 4-26 所示。

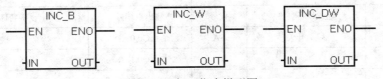

图 4-26　加 1 指令梯形图

（6）减 1 指令 DEC（B/W/DW）IN　OUT

减 1 指令是当允许端（EN）为 1 时，把输入端（IN）的数据减 1，其结果存放到输出端（OUT）指定的存储单元中。减 1 指令按操作数的数据类型可分为：字节减 1，梯形图中用 DEC_B 表示；字减 1，梯形图中用 DEC_W 表示；双字减 1，梯形图中用 DEC_DW 表示。如图 4-27 所示。

图 4-27　减 1 指令梯形图

加、减 1 指令编程举例，如图 4-28 所示。

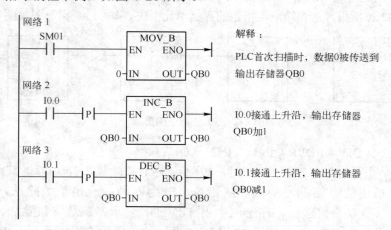

图 4-28　加、减 1 指令编程举例

加减乘除法指令影响的特殊存储器位有 SM1.0（结果为零时置 1）、SM1.1（结果溢出时置 1）、SM1.2（结果为负时置 1）。

3. 应用举例

下面给出了三段 PLC 控制梯形图程序，I0.0 接开关，Q0.0～Q0.7 接彩灯。PLC 控制 I/O 分配表见表 4-6，PLC 控制接线图如图 4-29 所示，三段 PLC 控制梯形图如图 4-30 所示。按图 4-30 梯形图分别输入三段程序至 S7-200 PLC 编程软件 STEP7-Micro/WIN 中。反复检查无误后，导出程序，在 S7-200 PLC 仿真软件中装载程序，进行模拟仿真，观察输出点的工作情况，再按图 4-29 连接电路，连接好计算机和 PLC 连线 PPI，下载程序到 PLC 中，进一步观察程序运行结果及彩灯工作情况，分析三段梯形图的工作原理。

表 4-6　彩灯循环 PLC 控制 I/O 分配表

输入（I）			输出（O）		
输入点编号	输入设备名称	代号	输出点编号	输出设备名称	代号
I0.0	启动开关	SA	Q0.0	彩灯	HL1
			Q0.1	彩灯	HL2
			Q0.2	彩灯	HL3
			Q0.3	彩灯	HL4
			Q0.4	彩灯	HL5
			Q0.5	彩灯	HL6
			Q0.6	彩灯	HL7
			Q0.7	彩灯	HL8

（1）第一段梯形图分析

分析图 4-30 梯形图中使用的输入继电器和输出继电器，不难看出，输入继电器只使用了一个 I0.0，输出继电器使用了 Q0.0～Q0.7 共 8 个。与输入/输出分配表 4-6 和控制接线图 4-29 一致。

梯形图工作原理分析：这段程序是利用定时器和比较指令实现的彩灯循环控制。

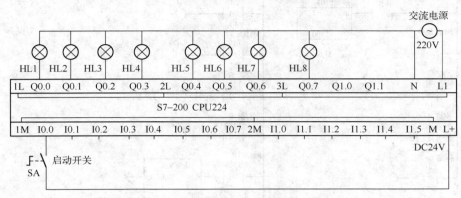

图 4-29　彩灯循环 PLC 控制接线图

网络 1 的功能是启动/停止定时器控制。当合上 I0.0 后（I0.0=1），定时器 T101 开始计时。当定时器 T101 的值等于 90 时，定时器常闭触点动作，断开定时器 T101，定时器 T101 被复位，定时器常闭触点复位（闭合），定时器 T101 重新开始计时，彩灯开始循环。当断开 I0.0 时，停止循环控制。

网络 2 的功能是通过比较完成 **HL1** 彩灯亮控制。当定时器 T101 的值大于 0 时，即时间大于 0s 时输出继电器 Q0.0 得电（Q0.0=1）。

网络 3 的功能是通过比较完成 **HL2** 彩灯亮控制。当定时器 T101 的值大于 10 时，即 Q0.0 得电时间大于 1s 时，输出继电器 Q0.1 得电（Q0.1=1）。

网络 4 的功能是通过比较完成 **HL3** 彩灯亮控制。当定时器 T101 的值大于 20 时，即 Q0.1 得电时间大于 1s 时输出继电器 Q0.2 得电（Q0.2=1）。

网络 5、网络 6、网络 7、网络 8、网络 9 的功能以此类推，当定时器 T101 的值分别大于 30、40、50、60、70 时，即时间分别大于 3、4、5、6、7s 时输出继电器 Q0.3、Q0.4、Q0.5、Q0.6、Q0.7 分别得电（Q0.3=1、Q0.4=1、Q0.5=1、Q0.6=1、Q0.7=1）。

网络 10 的功能是彩灯全灭控制。当定时器 T101 的值大于 80 时，即 Q0.7 得电时间大于 1s 时输入数据 0 被传送给 QB0，即 Q0.0～Q0.7 全部为 0 失电（Q0.0～Q0.7=0）。失电 1s，定时器的数值大于 90 时，彩灯开始循环。

（2）第二段梯形图分析

梯形图工作原理分析：这段程序是用传送指令 MOV 和左右循环移位指令 ROR、ROL 实现的彩灯循环控制。

网络 1 的功能是启动/停止彩灯循环控制。启动 PLC 后，当合上 I0.0 时（I0.0=1），把数据 1 传送给了 QB0，即 Q0.0 得电（Q0.0=1）。

网络 2 的功能是彩灯左移控制。当输出继电器 Q0.0 得电，同时 V0.0 得电并自锁（V0.0=1），左移循环开始。常开触点 I0.0 在启动后已闭合，当输出继电器 Q1.1 得电，其常闭触点断开，V0.0 失电，左移停止。

网络 3 的功能是彩灯右移控制。当输出继电器 Q1.1 得电，同时 V0.1 得电并自锁（V0.1=1）时，右移循环开始。常开触点 I0.0 在启动后已闭合，当输出继电器 Q0.0 得电时，其常闭触点断开，V0.1 失电，右移停止。

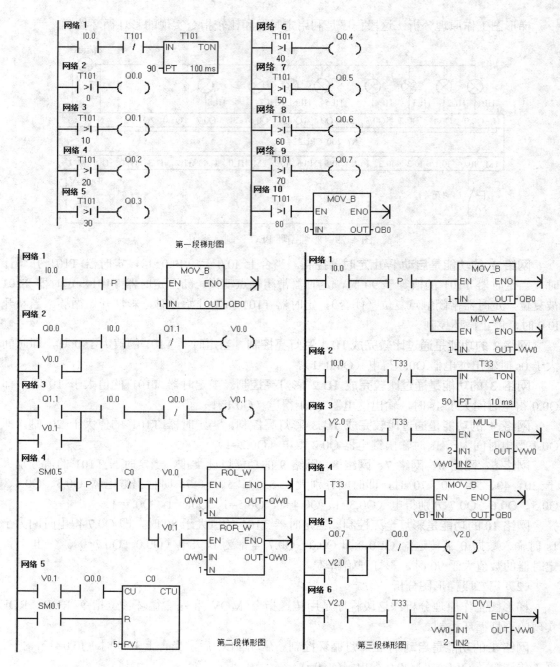

图 4-30 三段彩灯循环 PLC 控制梯形图

网络 4 的功能是左右移位循环控制。SM0.5 是 1s 脉冲继电器，每 1s 的上升沿左或右移位一次，计数器 C0 的常闭触点断开时，停止彩灯循环移位。当 V0.0 得电（V0.0=1），QW0 的内容开始左移，每 1s 把 QW0 的内容左移一位；初始 QW0 的内容为 0000 0000 0000 0001，左移一位 QW0 的内容变为 0000 0000 0000 0010，当 QW0 的内容为 0000 0010 0000 0000 时，V0.0 失电 V0.1 得电（V0.1=1），QW0 的内容开始右移，每 1s 把 QW0 的内容右移一位；右移一位 QW0 的内容为 0000 0001 0000 0000，再右移一位，QW0 的内容变为 0000 0000 1000 0000，当 QW0 的内容为 0000 0000 0000 0001 时，V0.1 失电 V0.0 再次得电（V0.0=1），彩灯又开始左移，以后依次循环。

网络 5 的功能是循环次数控制。右移开始且右移到 Q0.0=1 时，计数器 C0 加 1，开始下一轮左循环；反复循环 5 次，计数器动作，其常闭触点 C0 断开了网络 4 的左右移位指令，自动停止循环。

（3）第三段梯形图分析

梯形图工作原理分析：这段程序是利用传送指令 MOV 和乘除指令 MUL、DIV 实现的彩灯循环控制。

网络 1 的功能是循环彩灯初始化控制。当启动 PLC 后，合上 I0.0 开关（I0.0=1）的上升沿时，把 1 传送给 QB0 和 VW0，这时 QB0 的内容为 0000 0001，VW0 的内容为 0000 0000 0000 0001，为乘除法做好准备。

网络 2 的功能是加减时间控制。I0.0 闭合后，10ms 定时器 T33 开始计时，当定时器 T33 的值为 50 时，即 0.5s 定时器 T33 动作，其常闭触点断开，定时器复位其常闭触点闭合，重新开始计时。

网络 3 的功能是用乘法实现左移位控制。V2.0 是乘除法转换内部变量寄存器，当 V2.0 失电（V2.0=0）时做乘法，当 V2.0 得电（V2.0=1）时做除法。V2.0 常闭触点接通时执行乘法指令，T33 的常开触点接通一次，VW0 的内容乘以一次 2。开始 VW0 中的内容为 0000 0000 0000 0001，乘以 2 之后为 0000 0000 0000 0010，再乘以 2 之后为 0000 0000 0000 0100，乘以 7 次 2 之后，VW0 的内容为 0000 0000 1000 0000，这时网络 5 中的 V2.0 得电并自锁，其网络 3 中的常闭触点断开停止乘法运算，左移结束，开始除法运算。

网络 4 的功能是彩灯循环移位输出控制。每隔 0.5s 把 VB1 的内容传送到 QB0，开始 QB0 的内容为 0000 0001，第一次乘法以后（2s），VB1 的内容为 0000 0010，并且传送给 QB0，这时 QB0 的内容为 VB1 的内容。以后 T33 常开触点每隔 0.5s 闭合一次就把 VB1 的内容传送给 QB0 一次，实现彩灯循环移位。

网络 5 的功能是乘除法转换控制。当 1 移入 Q0.7 时，内部变量存储器 V2.0 得电并自锁，乘法和左移结束，除法开始；当 1 再次移入 Q0.0 时，内部变量寄存器 V2.0 断电，除法和右移结束，再次开始乘法，下一个循环开始。

网络 6 的功能是用除法实现右移位控制。常开触点 V2.0 接通除法指令，常开触点 T33 接通一次，VW0 的内容除以一次 2。开始 VW0 中的内容为 0000 0000 1000 0000，除以 2 之后为 0000 0000 0100 0000，再除以 2 之后为 0000 0000 0010 0000，除以 7 次 2 之后，VW0 的内容为 0000 0000 0000 0001，相当于 VW0 的内容每隔 0.5s 右移一次，当 V2.0 失电时，停止除法运算，右移结束，又开始乘法运算。

4.2.4 任务实施

1. 控制要求

合上启动开关后，5 组彩灯 HL1～HL5 按以下方式循环往复运行。①HL1 亮 1s 灭→HL2 亮 1s 灭→HL3 亮 1s 灭→HL4 亮 1s 灭→ HL5 亮 1s 灭；然后，HL4 亮 1s 灭，→ HL3 亮 1s 灭→HL2 亮 1s 灭→HL1 亮 1s 灭……如此循环 5 次；②HL1 亮 1s→HL1、HL2 亮 1s→

HL1、HL2、HL3 亮 1s→HL1、HL2、HL3、HL4 亮 1s→HL1、HL2、HL3、HL4、HL5 亮 1s，之后 HL5 灭 1s→HL5、HL4 灭 1s→HL5、HL4、HL3 灭 1s→HL5、HL4、HL3、HL2 灭 1s→HL5、HL4、HL3、HL2、HL1 灭 1s……如此循环 5 次；③如此循环①和②。断开启动按钮后，所有彩灯全部熄灭。

2. 确定 PLC 控制 I/O 分配及电气控制原理图

（1）彩灯循环任务分析

在彩灯循环控制系统设计时，首先要分析控制要求，对 PLC 的 I/O 接口进行合理分配。通过分析控制要求不难看出系统需要多少个输入、输出触点。这样在彩灯循环控制系统中接有 1 路输入信号，即接了 1 个启动开关，用 SA 表示；接有 5 路输出信号，即接了 5 组彩灯，用 HL1～HL5 表示。

（2）彩灯循环 PLC 控制输入/输出（I/O）点设计

通过分析彩灯循环控制系统的要求，可以列出 I/O 分配表，见表 4-7。

表 4-7　彩灯循环 PLC 控制 I/O 分配表

输入（I）			输出（O）		
输入设备名称	代号	输入点编号	输出设备名称	代号	输出点编号
启动开关	SA	I0.0	彩灯	HL1	Q0.0
			彩灯	HL2	Q0.1
			彩灯	HL3	Q0.2
			彩灯	HL4	Q0.3
			彩灯	HL5	Q0.4

（3）彩灯循环 PLC 控制电气原理图设计

彩灯循环 PLC 控制系统硬件设计。由于彩灯多用于大型建筑的室外装饰，多数是采用民用电，所以控制电路采用交流 220V。这样交流电源开关可选用 220V，10A；熔断器可选用 AC220V，5A；启动/停止转换开关选用 AC220V，1A；彩灯一般选用 AC220V，LED 节能灯，每组 10～20 个，采用 PLC 控制时，每组彩灯的电流一般不能超过 2A，这是由于 PLC 输出继电器的触点容量一般小于等于 2A；由于输入、输出都是开关量，所以 PLC 选用 S7-200 CPU222 继电器输出型，就足以满足控制要求。

可以设计出彩灯循环 PLC 控制电气原理图，如图 4-31 所示。

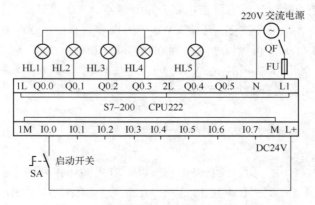

图 4-31　彩灯循环 PLC 控制电气原理图

3．彩灯循环 PLC 控制程序设计

（1）方法 1：用定时器与比较指令实现彩灯循环控制

分析彩灯控制要求和工作流程图，可知每一组彩灯都要进行多次亮灭，而 PLC 的输出继电器线圈只能使用一次，要想实现多次输出，就要用到辅助继电器。第一个 5 次彩灯循环用辅助存储器 M0.0，计数器用 C0，定时器用 T101，触点比较输出；第二个 5 次彩灯循环用辅助存储器 M0.1，计数器用 C1，定时器用 T102，触点比较输出。可以设计出彩灯循环控制程序，如图 4-32 所示。以下是图 4-32 所示梯形图工作原理分析。

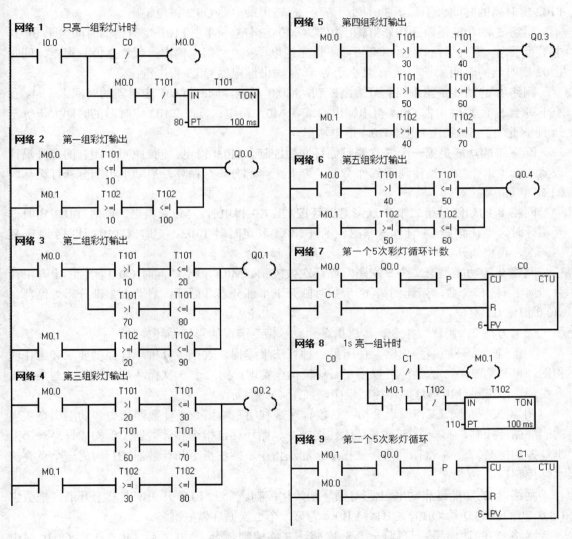

图 4-32　方法 1 彩灯控制梯形图

网络 1 的功能是启动第一个 5 次彩灯循环控制。闭合 I0.0 开关，M0.0 得电，同时定时器 T101 开始计时，计数器 C0 计数满 5 次，断开 M0.0 和定时器 T101；定时器 T101 计到 8s 复位一次，重新开始计时。

网络 2 的功能是第一组彩灯输出控制。M0.0 得电，同时 T101 定时器的时间小于等于

1s，输出继电器 Q0.0 得电输出；或者 M0.1 得电，同时 T102 定时器的时间大于等于 1s 且小于等于 10s 输出继电器 Q0.0 得电输出。

网络 3 的功能是第二组彩灯输出控制。M0.0 得电，同时 T101 定时器的时间大于 1s 且小于等于 2s 或大于 7s 且小于等于 8s 输出继电器 Q0.1 得电输出；或者 M0.1 得电，同时 T102 定时器的时间大于等于 2s 且小于等于 9s 输出继电器 Q0.1 得电输出。

网络 4 的功能是第三组彩灯输出控制。M0.0 得电，同时 T101 定时器的时间大于 2s 且小于等于 3s 或大于 6s 且小于等于 7s 输出继电器 Q0.2 得电输出；或者 M0.1 得电，同时 T102 定时器的时间大于等于 3s 且小于等于 8s 输出继电器 Q0.2 得电输出。

网络 5 的功能是第四组彩灯输出控制。M0.0 得电，同时 T101 定时器的时间大于 3s 且小于等于 4s 或大于 5s 且小于等于 6s 输出继电器 Q0.3 得电输出；或者 M0.1 得电，同时 T102 定时器的时间大于等于 4s 且小于等于 7s 输出继电器 Q0.3 得电输出。

网络 6 的功能是第五组彩灯输出控制。M0.0 得电，同时 T101 定时器的时间大于 4s 且小于等于 5s 输出继电器 Q0.4 得电输出；或者 M0.1 得电，同时 T102 定时器的时间大于等于 5s 且小于等于 6s 输出继电器 Q0.4 得电输出。

网络 7 的功能是第一个 5 次彩灯循环次数控制。M0.0 得电，同时 Q0.0 闭合的上升沿计数器 C0 计 1 个数，当计到第 6 个数时，断开上半部分彩灯循环，启动下半部分彩灯循环。C1 得电 C0 复位。

网络 8 的功能是第二个 5 次彩灯循环控制。C0 得电时，M0.1 得电，同时 T102 定时器开始计时，当计数器 C1 计够 5 次时，断开 M0.1 和定时器 T102；定时器 T102 计时到 11s 复位一次，再重新开始计时。

网络 9 的功能是第二个 5 次彩灯循环次数控制。M0.1 得电，同时 Q0.0 闭合的上升沿计数器 C1 计 1 个数，当计到第 6 个数时断开下半部分彩灯循环，启动上半部分彩灯循环。M0.0 得电 C1 复位。

（2）方法 2：用移位指令、传送指令和算术指令实现的彩灯循环控制

为了进一步开拓编程思路，使用另一种算法来编程。进一步分析彩灯控制要求和工作流程图，可知第一个 5 次循环可以用左右移位指令实现，第二个 5 次循环可以用加法与乘法指令实现。以下设计出彩灯循环控制程序，如图 4-33 所示。

图 4-33 梯形图工作原理分析：这段程序是利用基本指令、计数器指令和功能指令实现的彩灯循环控制。第一个 5 次循环用传送指令、循环移位指令和计数器 C0 构成只亮一个流水灯控制；第二个 5 次循环用传送指令、加法指令、乘法指令和计数器 C1 构成逐个点亮流水灯控制。

网络 1 的功能是启动/停止彩灯循环初始化控制。合上 I0.0 开关，在其上升沿，把数字 1、0、0 分别传送给 QB0、QB1、VB0，为第一个 5 次循环做好准备。

网络 2 的功能是彩灯第一个 5 次循环左移控制。合上 I0.0 后（I0.0=1），Q0.0 得电（Q0.0=1），V0.0 得电（V0.0=1）并自锁，接通循环左移位指令 ROL，QB0 开始循环左移。当 1 移到 Q0.4（Q0.4=1）彩灯 HL5 亮时，V0.0 失电（V0.0=0），停止循环左移。

网络 3 的功能是彩灯第一个 5 次循环右移控制。当 Q0.4 得电（Q0.4=1），V0.1 得电（V0.1=1）并自锁，接通循环右移位指令 ROR，QB0 开始循环右移。当 1 移到 Q0.0（Q0.0=1）彩灯 HL1 亮时，V0.1 失电（V0.1=0），停止循环右移。

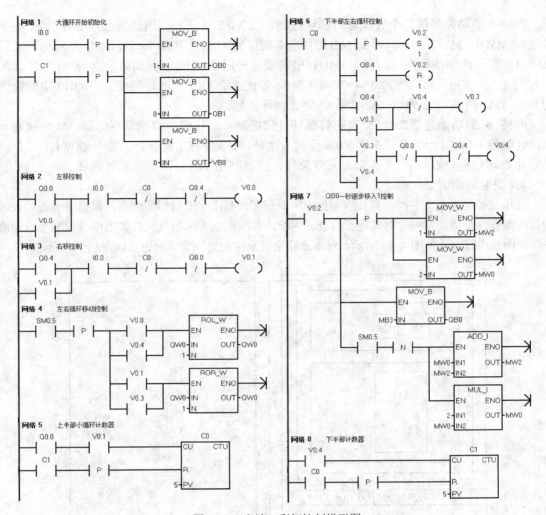

图 4-33　方法 2 彩灯控制梯形图

网络 4 的功能是彩灯左右循环移位控制。SM0.5 是 1s 脉冲继电器，当 V0.0 或 V0.4 接通（V0.0=1 或 V0.4=1）时，接通左循环移位指令 ROL_W，QW0 开始左移，彩灯 HL1～HL5 每隔 1s 亮一盏灭一盏，当 V0.0 或 V0.4 失电（V0.0=0 或 V0.4=0）时，循环左移停止；当 V0.1 或 V0.3 接通（V0.1=1 或 V0.3=1），接通右循环移位指令 ROR_W，QW0 开始右移，彩灯 HL5～HL1 每隔 1s 亮一盏灭一盏，当 V0.1 或 V0.3 失电（V0.1=0 或 V0.3=0），循环右移停止。

网络 5 的功能是彩灯第一个 5 次循环计数控制。当右移变量存储器 V0.1 和输出继电器 Q0.0 得电（V0.1=1 和 Q0.0=1）时，计时器 C0 加 1；当左右循环 5 次时，计时器 C0 动作，停止网络 2、网络 3 左右移位控制（V0.0=0、V0.1=0）接通网络 6 第二个 5 次彩灯左右循环控制。计数器 C1 常开触点动作，计数器 C0 复位，计数值归零。

网络 6 的功能是第二个 5 次彩灯左右循环控制。计数器 C0 常开触点接通，V0.2 得电并锁存，接通网络 7 控制；当 Q0.4 得电（Q0.4=1）V0.2 解锁失电，同时 V0.3 得电并自锁，开始循环右移；当 Q0.0 失电（Q0.0=0）V0.4 得电并自锁，开始循环左移，同时断开了 V0.3（V0.3=0）；当 Q0.4 得电（Q0.4=1）断开 V0.4（V0.4=0），又接通 V0.3 开始循环。

183

网络 7 的功能是第二个 5 次彩灯循环控制。当 V0.2 常开触点闭合的上升沿数字 2、1 被传送到 MW0、MW2 时，同时把 MB3 中的 1 传送到 QB0，并且 1s 脉冲继电器启动，之后每隔 1s 做一次加法和乘法，再把 MB3 中的数值传送给 QB0。例如第一次为 1+2=3、2×2=4，3 传送 QB0；第二次为 3+4=7、4×2=8，7 传送给 QB0，以此类推。当 QB0 中的数值为 0001 1111 时，V0.2 失电（V0.2=0），停止循环控制。

网络 8 的功能是第二个 5 次彩灯循环计数控制。左移位内部变量存储器 V0.4 接通一次，计时器 C1 加 1，当左移 5 次 V0.4 接通五次时，计数器 C1 动作，其常开触点 C1 闭合，同时计数器 C0 复位，断开下半部分彩灯循环，接通网络 1 开始下一轮彩灯循环。

4. 安装与调试

在电气控制系统安装时，首先要根据电气原理图，列出电气材料明细表，根据明细表领取或购买电气元件及辅助材料并对其进行检查、测绘。其次根据实际电气元件画出电气控制箱内元器件布局图及接线图，如图 4-34 所示。对本系统电气元件的安装调试应包括以下几个方面。

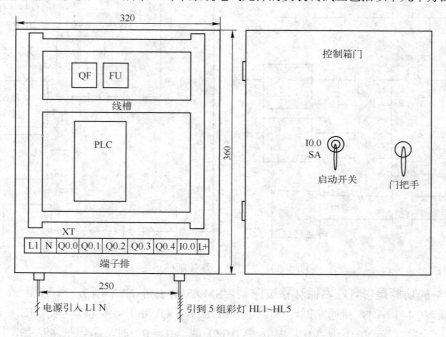

图 4-34　彩灯控制电气元件布局图及接线示意图

（1）电气材料的检查

按电气材料明细表逐项检查电气元件和辅助材料，发现问题及时更换，避免安装后发现问题再拆换。

（2）PLC 硬件安装与调试

在电气控制箱制作、安装与调试时，应先熟悉电气原理图、电气元件布局图与接线图。再进行电气元件的固定安装与调试，最后按图接线与检查。

1）熟悉电气原理图。分析电气原理图在安装时的难易程度，找出难点逐一解决。

2）PLC 控制箱的制作。按 PLC 控制系统布局图及接线示意图，安装元件和连接线路。连接无误后，将 PLC 模式选择开关拨到 STOP 位置，接通 PLC 电源，按下启动开关，输入

I0.0 点指示灯亮，关闭启动开关指示灯应灭，表示接线正确，否则是错误，需检查更正。

3）室外彩灯的安装。根据室外装饰图，安装彩灯及线路。室外接线一定要注意防雨处理。由于线路长必须接线时，可以用防雨接线帽连接，并做密封处理。

（3）软件输入与调试

1）梯形图输入。将承担循环 PLC 控制梯形图输入计算机，反复对照检查无误后，进行仿真模拟，把模拟好的梯形图下载到 PLC。具体方法如下。

① 在断电的状态下，连接好计算机与 PLC 的连接电缆 PPI。再启动 PLC 和计算机。

② 计算机启动后，在其上运行 STEP7-Micro/WIN 编程软件，输入梯形图，模拟仿真。

③ 对模拟好的梯形图，执行 PLC 梯形图转换、写入命令，将梯形图下载到 PLC 中。

2）运行与调试。

① 合上电源开关 QF，观察 PLC 对应的输入端的指示灯亮灭情况。闭合 SA，指示灯亮表示接线正确，如果不亮，则表示接线错误。需检查 PLC 输入端公共线和启动开关 SA 的接线是否正确。

② 空载调试。观察 PLC 输出端指示灯是否按控制要求启动。断开彩灯的零线，闭合电源开关 QF，按下启动按钮 SA，PLC 的输出指示灯应按控制要求动作，如果有误则应检查程序是否下载正确。如果有动作，但与控制要求不符，则应检查程序是否输入正确，直到输出继电器按要求工作为止。

③ 加载调试。观察 PLC 控制的彩灯是否按控制要求启动。接通彩灯的零线，闭合电源开关 QF，按下启动按钮 SA，彩灯应按控制要求工作。如果没有按控制要求工作，应检查 PLC 输出端和公共端接线是否正确，直到彩灯按要求工作为止。

4.2.5 技能考评

通过本任务的学习和实验训练，对本任务实际掌握情况进行考评，具体考核要求和考核标准见表 4-8。

表 4-8 考核要求和考核标准表

序　号	操作内容	技能要求	评分标准	配分	扣分	得分
1	电气检查	能按电气元件明细表正确检查所有元件	发现 1 个元件错误扣 5 分	20		
2	电路连接	能按 PLC 接线图正确连接电路	发现 1 处接线不正确扣 10 分	20		
3	编写梯形图	能应用 S7-200 编程软件正确绘制梯形图并下载，能正确应用 S7-200 仿真软件	梯形图错误扣 30 分，下载不正确扣 10 分，发现 1 处错误扣 10 分	40		
4	PLC 调试	能按任务控制要求调试运行	空载调试 5 分，加载调试 15 分。发现 1 次未成功扣 5 分，2 次未成功扣 10 分，3 次以上未成功不给分	20		
本任务得分			指导老师签字： 　　　　　　　　年　月　日			

4.2.6 任务拓展

设计一个舞台装饰彩灯循环 PLC 控制系统。某大型舞台现场有变换类吊灯或射灯负载 4 处，舞台流水灯 5 组，大型标语牌底色流水灯 5 组。变换类负载一个周期 40s 内的接通要求见表 4-9。舞台流水灯正向依次点亮至全亮，反向依次熄灭至全熄灭，节拍为 1s，全熄灭后，停 1s 再循环。标语牌底色流水灯节拍也为 1s，正向单组点亮完成后，停留 1s 再循环。要求是按下启动按钮后，彩灯开始工作，按下停止按钮后彩灯停止工作。

表 4-9　变换类吊灯负载一个周期 40s 内的接通要求表

时 间 区 间	负载 1	负载 2	负载 3	负载 4
0～10s	1	0	1	1
11～20s	1	1	1	1
21～30s	0	1	0	1
31～40s	0	1	1	1

4.3　任务 3　搬运吸吊机 PLC 控制

4.3.1　任务目标

1）进一步掌握 S7-200 系列 PLC 的指令的应用。
2）进一步掌握 S7-200 系列 PLC 的编程方法。
3）掌握 S7-200 系列 PLC 子程序的使用方法。
4）了解西门子变频器的简单使用方法。
5）进一步掌握 PLC 控制系统的设计方法和系统的安装与调试方法。

4.3.2　任务描述

设计一个搬运吸吊机 PLC 控制系统。某生产线起动后，搬运吸吊机可以自动地从 A 线向 B 线搬运物品，其工作结构示意图如图 4-35 所示。当生产线 A 上有物体时能自动搬到生产线 B 上。其运行过程为：搬运吸吊机从原始位置开始→下降→吸住物体→上升→右行→下降→松开物体→上升→左行回到起始位置来完成搬运工作，要求本系统调试与维修应方便。

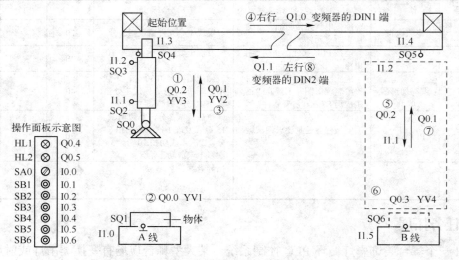

图 4-35　搬运吸吊机工作结构示意图

4.3.3 相关知识

1.子程序指令

S7-200 PLC 把程序分为 3 大类：主程序 OB1、子程序 SBRn 和中断程序 INTn。实际应用中，有些程序内容可能被多次使用，往往把多次使用的程序拿出来单独编一个程序块，存放到某一个区域，程序执行时可以随时调用这些程序块。这样可以有效地使用 PLC，充分地利用 CPU 的时间。这些程序块可以带一些参数，也可以不带参数，这类程序块被叫做子程序。子程序是由子程序标号开始和子程序返回指令构成。

（1）子程序的建立

S7-200 的编程软件 STEP7-Micro/WIN32 为每个子程序自动加入子程序标号和子程序返回指令。从编辑菜单选择插入子程序或在程序编辑器视窗中右击鼠标并从弹出的快捷菜单中选择插入子程序。只要插入子程序，程序编辑器底部都将出现一个新的子程序名（如 SBR0 或 SBR1）。此时，可以对新的子程序编程。

（2）为子程序定义参数（可以没有参数）

如果要为子程序指定参数，可以使用子程序的局部变量表来定义参数。打开局部变量表的方法是先打开子程序编辑窗口，编辑窗口顶部的分界线之上就是局部变量表 SIMATIC LAD。编辑局部变量表时，必须保证选定正确的子程序名。

（3）子程序调用与返回指令

子程序调用指令是由子程序调用条件、子程序调用允许端 EN、子程序调用助记符 SBR 和子程序标号 n 构成（n 为 0～63）。子程序返回指令是由子程序返回条件和子程序返回助记符 RET 构成。

（4）主程序调用子程序的操作

主程序内使用的子程序调用指令决定程序是否执行子程序。当子程序调用允许时，调用指令将程序转移给子程序 SBR0，程序扫描将转移到子程序入口处执行。当执行子程序时，子程序将由上到下逐句执行，直到满足返回条件返回，或执行到子程序末尾返回。当程序返回时，返回到原主程序出口的下一条指令继续往下执行，直到程序结束。

（5）使用注意事项

子程序共有 64 个，可以嵌套，最大嵌套深度为 8（在子程序内放置子程序调用指令最多为 7 个）。在主程序、子程序或中断程序中都可以调用子程序。但子程序不能调用同名的子程序，如不能从 SBR0 调用 SBR0。

（6）子程序调用编程举例

如图 4-36 所示是一个控制两台电动机起停的程序。控制程序有两个没有设定参数的子程序 SBR0 和 SBR1，SBR0 子程序控制第 1 台电动机的起停，SBR1 子程序控制第 2 台电动机的起停，主程序负责调用两个子程序，来完成两个电动机的起停控制任务。子程序 SBR0 和 SBR1 的结构完全一样，只是变量不一样，可以通过编辑一个带参数的子程序来完成，参数是起动、停止和电动机。程序可以改为如图 4-37 所示。

2.脉冲输出功能指令

S7-200 每个 CPU 有两个 PTO/PWM 生成器，用来输出高速脉冲序列及脉冲宽度调节波形。一个生成器指定给数字输出点 Q0.0，另一个生成器指定给数字输出点 Q0.1。当 PTO、

PWM 发生器控制输出时，将禁止输出点 Q0.0、Q0.1 的正常使用；当不使用 PTO、PWM 高速脉冲发生器时，输出点 Q0.0、Q0.1 恢复正常的使用，即由输出映像寄存器决定其输出状态。

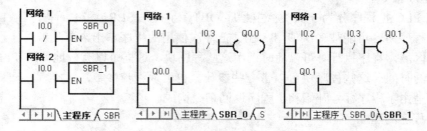

图 4-36　控制两台电动机起停的程序 1

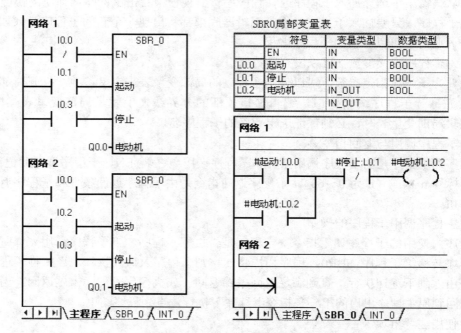

图 4-37　控制两台电动机起停的程序 2

（1）概念及作用

PTO 输出高速脉冲序列（脉冲串输出）：输出一个频率可调，占空比为 50% 的脉冲。多用于带有位置控制功能的步进驱动器或伺服驱动器，通过输出脉冲的个数，作为位置给定值的输入，以实现定位控制功能。通过改变定位脉冲的输出频率，可以改变运动的速度。

PWM 脉冲宽度调节波形（脉宽调制输出）：输出占空比可调的脉冲。用于直接驱动调速系统或运动控制系统的输出级，控制逆变主电路。

（2）PTO 的使用

PTO 是可以指定脉冲数和周期的占空比为 50% 的高速脉冲串的输出。

1）脉冲数和周期。

输出脉冲的个数在 1～4 294 967 295 范围内可调。

输出脉冲的周期以 μs 或 ms 为增量单位，变化范围分别是 10～65 535μs 或 2～

65 535ms。

如果周期小于两个时间单位，周期被默认为两个时间单位。如果指定的脉冲数为 0，则脉冲数默认为 1。

2）PTO 种类及特点。

PTO 功能是可输出多个脉冲串，现用脉冲串输出完成时，新的脉冲串输出立即开始。这样就保证了输出脉冲串的连续性。PTO 功能允许多个脉冲串排队，从而形成流水线。流水线分为两种：单段流水线和多段流水线。

单段流水线：流水线中每次只能存储一个脉冲串的控制参数，初始 PTO 段一旦启动，必须按照对第二个波形的要求立即刷新特殊存储器位（SM），并再次执行 PLS 指令，第一个脉冲串完成，第二个波形输出立即开始，重复这一步骤可以实现多个脉冲串的输出。单段流水线中的各段脉冲串可以采用不同的时间基准，但有可能造成脉冲串之间的不平稳过渡。输出多个高速脉冲时，编程复杂。

多段流水线：在变量存储区 V 建立一个包络表。包络表存放每个脉冲串的参数，当执行 PLS 指令时，S7-200 PLC 自动按包络表中的顺序及参数进行脉冲串输出。多段流水线常用于步进电动机的多速度、多位置控制。

（3）用于脉冲输出（Q0.0 或 Q0.1）的特殊存储器

1）控制字节和参数的特殊存储器。

每个 PTO/PWM 发生器都有：一个控制字节（8 位）、一个脉冲计数值（无符号的 32 位数值）和一个周期时间和脉宽值（无符号的 16 位数值）。这些值都放在特定的特殊存储区（SM），见表 4-10，状态字节见表 4-11，控制字节见表 4-12。

当执行 PLS 指令时，S7-200 PLC 读这些特殊存储器位（SM），然后执行特殊存储器位定义的脉冲操作，即对相应的 PTO/PWM 发生器进行编程。

表 4-10　相关特殊寄存器

Q0.0 的寄存器	Q0.1 的寄存器	名称，功能描述
SMB66	SMB76	状态字节，在 PTO 方式下，跟踪脉冲串的输出状态
SMB67	SMB77	控制字节，控制 PTO/PWM 脉冲输出的基本功能
SMW68	SMW78	周期值，字型，PTO/PWM 的周期值，范围：2～65 535
SMW70	SMW80	脉宽值，字型，PWM 的脉宽值，范围：0～65 535
SMD72	SMD82	脉冲数，双字型，PTO 的脉冲数，范围：1～4 294 967 295
SMB166	SMB176	段数，多段管线 PTO 进行中的段数
SMW168	SMW178	偏移地址，多段管线 PTO 包络表的起始字节的偏移地址

表 4-11　状态字节表

Q0.0	Q0.1	PTO/PWM 状态寄存器	
SM66.0～SM66.3	SM76.0～SM76.3	不用	
SM66.4	SM76.4	PTO 包络因计算错误终止	0：无错；1：终止
SM66.5	SM76.5	PTO 包络因用户命令终止	0：无错；1：终止
SM66.6	SM76.6	PTO 脉冲序列溢出	0：无溢出；1：溢出
SM66.7	SM76.7	PTO 空闲	0：执行中；1：空闲

表 4-12 控制字节表

Q0.0	Q0.1	PTO / PWM 输出的控制字节		
SM67.0	SM77.0	PTO/PWM 刷新周期值	0：不刷新；	1：刷新
SM67.1	SM77.1	PWM 刷新脉冲宽度值	0：不刷新；	1：刷新
SM67.2	SM77.2	PTO 刷新脉冲计数值	0：不刷新；	1：刷新
SM67.3	SM77.3	PTO/PWM 时基选择	0：1 μs；	1：1ms
SM67.4	SM77.4	PWM 更新方法	0：异步更新；	1：同步更新
SM67.5	SM77.5	PTO 操作	0：单段操作；	1：多段操作
SM67.6	SM77.6	PTO/PWM 模式选择	0：选择 PTO；	1：选择 PWM
SM67.7	SM77.7	PTO/PWM 允许	0：禁止；	1：允许

例如：向 SMB67 写入 2#10101000 的含义为：选择 Q0.0 作为输出端，允许脉冲的输出，多段的 PTO 脉冲输出，时基为 1ms，不允许更新周期值和脉冲数。

2）脉冲输出（PLS）指令。

脉冲输出（PLS）指令功能为：当使能有效时，检查用于脉冲输出（Q0.0 或 Q0.1）的特殊存储器位（SM），然后执行特殊存储器位定义的脉冲操作。其格式如图 4-38 所示。

功能：当使能端输入有效时，PLC 首先检测为脉冲输出位（X）设置的特殊存储器位，然后激活由特殊存储器位定义的脉冲操作。

说明：

① 高速脉冲串输出 PTO 和脉宽调制输出 PWM 都由 PLS 指令来激活；

② 操作数 X 指定脉冲输出端子，0 为 Q0.0 输出，1 为 Q0.1 输出；

③ 高速脉冲串输出 PTO 可采用中断方式进行控制，而脉宽调制输出 PWM 只能由指令 PLS 来激活。

3）脉冲输出指令 PLS 编程举例。如图 4-39 所示。单轴步进电动机定位控制，Q0.0 输出步进脉冲信号，Q0.2 输出方向信号。

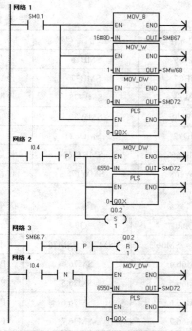

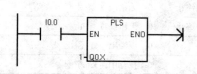

图 4-38 脉冲输出指令格式

图 4-39 PLS 指令应用举例

程序分析如下。

网络 1：用于初始化脉冲发生器 PLS0。PLC 通电传送指令传送 16#8D 数据到脉冲输出指令控制字 SMB67，实现单段脉冲输出；传送 1 到控制字 SMW68，实现扫描时间为 1ms；传送 0 到控制字 SMD72，实现初始化脉冲数为 0；PLS 指令激活 Q0.0 输出高速脉冲。

网络 2：接通 I0.4 的上升沿，传送指令传送 6550 到控制字 SMD72，用于控制脉冲发生器 PLS0 发出 6550 个脉冲；PLS 指令激活 Q0.0 输出高速脉冲，用于完成 10cm 的行走；Q0.2 置位给出方向。

网络 3：用于控制步进电动机的方向，6550 个脉冲走完后，Q0.2 复位改变方向。

网络 4：断开 I0.4 时，控制步进电动机返回到初始位置。

3．高速计数器指令

高速计数器可以对 CPU 扫描速度无法控制的高速事件进行计数，可以设置多种不同操作模式。S7-200 CPU 内置 4～6 个高速计数器（HSC0～HSC5），这些高速计数器工作频率可达到 20kHz，有 12 种工作模式，而且不影响 CPU 的性能。

高速计数器经常用于距离检测和电动机转速检测。当计数器的当前值等于预置值或发生重置时，计数器提供中断。

（1）高速计数器的工作模式

高速计数器可以分为 12 种模式，具体见表 4-13。

表 4-13　高速计数器工作模式

高速计数器名称	HSC0			HSC1				HSC2				HSC3	HSC4			HSC5
模式	I0.0	I0.1	I0.2	I0.6	I0.7	I1.0	I1.1	I1.2	I1.3	I1.4	I1.5	I0.1	I0.3	I0.4	I0.6	I0.4
0 带内部方向控制的单向计数器	计数			计数				计数				计数	计数			计数
1 带内部方向控制的单向计数器	计数		复位	计数		复位		计数		复位			计数		复位	
2 带内部方向控制的单向计数器				计数		复位	启动	计数		复位	启动	启动	计数		复位	启动
3 带外部方向控制的单向计数器	计数	方向		计数	方向			计数	方向				计数	方向		
4 带外部方向控制的单向计数器	计数	方向	复位	计数	方向	复位		计数	方向	复位			计数	方向	复位	
5 带外部方向控制的单向计数器				计数	方向	复位	启动	计数	方向	复位	启动	启动	计数	方向	复位	启动
6 带增减计数输入的双向计数器	增计数	减计数		增计数	减计数			增计数	减计数				增计数	减计数		
7 带增减计数输入的双向计数器	增计数	减计数	复位	增计数	减计数	复位		增计数	减计数	复位			增计数	减计数	复位	
8 带增减计数输入的双向计数器				增计数	减计数	复位	启动	增计数	减计数	复位	启动	启动	增计数	减计数	复位	启动
9 正交计数器	A 相	B 相		A 相	B 相			A 相	B 相				A 相	B 相		
10 正交计数器	A 相	B 相	复位	A 相	B 相	复位		A 相	B 相	复位			A 相	B 相	复位	
11 正交计数器				A 相	B 相	复位	启动	A 相	B 相	复位	启动	启动	A 相	B 相	复位	启动

（2）高速计数器的中断描述

全部计数器模式均支持当前值等于预置值中断，使用外部输入的计数器模式，支持外部激活中断。

（3）高速计数器的状态字节

每一个高速计数器都有一个状态字节，该字节的每一位都反映了这个计数器的工作状态。高速计数器的工作状态见表 4-14。

表 4-14　高速计数器的工作状态

HSC0	HSC1	HSC2	HSC3	HSC4	HSC5	说　明
SM36.0	SM46.0	SM56.0	SM136.0	SM146.0	SM156.0	未使用
SM36.1	SM46.1	SM36.1	SM136.1	SM146.1	SM156.1	未使用
SM36.2	SM46.2	SM56.2	SM136.2	SM146.2	SM156.2	未使用
SM36.3	SM46.3	SM56.3	SM136.3	SM146.3	SM156.3	未使用
SM36.4	SM46.4	SM56.4	SM136.4	SM146.4	SM156.4	未使用
SM36.5	SM46.5	SM56.5	SM136.5	SM146.5	SM156.5	1 向上计数，0 向下计数
SM36.6	SM46.6	SM56.6	SM136.6	SM146.6	SM156.6	当前值，1 等于，0 不等于
SM36.7	SM46.7	SM56.7	SM136.7	SM146.7	SM156.7	当前值，1 大于，0 不大于

（4）高速计数器的控制字节

定义计数器及计数器工作模式后，可对计数器动态参数进行编程。各个高速计数器均有控制字节，用来启动或关闭计数器、控制计数方向、装载当前值及预置值。执行 HSC 指令可以修改控制字节及当前值和预置值。高速计数器的控制字节见表 4-15。

表 4-15　高速计数器的控制字节

HSC0	HSC1	HSC2	HSC3	HSC4	HSC5	说　明
SM37.0	SM47.0	SM57.0		SM147.0		0 高电平复位，1 低电平复位
SM37.1	SM47.1	SM37.1		SM147.1		0 高电平启动，1 低电平启动
SM37.2	SM47.2	SM57.2		SM147.2		0 位 4 倍速率，1 位 1 倍速率
SM37.3	SM47.3	SM57.3	SM137.3	SM147.3	SM156.3	0 向下计数，1 向上计数
SM37.4	SM47.4	SM57.4	SM137.4	SM147.4	SM156.4	0 无方向更新，1 更新方向
SM37.5	SM47.5	SM57.5	SM137.5	SM147.5	SM156.5	0 无预置值更新，1 更新预置值
SM37.6	SM47.6	SM57.6	SM137.6	SM147.6	SM156.6	0 无当前值更新，1 更新当前值
SM37.7	SM47.7	SM57.7	SM137.7	SM147.7	SM156.7	0 禁止高速 HSC，1 允许 HSC

（5）高速计数器的当前值及预置值

每一个高速计数器均有一个 32 位当前值和一个 32 位预置值，都为带符号整数值。预先向高速计数器装载新的当前值和预置值，必须设定包含当前值和预置值的控制字节及特殊内存字节，然后执行 HSC 指令，使新数值传输至高速计数器。高速计数器的当前值和预置值见表 4-16。

表 4-16　高速计数器的当前值和预置值

高速计数器	HSC0	HSC1	HSC2	HSC3	HSC4	HSC5
新当前值	SMD38	SMD48	SMD58	SMD138	SMD148	SMD158
新预置值	SMD42	SMD52	SMD62	SMD142	SMD152	SMD162

（6）高速计数器的定义指令及编程指令

1）定义高速计数器指令 HDEF。

使用高速计数器之前必须使用 HDEF 指令定义计数器及其模式，每一个高速计数器只能采用一条 HDEF 指令定义。高速计数器的控制字节，只有在执行 HDEF 指令时才被使用。执行 HDEF 指令之前，必须将这些控制位设定成要求状态，否则，计数器对所选计数器模式采用默认配置。一旦执行 HDEF 指令后，不可以改变计数器的设定，除非首先将 PLC 置于停止模式。定义高速计数器指令的格式如图 4-40 所示。其中，HDEF 为定义高速计数器指令助记符，EN 为高速计数允许端，其取值为 I、Q、M、SM、T、C、V、S、L，HSC 为高速计数器编号，其取值为 0~5，MODE 为高速计数器工作模式，其取值为 0~11。

2）高速计数器编程指令 HSC。

高速计数器定义之后，在复位、更新当前值和预置值时，只有经过高速计数器编程指令 HSC 编程，高速计数器才能运行。高速计数器编程指令的格式如图 4-41 所示。其中 HSC 为高速计数器编程指令助记符，EN 为高速计数器编程指令允许端，其取值为 I、Q、M、SM、T、C、V、S、L，N 为高速计数器编号，其取值为 0~5。

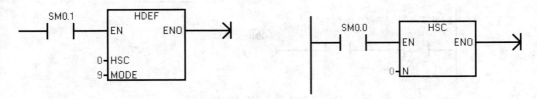

<table>
<tr><td align="center">图 4-40　定义高速计数器指令</td><td align="center">图 4-41　高速计数器编程指令</td></tr>
</table>

3）高速计数器的编程步骤。

① 计数模式初始化。

② 改变计数方向。

③ 装载新的当前值和预置值。

（7）高速计数器 HSC 编程举例

如图 4-42 所示。编码器输入高速脉冲。电动机起动后，编码器发出 1500 个脉冲后停止运行。网络 1 是计数器模式初始化。I0.0 按下后，给计数器 0 送控制字，即 16#F8 送到 SMD37，当前值特殊寄存器 SMD38 送 0，预置值特殊寄存器 SMD42 也送 0，定义高速计数器 0，模式也是 0，Q0.0 电动机置位起动，开启计数器 0。网络 2 是高速计数器开始记录编码器的脉冲值，当高速计数器 0 记到 1500 个后复位电动机 Q0.0。

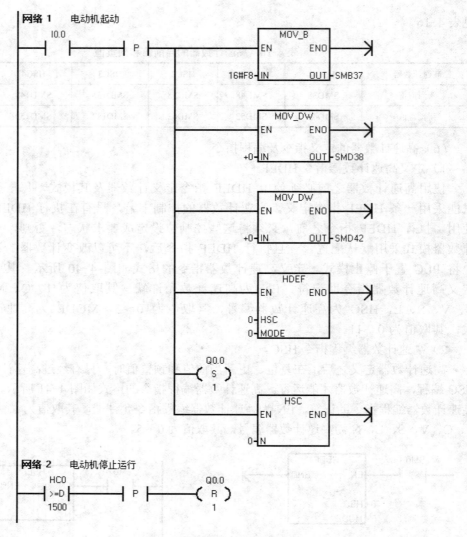

图 4-42　高速计数器 HSC 编程举例

4．变频器简单使用介绍

变频器主要用来改变三相异步电动机的起动、调速和制动性能的一种智能化控制器件。变频器的主要功能有：转矩提升、运行频率设定、高中低速频率设定、加减速时间设定、电子过流保护、制动方式选择等。下面以西门子 MM420 变频器为例，来说明变频器的使用，了解并掌握变频器、面板控制方式以及外部开关控制参数的设置。西门子 MM420 变频器的电路分为两部分：一部分是完成电能转换的主电路；另一部分是处理信号的收集、变换和传输的控制电路。其接线图如图 4-43 所示。

（1）主电路

主电路是由电源输入单相恒压恒频的正弦交流电，经整流电路转换成恒定的直流电压，供给逆变电路。逆变电路在 CPU 的控制下，将恒定的直流电压逆变成电压和频率均可调的三相交流电供给电动机负载。

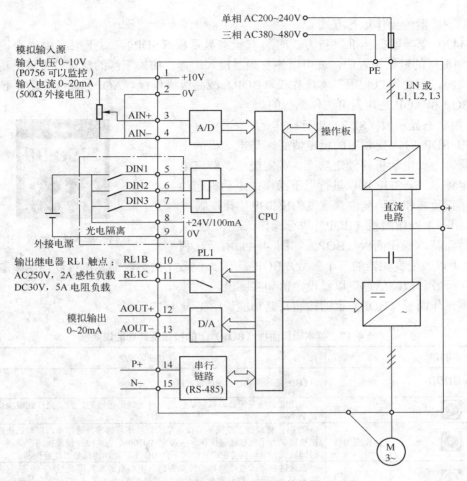

图 4-43　MM420 变频器的接线图

（2）控制电路

控制电路是由 CPU、模拟输入、模拟输出、数字输入、输出继电器、操作板等部分组成。

输入端子 1、2 端是变频器为用户提供的一个高精度的 10V 直流电源。当采用模拟信号输入方式输入给定频率时，为提高交流变频调速系统的控制精度，必须配备一个高精度的直流稳压电源作为模拟电压输入的直流电源。

模拟输入 3、4 端是为用户提供一对模拟电压给定输入端作为频率给定信号，经变频器内模数转换器，将模拟量转换为数字量，传输给 CPU 来控制系统。

数字输入 5、6、7 端为用户提供了 3 个完全可编程的数字输入端，数字输入信号经光耦合隔离输入 CPU，对电动机进行正反转、正反向点动、固定频率设定值控制等。

输入 8、9 端为用户提供了 1 个 24V 直流电源，为变频器控制电路提供电源。

输出 10、11 端为输出继电器的一对触点。

输出 12、13 端为一对模拟量输出端。

输入/输出 14、15 端为 RS-485（USS 协议）端。

（3）变频器的操作运行方式

MM420 变频器在标准供货方式时装有状态显示板（SDP），对于很多用户来说，利用 SDP 和制造厂的默认设置值，就可以使变频器投入运行。如果工厂的默认设置值不适合用户的设备情况，用户可以利用基本操作板（BOP）或高级操作板（AOP）修改参数，使之匹配起来。BOP 和 AOP 是作为可选件供货的。

1）用状态显示板（SDP）进行操作。

采用 SDP 时，变频器的设定值必须与电动机的主要参数兼容，如电动机的额定功率、额定电流、额定电压、额定频率等。SDP 可以进行以下操作：电动机起动和停止，正反转和故障复位。速度由模拟电位计控制。

图 4-44　基本操作面板（BOP）

2）用基本操作面板（BOP）进行操作。

变频器基本操作面板（BOP）如图 4-44 所示。利用 BOP 可以改变变频器的各个参数。BOP 具有 5 位数字的七段显示，可以显示参数的序号和数值，报警和故障信息，以及设定值和实际值。

基本操作面板（BOP）上的按钮及其功能说明见表 4-17。

表 4-17　基本操作面板（BOP）上的按钮及其功能说明

显示/按钮	功　能	功能的说明
r0000	状态显示	LCD 显示变频器当前的设定值
①	启动变频器	按此键启动变频器。以默认值运行时此键是被锁的。为了允许此键操作，应设定 P0700=1
⓪	停止变频器	OFF1：按此键，变频器将按选定的斜坡下降速率减速停车。以默认值运行时此键被锁；为了允许此键操作，应设定 P0700=1。OFF2：按此键两次（或一次，但时间较长）电动机将在惯性作用下自由停车，此功能总是"使能"的
⟳	改变电动机的转动方向	按此键可以改变电动机的转动方向。电动机的反向用负号（一）表示或用闪烁的小数点表示。默认值运行时此键是被锁的，为了使此键的操作有效，应设定 P0700=1
jog	电动机点动	在变频器无输出的情况下按此键，将使电动机起动，并按预设定的点动频率运行。释放此键时，变频器停车。如果变频器/电动机正在运行，按此键将不起作用
Fn	功能	此键用于浏览辅助信息 变频器运行过程中，在显示任何一个参数时按下此键并保持不动 2s，将显示以下参数值（在变频器运行中，从任何一个参数开始）： 1. 直流电路电压（用 d 表示-，单位：V） 2. 输出电流（A） 3. 输出频率（Hz） 4. 输出电压（用 o 表示-，单位：V） 5. 由 P0005 选定的数值（如果 P0005 选择显示上述参数中的任何一个（3，4 或 5），这里将不再显示） 连续多次按下此键，将轮流显示以上参数 跳转功能：在显示任何一个参数（rXXXX 或 PXXXX）时短时间按下此键，将立即跳转到 r0000，如果需要的话，可以接着修改其他的参数。跳转到 r0000 后，按此键将返回原来的显示点
P	访问参数	按此键即可访问参数
▲	增加数值	按此键即可增加面板上显示的参数数值
▼	减少数值	按此键即可减少面板上显示的参数数值

变频器常用参数设置值与功能见表 4-18。

表 4-18　变频器常用参数设置表

参 数 号	出 厂 值	设 定 值	说　　明
P0003	1	1	设置用户访问级为：标准级　设定常用参数
		2	设置用户访问级为：扩展级　设定 I/O 功能
		3	设置用户访问级为：专家级　只供专家使用
		4	设置用户访问级为：维修级　授权维修员用
P0004	0	0	全部参数
		2	变频器参数
		3	电动机参数
		7	命令，二进制 I/O 设置
		8	模–数转换和数–模转换
		10	设置设定值通道，斜坡函数发生器
P0700	0	0	工厂的默认值设置
		1	频率由 BOP（键盘）设置
		2	频率由外部端子排设置
P0701 P0702 P0703	1	0	禁止数字输入
	12	1	接通正转/停止命令 1
	9	2	接通反转/停止命令 1
		3	按惯性自由停车
		4	按斜坡函数曲线快速减速停车
		9	故障确认
		10	正向点动
		11	反向点动
		12	反转
		13	MOP 键盘增加频率
		14	MOP 键盘减小频率
		15	固定频率设置（直接选择）
		16	固定频率设置（直接选择+ON 命令）
		17	固定频率设置（二进制编码的十进制数选择+ON 命令）
		21	机旁/远程控制
		25	直流注入制动
		29	由外部信号触发跳闸
P1000	2	1	输出频率由 BOP 键盘设定
		2	输出频率由 3-4 两端的模拟电压设定
		3	输出频率由数字端 DIN1-DIN3 状态指定
P1001	0		设置固定频率 1（Hz）
P1002	5		设置固定频率 2（Hz）

参 数 号	出 厂 值	设 定 值	说 明
P1003	10		设置固定频率3（Hz）
P1058	5		正向点动频率（Hz）
P1059	5		反向点动频率（Hz）
P1080	0.0		最低频率 Hz
P1082	50.0		最高频率 Hz
P1120	10		斜坡上升时间，设定范围 0～650s
P1121	10		斜坡下降时间，设定范围 0～650s

基本操作面板（BOP）更改参数的数值举例。以修改参数过滤器 P0004 的数值为例，说明参数修改步骤，其步骤见表 4-19。

表 4-19　修改参数过滤器 P0004 的数值操作步骤表

操 作 步 骤	显 示 结 果
1. 按访问参数键	┌0000
2. 按增加数值键，直到显示 P0004	P0004
3. 按访问参数键，进入到参数访问级	0
4. 按加减数值键，到达所需要的数值	3
5. 再按访问参数键，确定并存储参数的数值	P0004

注意：使用者只能看到命令参数。

设置电动机参数：为了使电动机与变频器相匹配，需要设置电动机参数。见表 4-20。修改参数数值的方法如下。

① 按 ▣（功能键），最右边的一个数字闪烁。

② 按 ▣/▣，修改该位数字的数值。

③ 再按 ▣（功能键），相邻的下一位数字闪烁。

④ 执行 2～4 步，直到显示出所要求的数值。

⑤ 按 ▣，退出参数数值的访问级。

表 4-20　设置电动机参数表

参 数 号	出 厂 值	设 定 值	说 明
P0003	1	1	设置用户访问级为标准级
P0010	0	1/30	快速调试/工厂的默认设置值
P0100	0	0	使用地区为欧洲 50Hz
P0304	230	380	电动机的额定电压（V）
P0305	3.25	1.05	电动机的额定电流（A）
P0307	0.75	0.37	电动机的额定功率（kW）
P0310	50	50	电动机的额定频率（Hz）
P0311	0	1460	电动机的额定转速（Hz）

将变频器参数复位为工厂设置值：在变频器停车状态下，可将变频器参数复位为工厂的默认值。如果用户在参数调试过程中遇到问题，并且希望重新开始调试，通常采用先把变频器的全部参数复位到工厂的默认值，再重新调试。为此，变频器的参数 P0010 设置为 30，P0970 设置为 1，按下 P 键，约 60s 可以把变频器的全部参数恢复到工厂默认值。

3）用高级操作面板（AOP）进行操作。

高级操作面板（AOP）具有多种语言文本显示，多组参数的上传和下载功能，可通过计算机编程，可以连接多个站点，最多可以连接 30 台变频器。

（4）MM420 变频器的频率给定方法

1）面板给定。通过 BOP 上的键盘进行频率给定的方法。

2）外部给定。从外部输入频率给定信号，来调节变频器输出频率的大小。外部给定主要有两种：一种是模拟量给定，通过变频器的模拟量输入端外接电压或电流信号进行给定，并通过调节给定信号的大小来调节变频器的输出频率；另一种是数字量给定，通过变频器的开关量输入端外接开关量信号进行给定。最常用的是开关组合选择已设定好的固有频率，实现多频段控制。

（5）应用举例

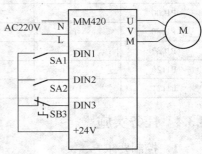

图 4-45　变频器三段速控制接线图

本例是一个简单的变频器使用参数设定。图 4-45 为变频器控制三相异步电动机的接线图。其中变频器的 L，N 端接 AC220V 电源，DIN1、DIN2 接调速开关 SA1、SA2，DIN3 接急停开关或反转开关 SB3。通过 SA1 与 SA2 的组合，实现三段调速。SA1 闭合，SA2 断开是第一段速；SA1 断开，SA2 闭合是第二段速；SA1 和 SA2 都闭合是第三段速；SA1 和 SA2 都断开电动机停止运行。在运行中按下 SB3，电动机也停止运行，它是紧急停车按钮。本例可以通过 BOP 改变变频器的参数，从而改变变频器输出频率实现调速。MM420 变频器需要设定的主要参数见表 4-21。

表 4-21　设置变频器三段固定频率控制参数表

参　数　号	出　厂　值	设　定　值	说　　　　明
P0003	1	1	设置用户访问级为标准级
P0004	0	7	二进制 I/O 命令设置
P0700	2	2	由端子排输入
P0003	1	2	设置用户访问级为扩展级
P0701	1	16	选择固定频率，ON 起动，OFF 停止
P0702	1	16	选择固定频率，ON 起动，OFF 停止
P0703	1	4/12	ON 运行，OFF 快停/ON 反转，OFF 正转
P0004	0	10	设置设定值通道斜坡函数发生器
P1000	2	3	选择固定频率设定值
P1001	0	15	设置固定频率 1（Hz）
P1002	5	25	设置固定频率 2（Hz）

如果接线图不变，变频器的参数改为表 4-22 的设定值，可以实现电动机正、反转。

SA1 闭合，SA2 断开为正转；SA1 断开，SA2 闭合为反转；SA1 和 SA2 不能同时闭合；SA1、SA2 都断开电动机停止运行。在运行中按下 SB3 电动机也停止运行，它是紧急停车按钮。本例也可通过 BOP 改变变频器的输出频率来实现调速。

表 4-22　设置电动机正、反转变频器的参数表

参　数	出　厂　值	设　定　值	说　　　明
P0003	1	1	访问标准级
P0004	0	7	二进制 I/O 命令设置
P0700	2	2	外部端子排输入
P0003	1	2	访问扩展级
P0004	0	7	二进制 I/O 命令设置
P0701	1	1	ON 正转 OFF 停止
P0702	1	2	ON 反转 OFF 停止
P0703	1	3	ON 起动正、反转 OFF 自由停止
P0004	0	10	设置设定值通道斜坡函数发生器
P1000	2	1	频率设定为键盘
P1080	0	0	最低频率
P1082	50	60	最高频率
P1120	10	10	0～40Hz 斜坡上升时间（s）
P1121	10	10	40～0Hz 斜坡下降时间（s）

4.3.4　任务实施

1．控制要求

搬运吸吊机是一个水平和垂直移动的机械设备，抓放物体是通过气缸下方的真空吸盘来完成，吸盘通过真空发生器排空其中的空气来吸起物体，真空吸盘由 YV1、YV4 控制；吸吊机的上升和下降由气缸驱动，气缸是由一个双线圈两位电磁阀 YV2、YV3 控制，吸吊机的左右移动是由三相异步电动机驱动，变频器控制三相异步电动机的速度及正、反转，实现吸吊机左右移动，变频器采用线性 U/F 控制方式，频率范围为 0～60Hz，频率上升下降时间为 10s，运行频率为 50Hz，根据实际运行情况可以调整面板。为便于维修，本系统分为手动控制和自动控制两部分：手动部分用于设备调试与维修和回到起始位置，为自动运行做好准备；自动部分用于自动化生产。手动和自动用一个转换开关 SA0 完成。

（1）手动工作要求

当手动/自动转换开关 SA0 拨到手动位置后，手动运行指示灯 HL2 工作；按下下降按钮 SB1 气缸能点动下降，到达下限位能自动停止；按下上升按钮 SB2 气缸能点动上升，到达上限位能自动停止；按下左移按钮 SB3 电动机能点动左移，到达左限位能自动停止；按下右移按钮 SB4 电动机能点动右移，到达右限位能自动停止；按下吸住按钮 SB5 吸盘能吸住物体；按下放松按钮 SB6 吸盘能放开物体。调试搬运吸吊机回到起始位置，即吸吊机在左上角放松位置。

（2）自动工作要求

当手动/自动转换开关 SA0 拨到自动位置后，由于吸吊机在左上角放松位置。自动运行

指示灯 HL1 应工作；自动工作开始。自动工作过程：当 A 生产线上有物体搬运时（遮挡光电开关 SQ1 被压下），吸吊机下降，下降到下限位（行程开关 SQ2 被压下）位置，即下降到要搬运的物体所在的位置后，真空发生器工作，开始吸住物体，当真空压力检测传感器 SQ0 为 1 时，表示物体被吸住，吸住物体后气缸上升，上升到上限位（行程开关 SQ3 被压下）位置后，搬运吸吊机右行，右行到右限位（行程开关 SQ5 被压下）位置后，如果 B 生产线有物体（行程开关 SQ6 被压下），吸吊机原位等待物体运走，如果没有物体（遮挡光电开关 SQ6 没有被压下），则吸吊机下降，下降到下限位（行程开关 SQ2 被压下）位置后，给真空吸盘充气，松开物体，之后吸吊机原路返回，即吸吊机气缸上升到上限位（行程开关 SQ3 被压下）位置后，搬运吸吊机左行，左行到左限位（行程开关 SQ4 被压下）位置停止。表明回到起始位置，等待再次自动搬运开始。

2．确定 PLC 控制 I/O 分配机及电气原理图

（1）搬运吸吊机任务分析

在搬运吸吊机控制系统设计时，首先要分析控制系统的要求，建立 PLC 控制的输入/输出分配表。根据搬运吸吊机控制系统的控制要求，可以看出其接有 14 个输入点，包括 7 个按钮，7 个位置行程开关；8 个输出点，包括 2 个指示灯，4 个电磁阀和 2 个正、反转信号。

（2）搬运吸吊机 PLC 控制输入/输出（I/O）点设计

通过分析搬运吸吊机控制系统的要求，可以列出其 I/O 分配表，见表 4-23，并可设计出搬运吸吊机 PLC 控制系统输入/输出（I/O）端口现场安装位置示意图，如图 4-46 所示。

表 4-23　搬运吸吊机 PLC 控制系统输入/输出（I/O）分配表

输入（I）			输出（O）		
输入点编号	输入设备名称	代号	输出点编号	输出设备名称	代号
I0.0	手动/自动转换开关	SA0	Q0.0	吸住电磁阀	YV1
I0.1	手动上升	SB1	Q0.1	上升电磁阀	YV2
I0.2	手动下降	SB2	Q0.2	下降电磁阀	YV3
I0.3	手动左行	SB3	Q0.3	放松电磁阀	YV4
I0.4	手动右行	SB4	Q0.4	自动运行指示灯	HL1
I0.5	手动吸住	SB5	Q0.5	手动运行指示灯	HL2
I0.6	手动放松	SB6			
I0.7	真空压力检测传感器	SQ0			
I1.0	A 线物体遮挡光电开关	SQ1	Q1.0	电动机正转右行	DIN1
I1.1	下降限位	SQ2	Q1.1	电动机反转左行	DIN2
I1.2	上升限位	SQ3			
I1.3	左限位	SQ4			
I1.4	右限位	SQ5			
I1.5	B 线物体遮挡光电开关	SQ6			

（3）搬运吸吊机 PLC 控制电气原理图设计

搬运吸吊机 PLC 控制系统硬件设计。由于搬运吸吊机控制要求，行走电动机可以变频调速，所以左右运行电动机由变频器控制，采用西门子 MM420 变频器，上下运动和夹紧放松由气缸驱动，采用 220V 电磁阀控制，手动、自动指示灯采用 220V 信号灯，手动、自动

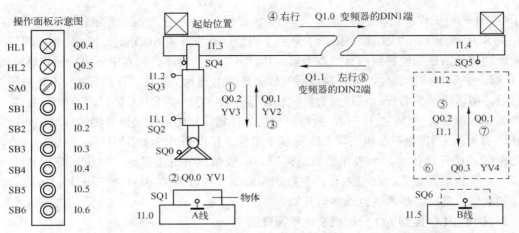

图 4-46　搬运吸吊机 PLC 控制系统输入/输出（I/O）端口现场示意图

转换开关采用 24V 转换开关，手动控制按钮 SB1～SB6 采用普通 24V 按钮，A、B 线物体检测开关采用直流 24V 光电开关，真空压力检测开关采用直流 24V 压力开关。电源开关 QS 采用 220V，10A 组合开关，短路保护熔断器采用 220V，5A，三相异步电动机如果选用 380V，0.4kW。由于输入、输出都是开关量，PLC 选用 S7-200 CPU224 继电器输出型足以满足控制要求。

可以设计出 PLC 控制电气原理图，如图 4-47 所示。

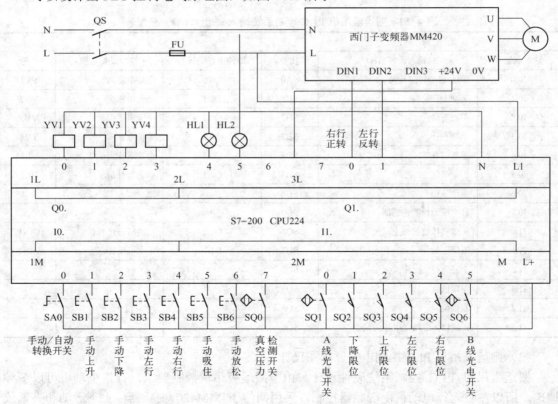

图 4-47　搬运吸吊机 PLC 控制电气原理图

3. 搬运吸吊机 PLC 控制程序设计

该任务的工作过程较简单，属于步进控制的范畴。为了进一步使读者了解 PLC 程序设计方法，采用两种方法设计梯形图。

（1）流程图法 1

1）绘制搬运吸吊机 PLC 控制流程图。

通过分析搬运吸吊机控制要求、工作过程，画出本任务的 PLC 控制系统流程图，如图 4-48 所示。PLC 控制流程图分为手动和自动两个分支，之后合并成一个支路。由于 PLC

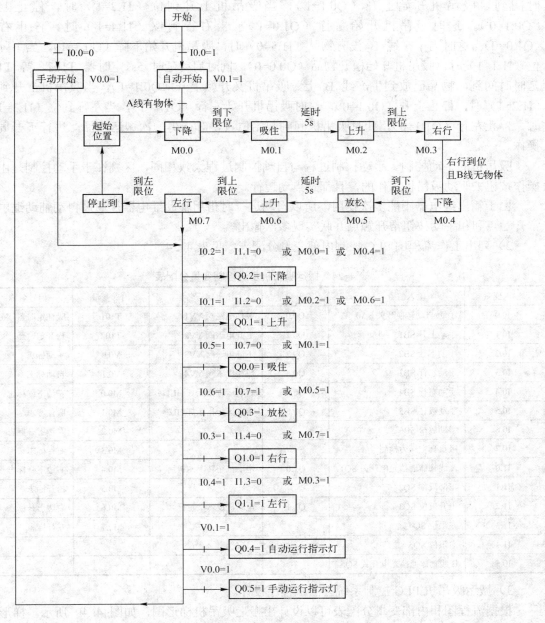

图 4-48　搬运吸吊机 PLC 控制流程图 1

的输出继电器不可以重复使用，所以自动过程采用辅助继电器，自动过程分为 8 个阶段，其实只有 6 个动作和手动过程的动作一样，可以采用并联多重输出。在自动控制过程中，采用延时是为了确保系统运行稳定。

吸吊机的自动控制。首先要回到起始位置，起始位置的条件是吸吊机在左上方，即 SQ2、SQ3 被压合，I1.2=1，I1.3=1 的位置。在自动运行条件允许且生产线 A 上有物品时（I1.0=1），吸吊机开始下降（Q0.2=1），当到达下限位（I1.1=1）时，停止下降（Q0.2=0），吸吊机下降到位后，开始吸住物品（Q0.0=1），同时启动延时 5s 定时器 T101，等 T101 延时时间到，吸吊机开始上升（Q0.1=1），当吸吊机上升到位（I1.2=1）时，停止上升（Q0.1=0），这时吸吊机开始右行（Q1.0=1），当右行到位（I1.4=1）时，停止右行（Q1.0=0）；这时当生产线 B 没有物品（I1.5=0）时，吸吊机开始下降（Q0.2=1），当下降到位（I1.1=1）时，吸吊机开始松开物品（Q0.0=0），同时启动延时 5s 定时器 T102，等 T102 延时时间到，物品已放到生产线 B 上，吸吊机又开始上升（Q0.1=1），当吸吊机上升到位（I1.2=1）时，停止上升（Q0.1=0），这时吸吊机开始左行（Q1.1=1），当左行到位（I1.3=1）时，停止左行（Q1.1=0），此时吸吊机回到起始位置，等待再一次搬运物品，进行下一周期操作。

吸吊机的手动控制。手动控制过程与自动控制过程大致相同，区别在于手动控制是由人操作按钮去驱动吸吊机工作的，且都是点动运行。

由于输出继电器不能多次使用，所以自动运行时借用辅助继电器，通过自动辅助继电器常开触点和和手动按钮常开触点并联实现多次输出。

2）列出工作流程图 PLC 控制内部变量分配表，见表 4-24。

表 4-24　搬运吸吊机步进控制变量分配表

输入变量	输入信号名称	输出变量	输出信号名称	内部变量	信号名称
I0.0	手动/自动转换开关 SA0	Q0.0	吸住电磁阀 YV1	T101	吸住定时器
I0.1	手动上升 SB1	Q0.1	上升电磁阀 YV2	T102	松开定时器
I0.2	手动下升 SB2	Q0.2	下降电磁阀 YV3	V0.0	手动标志
I0.3	手动左行 SB3	Q0.3	放松电磁阀 YV4	V0.1	自动标志
I0.4	手动右行 SB4	Q0.4	自动运行指示灯 HL1	M0.0	左边下降标志
I0.5	手动吸住 SB5	Q0.5	手动运行指示灯 HL2	M0.1	吸住标志
I0.6	手动放松 SB6			M0.2	左边上升标志
I0.7	吸盘真空压力检测			M0.3	右行标志
I1.0	A 线物体遮挡光电开关 SQ1	Q1.0	电动机正转　右行	M0.4	右边下降标志
I1.1	下降限位 SQ2			M0.5	松开标志
I1.2	上升限位 SQ3	Q1.1	电动机反转　左行	M0.6	右边上升标志
I1.3	左限位 SQ4			M0.7	左行标志
I1.4	右限位 SQ5				
I0.5	B 线物体遮挡光电开关 SQ6				

3）搬运吸吊机 PLC 控制系统方法 1 程序设计。

根据流程图和内部变量分配表可以设计出搬运吸吊机梯形图，如图 4-49 所示。梯形图程序说明如下。

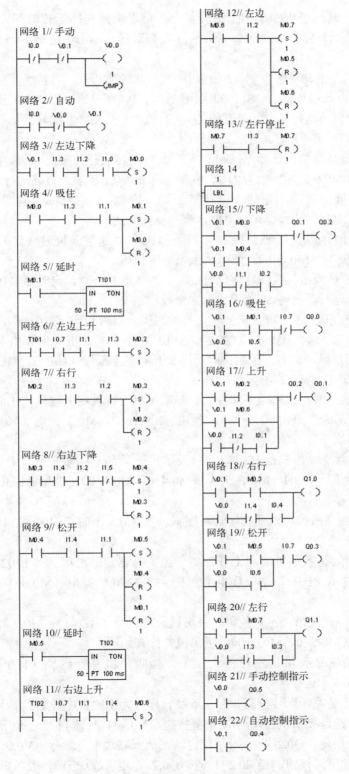

图 4-49 搬运吸吊机 PLC 控制梯形图

搬运吸吊机控制系统程序采用了跳转指令，可以缩短程序运行时间，加快程序运行速度。网络 1 是手动运行标志，网络 2～网络 13 是自动运行标志。网络 14～网络 22 是公共输出程序。

网络 1 的功能是手动跳转控制。I0.0 接手动/自动转换开关，当转换开关拨到手动运行位置（I0.0=0）时，自动运行标志 V0.1 的常闭触点为 1，变量寄存器 V0.0 接通（变量寄存器 V0.0/V0.1 是手动/自动运行标志，是互锁的），手动运行开始，并跳转到标号 LBL 为 1 的网络开始执行以下程序，即手动、自动公用程序。

网络 2 的功能是自动运行标志控制。当手动/自动转换开关拨到自动运行位置（I0.0=1）时，手动运行标志 V0.0 的常闭触点为 1，变量寄存器 V0.1 接通，自动运行开始。

网络 3 的功能是吸吊机左边下降控制。当生产线 A 有物品，且吸吊机在左上位置（I1.0=1、I1.2=1、I1.3=1）时，M0.0 得电，吸吊机开始下降。

网络 4 的功能是吸吊机吸住控制。当吸吊机下降到下限位时（I1.1=1），M0.1 得电（M0.1=1），M0.0 失电（M0.0=0），下降结束，吸位物体。

网络 5 的功能是吸吊机吸住物体延时控制。当 M0.1=1 时，定时器 T101 开始计时，吸吊机开始吸住物体延时，延时 5s 确保物品完全吸住。

网络 6 的功能是吸吊机左边上升控制。当定时器定时时间到（T101=1），并且真空检测传感器 I0.7=1 时，在左下边（I1.1=1、I1.3=1），M0.2 得电（M0.2=1），吸吊机左边上升开始。

网络 7 的功能是吸吊机右行控制。吸吊机上升到左上限位（I1.2=1、I1.3=1），M0.3 得电（M0.3=1），M0.2 失电（M0.2=0），吊机右行开始。

网络 8 的功能是吸吊机右边下降控制。当吸吊机右行到右上限位（I1.4=1、I1.2=1），且生产线 B 没有物品堆放（I1.5=0），M0.4 得电（M0.4=1），M0.3 失电（M0.3=0），吸吊机停止右行，吸吊机再次下降开始。

网络 9 的功能是吸吊机松开控制。当吸吊机下降到右下限位（I1.1=1、I1.4=1）时，M0.5 得电（M0.5=1），M0.4、M0.1 失电（M0.4=0、M0.1=0），吸吊机停止下降，吸吊机松开物体开始。

网络 10 的功能是吸吊机松开物体延时控制。当 M0.5=1 时，定时器 T102 开始计时，延时 5s 确保物品完全松开。

网络 11 的功能是吸吊机右边上升控制。当定时器定时时间到（T102=1）时，并且真空检测传感器 I0.7=0，在右下边（I1.4=1、I1.1=1），M0.6 得电（M0.6=1），吸吊机右边上升开始。

网络 12 的功能是吸吊机左行控制。吸吊机上升到位（I1.2=1），M0.7 得电（M0.7=1），M0.5、M0.6 失电（M0.5=0、M0.6=0），吸吊机左行开始。

网络 13 的功能是吸吊机左行停止控制。当吸吊机左行到位（I1.3=1），M0.7 失电（M0.7=0），吸吊机停止运行。

网络 14 的功能是跳转标号控制。标志着跳转标号为 1 的程序开始。

网络 15 的功能是吸吊机自动/手动下降控制。V0.1=1 标志自动运行开始，当 M0.0 或 M0.4=1 时，Q0.2 得电（Q0.2=1），吸吊机自动左边或右边下降运行；V0.0=1 标志手动运行开始，I0.2 接手动下降按钮，当 I0.2=1 时，Q0.2 得电（Q0.2=1），吸吊机手动下降运行，I1.1 是下降限位，当 I1.1=1 时，Q0.2=0 停止下降。

网络 16 的功能是吸吊机自动/手动吸物体控制。V0.1=1 标志自动运行开始，当 M0.1=1 时，Q0.0 得电（Q0.0=1），吸吊机自动开始吸物体；V0.0=1 标志手动运行开始，I0.5 接手动吸住按钮，当 I0.5=1 时，Q0.0 得电（Q0.0=1），吸吊机手动开始吸物体，当真空检测传感器 I0.7=1 时，停止吸物体。

网络 17 的功能是吸吊机自动/手动上升控制。V0.1=1 标志自动运行开始，当 M0.2 或 M0.6=1 时，Q0.1 得电（Q0.1=1），吸吊机自动左边或右边上升运行；V0.0=1 标志手动运行开始，I0.1 接手动上升按钮，当 I0.1=1 时，Q0.1 得电（Q0.1=1），吸吊机手动上升运行，I1.2 是上升限位，当 I1.2=1 时，Q0.1=0 停止上升。

网络 18 的功能是吸吊机自动/手动右行控制。V0.1=1 标志自动运行开始，当 M0.3=1 时，Q1.0 得电（Q1.0=1），吸吊机自动向右运行；V0.0=1 标志手动运行开始，I0.3 接手动右行按钮，当 I0.3=1 时，Q1.0 得电（Q1.0=1），吸吊机手动向右运行，I1.4 是右行限位，当 I1.4=1 时，Q1.0 失电（Q1.0=0）停止右行。

网络 19 的功能是吸吊机自动/手动松开控制。V0.1=1 标志自动运行开始，当 M0.5=1 时，Q0.3 得电（Q0.3=1），吸吊机自动开始松开物体；V0.0=1 标志手动运行开始，I0.6 接手动松开按钮，当 I0.6=1 时，Q0.3 得电（Q0.3=1），吸吊机手动开始松开物体，当真空检测传感器 I0.7=0 时，停止松开物体。

网络 20 的功能是吸吊机自动/手动左行控制。V0.1=1 标志自动运行开始，当 M0.7=1 时，Q1.1 得电（Q1.1=1），吸吊机自动向左运行；V0.0=1 标志手动运行开始，I0.4 接手动左行按钮，当 I0.4=1 时，Q1.1 得电（Q1.1=1），吸吊机手动向左运行，I1.3 是左行限位，当 I1.3=1 时，Q1.1 失电（Q1.1=0）停止左行。

网络 21 的功能是手动控制指示。当 V0.0=1 时标志手动运行开始，Q0.5 得电（Q0.5=1），手动运行指示灯亮，表明系统处于手动控制工作状态。

网络 22 的功能是吸吊机自动控制指示。当 V0.1=1 时标志自动运行开始，Q0.4 得电（Q0.4=1），自动运行指示灯亮，表明系统处于自动运行工作状态。

（2）流程图法 2

1）画出搬运吸吊机系统 PLC 控制流程图。

进一步分析方法 1 的流程图，可以把手动部分编成一个子程序，自动部分编成一个子程序，这样控制更简洁明了。其搬运吸吊机系统 PLC 控制流程图可以改为如图 4-50 所示。PLC 控制流程图分为手动和自动两个分支，不需要合并，编程简单。手动控制运行采用基本指令编制，由子程序 SBR0 实现；自动控制运行采用步进梯形图编制，由子程序 SBR1 实现。在本任务的流程图中，手动控制分为 6 个动作：点动下降、上升、吸住、放松、左行和右行。自动控制过程可以分为 9 步：S0.0 为第一步，控制吸吊机第一次下降；S0.1 为第二步，控制吸吊机吸住；S0.2 为第三步控制吸吊机第一次上升；S0.3 为第四步，控制吸吊机右行；S0.4 为第五步，控制吸吊机第二次下降；S0.5 为第六步，控制吸吊机松开；S0.6 为第七步，控制吸吊机第二次上升；S0.7 为第八步，控制吸吊机左行；S1.0 为第九步，等待有物体返回第一步。每一个状态就是步进控制的一步，每一步都要有状态开始、控制操作、状态的转移以及状态结束指令。

2）列出内部变量分配表。

采用步进梯形图编程的内部变量分配表，见表 4-25。

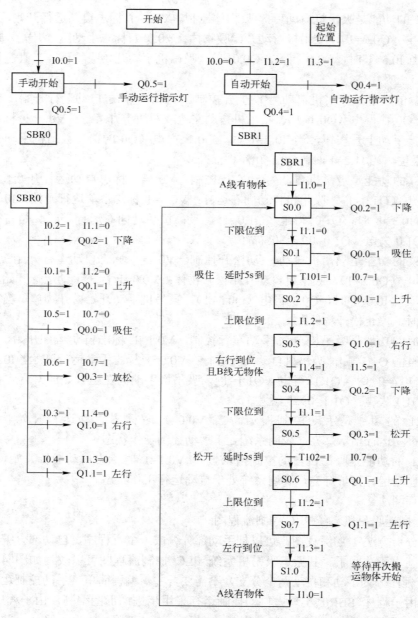

图 4-50 搬运吸吊机 PLC 控制流程图 2

表 4-25 搬运吸吊机步进控制变量分配表

输入变量	输入信号名称	输出变量	输出信号名称	内部变量	信号名称
I0.0	手动/自动转换开关 SB0	Q0.0	吸住电磁阀 YV1	T101	吸住定时器
I0.1	手动上升 SB1	Q0.1	上升电磁阀 YV2	T102	松开定时器
I0.2	手动下降 SB2	Q0.2	下降电磁阀 YV3	M0.1	第一次上升
I0.3	手动左行 SB3	Q0.3	放松电磁阀 YV4	M0.0	第一次下降
I0.4	手动右行 SB4	Q0.4	自动运行指示灯 HL1	M0.3	第二次上升

208

输 入 变 量	输入信号名称	输 出 变 量	输出信号名称	内部变量	信 号 名 称
I0.5	手动吸住 SB5	Q0.5	手动运行指示灯 HL2	M0.2	第二次下降
I0.6	手动放松 SB6			S0.0	步进第一步
I0.7	吸盘真空压力检测	Q1.0	电动机正转右行	S0.1	步进第二步
I1.0	A 线物体遮挡光电开关 SQ1	Q1.1	电动机反转左行	S0.2	步进第三步
I1.1	下降限位 SQ2			S0.3	步进第四步
I1.2	上升限位 SQ3			S0.4	步进第五步
I1.3	左限位 SQ4			S0.5	步进第六步
I1.4	右限位 SQ5			S0.6	步进第七步
I1.5	B 线物体遮挡光电开关 SQ6			S0.7	步进第八步
				S1.0	步进第九步

3）搬运吸吊机 PLC 控制系统方法 2 程序设计。

根据流程图和内部变量分配表可以设计出搬运吸吊机梯形图，如图 4-51 所示。系统是由 OB1、SBR0 和 SBR1 组成的。主程序 OB1 的任务是根据起动信号分别调用手动控制程序 SBR0 和自动控制程序 SBR1。

① 搬运吸吊机 OB1 主程序说明。

网络 1 的功能是手动指示和调用手动控制子程序 SBR0。

网络 2 的功能是自动指示和调用自动控制子程序 SBR1。手动/自动转换开关 I0.0 拨到手动位置（I0.0=1），网络 1 工作，手动运行指示灯亮（Q0.5=1），自动运行指示灯灭（Q0.4=0），Q0.5 的常开触点闭合并调用手动控制子程序 SBR0。手动/自动转换开关 I0.0 拨到自动位

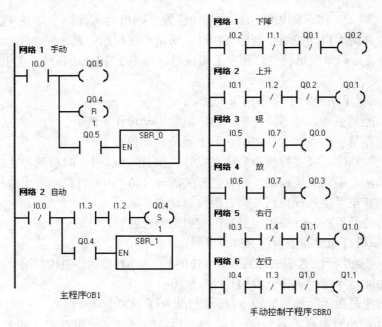

图 4-51 吸吊机 PLC 控制程序参考图

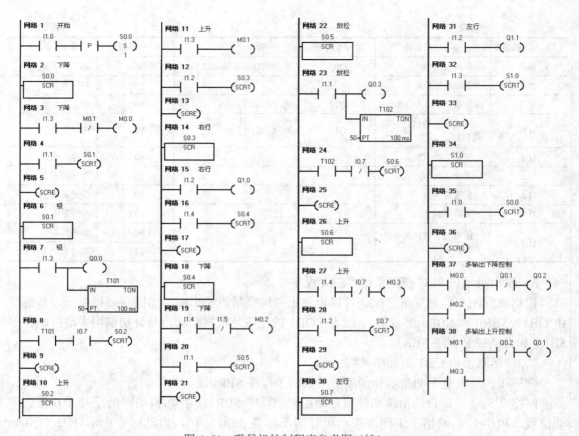

图 4-51　吸吊机控制程序参考图（续）

置（I0.0=0），网络 2 工作，如果吸吊机在起始位置，则自动运行指示灯亮（Q0.4=1），Q0.4 的常开触点闭合并调用自动控制子程序 SBR1。如果不在起始位置，应将手动/自动转换开关 I0.0 拨到手动位置，调整吸吊机气缸到左上限位后，再将手动/自动转换开关 I0.0 拨到自动位置（I0.0=0）即可。

② 搬运吸吊机手动控制子程序 SBR0 说明。

网络 1 的功能是手动点动下降控制，到下限位自动停止下降。

网络 2 的功能是手动点动上升控制，到上限位自动停止上升。

网络 3 的功能是手动吸住控制，到达真空开关闭合（I0.7=1）时自动停止吸住物体。

网络 4 的功能是手动放松控制，到真空开关断开（I0.7=0）时自动停止放松物体。

网络 5 的功能是手动右行控制，到右限位自动停止右行。

网络 6 的功能是手动左行控制，到左限位自动停止左行。

③ 搬运吸吊机自动控制子程序 SBR1 说明。

网络 1 的功能是生产线 A 有物品到来时（I1.0=1）自动转移到步进控制第一步（S0.0=1）。

网络 2 的功能是步进控制第一步的开始（S0.0=1）。

网络 3 的功能是搬运吸吊机左边下降开始 M0.0=1（Q0.2=1）。

网络 4 的功能是吸吊机下降到位（I1.1=1）后，转移到步进第二步（S0.1=1），下降过程结束。

网络 5 的功能是步进第一步结束（S0.0=0）。

网络 6 的功能是步进控制第二步的开始（S0.1=1）。

网络 7 的功能是搬运吸吊机左下方吸住物体（Q0.0=1）开始，并且 T101 开始延时 5s。

网络 8 的功能是延时时间到（T101=1）并且吸吊机已吸住物体（I0.7=1），转移到步进第三步（S0.2=1），吸物体过程结束。

网络 9 的功能是步进第二步结束（S0.1=0）。

网络 10 的功能是步进控制第三步的开始（S0.2=1）。

网络 11 的功能是搬运吸吊机左边上升开始 M0.1=1（Q0.1=1）。

网络 12 的功能是吸吊机上升到位（I1.2=1），转移到步进第四步（S0.3=1），上升过程结束。

网络 13 的功能是步进第三步结束（S0.2=0）。

网络 14 的功能是步进控制第四步的开始（S0.3=1）。

网络 15 的功能是搬运吸吊机右行开始（Q1.0=1）。

网络 16 的功能是吸吊机右行到位（I1.4=1），转移到步进第五步（S0.4=1），右行过程结束。

网络 17 的功能是步进第四步结束（S0.3=0）。

网络 18 的功能是步进控制第五步的开始（S0.4=1）。

网络 19 的功能是右下方生产线 B 上没有物体，搬运吸吊机右边下降开始 M0.2=1（Q0.2=1）。

网络 20 的功能是吸吊机右边下降到位（I1.1=1），转移到步进第六步（S0.5=1），下降过程结束。

网络 21 的功能是步进第五步结束（S0.4=0）。

网络 22 的功能是步进控制第六步的开始（S0.5=1）。

网络 23 的功能是搬运吸吊机放松开始（Q0.3=1），并且 T102 开始延时 5s。

网络 24 的功能是延时时间到（T102=1）并且吸吊机已放开物体（I0.7=0），转移到步进第七步（S0.6=1），放松物体过程结束。

网络 25 的功能是步进第六步结束（S0.5=0）。

网络 26 的功能是步进控制第七步的开始（S0.6=1）。

网络 27 的功能是搬运吸吊机右边上升开始 M0.3=1（Q0.1=1）。

网络 28 的功能是吸吊机上升到位（I1.2=1），转移到步进第八步（S0.7=1），上升过程结束。

网络 29 的功能是步进第七步结束（S0.6=0）。

网络 30 的功能是步进控制第八步的开始（S0.7=1）。

网络 31 的功能是搬运吸吊机左行开始（Q1.1=1）。

网络 32 的功能是吸吊机左行到位（I1.3=1），转移到步进第一步（S1.0=1），左行过程结束。

网络 33 的功能是步进第八步结束（S0.7=0）。

网络 34 的功能是步进控制第九步的开始（S1.0=1），等待下一次搬运开始。

网络 35 的功能是生产线 A 再有物品到来时（I1.0=1）自动转移到步进控制第一步

（S0.0=1）。

网络 36 的功能是步进第九步结束（S1.0=0）。

网络 37 的功能是多输出下降控制。

网络 38 的功能是多输出上升控制。

4．安装与调试

对本系统电气元件的安装与调试应包括以下几个方面。

（1）电气材料检查

根据电气材料明细表，逐项检查元件，包括外观和电气性能，发现坏的及时更换。

（2）硬件安装与调试

首先熟悉电气原理图，其次按电气元件实际尺寸画出控制箱内元器件布局图及接线图，如图 4-52 所示。实验箱可以省略。最后按图安装与接线、检查调试。具体步骤如下。

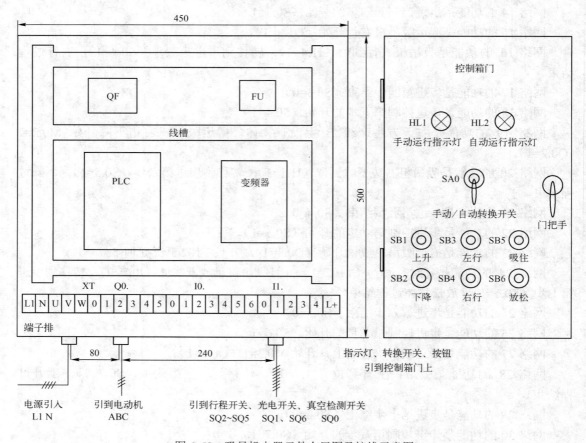

图 4-52　吸吊机电器元件布局图及接线示意图

1）主电路安装调试。按 PLC 控制系统元件布局图和接线图安装元件，并按接线图连接主电路，即变频器控制电动机的电路，连接无误后，根据控制要求，首先对变频器参数进行设定，如 P0003=1，P0004=7，P0003=2，P0700=2，P0701=1，端子 DIN1 为正转，P0702=2，端子 DIN2 为反转，端子 DIN3 为停车，P0703=0 为自由停车，P100=1 面板设定频率，P1080=0，P1082=60，P1120=10s，P1121=10s，P1040=60。通电合上组合开关 QS，给 DIN1 输入 24V 直流电，观察电动机是否正转左行，给 DIN2 输入 24V 直流电，观察电动机是否反转右行，如果不是，则检查变频器参数设定是否正确，直到正确为止。按变频器面板上 功能按钮，观察电动机运行频率与速度，几秒后按下停止按钮，电动机停止运行。

2）控制电路安装调试。按 PLC 控制系统元件布局图和接线图安装元件，并按接线图连接电路。连接无误后，将 PLC 模式选择开关拨到 STOP 位置，接通 PLC 电源，分别按下 SA0、SB1～SB6 和 SQ0～SQ5 观察 PLC 对应的输入指示灯 I0.0～I1.4 是否亮。如有不亮的，则应检查该路接线是否正常。

3）控制箱外部的接线均采用走线槽加以保护。控制箱尽量靠近控制系统，减少不必要的干扰。

（3）软件输入与调试

1）梯形图输入。先将方法 1 的梯形图输入调试，正确后，再将方法 2 的梯形图输入程序调试，比较两种方法的优缺点。具体步骤如下。

① 在断电状态下，连接好计算机与 PLC 的连接电缆 PPI。启动 PLC 与计算机。

② 在计算机上运行 STEP7-Micro/WIN 编程软件，将梯形图程序输入到计算机中，反复检查直到无误后，进行模拟调试，直到可以满足控制要求。

③ 建立 PLC 和计算机的在线通信，将模拟调试好的梯形图程序下载到 PLC 中，并将 PLC 切换到 RUN 运行状态。

2）空载调试。断开主电路的 DIN1～DIN3，将 PLC 模式选择开关拨到 RUN 位置。接通 PLC 控制电路。先手动运行调试，把手动/自动转换开关 SA0 拨到手动位置，观察 PLC 输出 Q0.5 指示灯亮，并且 HL2 手动运行指示灯亮，按下下降按钮 SB1 气缸开始下降，松开按钮停止下降；按下上升按钮 SB2 气缸开始上升，松开按钮停止上升；按下吸住按钮 SB3 吸盘开始吸住，松开按钮停止吸住；按下松开按钮 SB4 吸盘开始放松，松开按钮停止放松；按下右行按钮 SB5 电动机开始右行，松开按钮停止右行；按下左行按钮 SB6 电动机开始左行，松开按钮停止左行。如果有误应检查梯形图是否输入正确，改正后，重新调试，直到手动运行正常。其次进行自动运行调试，把手动/自动转换开关 SA0 拨到自动位置，观察 PLC 输出 Q0.4 指示灯亮，并且 HL1 自动运行指示灯亮，系统应按自动运行方式工作，如果有误应检查梯形图是否输入正确，改正后，重新调试，直到自动运行正常。

3）加载调试。闭合主电路的 DIN1～DIN3，合上组合开关 QS，接通 PLC 控制电路，首先根据设计任务对系统进行手动运行调试，符合手动运行要求后，再对系统进行自动运行调试，观察系统运行情况，应满足自动运行控制要求。若出现故障，应分别检查梯形图和接线是否有误，改正后，重新调试，直至系统按设计要求正确运行。

4.3.5 技能考评

通过本任务的学习和实验训练，对本任务实际掌握情况进行考评，具体考核要求和考核标准见表 4-26。

表 4-26 考核要求和考核标准表

序号	操作内容	技能要求	评分标准	配分	扣分	得分
1	电气检查	能按电气元件明细表正确检查所有元件	发现 1 个元件错误扣 5 分	10		

序号	操 作 内 容	技 能 要 求	评 分 标 准	配分	扣分	得分
2	电路连接	能按 PLC 接线图正确连接电路	发现 1 处接线不正确扣 5 分	15		
3	变频器参数设定	能正确使用变频器 BOP 设定参数	发现 1 处参数设定不正确扣 5 分	25		
4	编写梯形图	能正确使用 S7-200 编程软件，绘制梯形图并下载，及仿真调试	梯形图输入错误扣 20 分，下载不正确扣 5 分，发现 1 处错误扣 5 分	20		
5	PLC 调试	能按任务控制要求调试运行	空载调试未成功扣 5 分，加载调试未成功 1 次扣 10 分，3 次以上调试未成功不给分	30		
本任务得分		指导老师签字： 　　　　　　　　年　月　日				

4.3.6　任务拓展

某生产线起动后，吸吊机可以自动地从 A 线向 B 线搬运物品，其工作结构示意图如图 4-53 所示。当生产线 A 上有物体时能自动搬到生产线 B 上。吸吊机从原始位置开始→下降→吸住物体→上升→右行→下降→松开物体→上升→左行回到起始位置来完成搬运工作。控制要求：①手动控制同本任务。②自动控制左右运行增加高低速。起动段、停车段为低速，频率为 20Hz；中间段为高速，频率为 50Hz。设计一个搬运吸吊机控制系统，PLC 输入/输出分配参考示意图如图 4-53 所示。③增加半自动控制，每起动一次完成一个循环。列出 I/O 分配表，选择电气元器件，画出 PLC 接线图，设计 PLC 控制程序和变频器参数。

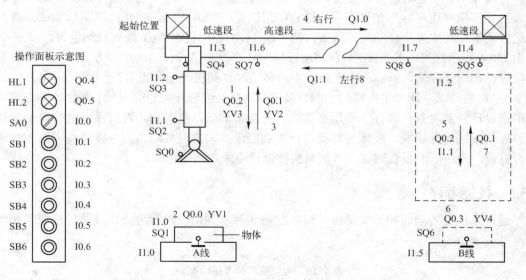

图 4-53　PLC 输入/输出分配参考示意图

4.4 任务4 60m² 高温老化房 PLC 控制

4.4.1 任务目标

1）进一步掌握 S7-200 系列 PLC 的指令的应用。

2）了解 PID 指令的编程方法及应用。

3）掌握模拟量处理模块的接线及使用方法。

4）会根据实际温度要求进行 PID 参数设定。

5）进一步掌握 PLC 控制系统的设计方法和系统的安装与调试方法。

4.4.2 任务描述

在家用电子工业生产中，产品生产过程中都要对产品进行抽样检验，不仅有电器性能指标检验，还有产品的环境试验。环境试验主要包括阻燃试验，跑车试验和寿命试验。其中寿命试验包括高温老化试验、电源波动试验、高温高湿连续运行试验和低温连续运行试验等。在寿命试验中，高温老化试验是模拟热带生活环境的老化试验，这个试验温度的控制要求小于等于 45±2℃，温度的均匀度要求小于等于±5℃，从常温到高温的升温时间要求小于等于 30min，湿度的控制要求在 40%～75%。

本任务是设计 60m² 高温老化房温度控制系统及产品老化电源。老化房中的温度可以设定，设定值为 45℃，温度的控制精度小于等于±2℃，温度的均匀度小于等于±5℃，不考虑升温时间和湿度要求。产品老化时间（连续运行时间）可设定，设定值为 72h。其试验工艺流程如图 4-54 所示。

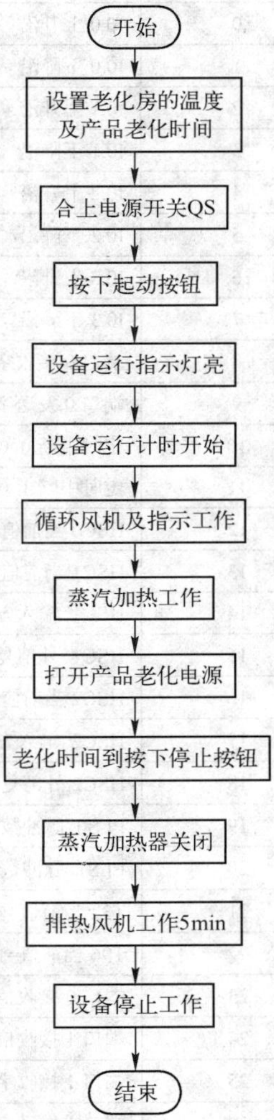

4.4.3 相关知识

1. 中断控制指令

PLC 的 CPU 在整个控制过程中，控制的进行取决于外部设备的请求和 CPU 的响应，当 CPU 在接受了外部设备的请求时，就要暂停其当前的工作，去完成外部过程的请求，这种工作方式就叫做中断方式。

（1）中断事件与中断程序

在启动中断程序之前，必须使用中断连接指令（ATCH）使中断事件与发生此事件时希望执行的程序段建立联系。只有将中断事件与中断程序连接，在发生中断事件时，才能去执行中断程序，处理中断事件。

使用中断分离指令（DTCH）可以删除中断事件与中断程序之间的联系，从而关闭单个

图 4-54 老化试验工艺流程图

215

中断事件。

S7-200 PLC 可以引发的中断事件总共有 5 大类 34 项，其中输入信号引起的中断事件有 8 项，通信口引起的中断事件有 6 项，定时器引起的中断事件有 4 项，高速计数器引起的中断事件有 14 项，脉冲输出指令引起的中断事件有 2 项，具体见表 4-27。

表 4-27　34 个中断事件

事件号	中断描述	CPU 221	CPU 222	CPU 224	CPU 226
0	I0.0 上升沿	有	有	有	有
1	I0.0 下降沿	有	有	有	有
2	I0.1 上升沿	有	有	有	有
3	I0.1 下降沿	有	有	有	有
4	I0.2 上升沿	有	有	有	有
5	I0.2 下降沿	有	有	有	有
6	I0.3 上升沿	有	有	有	有
7	I0.3 下降沿	有	有	有	有
8	端口 0 接收字符	有	有	有	有
9	端口 0 发送字符	有	有	有	有
10	定时中断 0（SMB34）	有	有	有	有
11	定时中断 1（SMB35）	有	有	有	有
12	HSC0 当前值=预置值	有	有	有	有
13	HSC1 当前值=预置值			有	有
14	HSC1 输入方向改变			有	有
15	HSC1 外部复位			有	有
16	HSC2 当前值=预置值			有	有
17	HSC2 输入方向改变			有	有
18	HSC2 外部复位		有	有	有
19	PLS0 脉冲数完成中断	有	有	有	有
20	PLS1 脉冲数完成中断	有	有	有	有
21	T32 当前值=预置值	有	有	有	有
22	T96 当前值=预置值	有	有	有	有
23	端口 0 接收信息完成	有	有	有	有
24	端口 1 接收信息完成				有
25	端口 1 接收字符				有
26	端口 1 发送字符				有
27	HSC0 输入方向改变	有	有	有	有
28	HSC0 外部复位	有	有	有	有
29	HSC4 当前值=预置值	有	有	有	有
30	HSC4 输入方向改变	有	有	有	有
31	HSC4 外部复位	有	有	有	有
32	HSC3 当前值=预置值	有	有	有	有
33	HSC3 当前值=预置值	有	有	有	有

（2）中断指令简介

1）中断连接指令（ATCH）。

中断连接指令是由指令的允许端 EN、指令助记符 ATCH、中断程序入口号 INTn（n 为 0～127）和中断事件的事件号 EVNT（0～33）构成。梯形图如图 4-55 所示。中断连接指令 ATCH 使中断事件 EVNT（0～33）与中断程序入口号 INTn（n 为 0～127）相联系，并启动中断事件。

2）中断分离指令（DTCH）。

中断分离指令是由指令的允许端 EN、指令助记符 DTCH 和中断事件的事件号 EVNT（0～33）构成。梯形图如图 4-56 所示。中断分离指令 DTCH 取消中断事件 EVNT（0～33）与全部中断程序之间的联系，并关闭此中断事件。

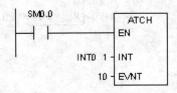

图 4-55　中断连接指令梯形图　　　　　图 4-56　中断分离指令梯形图

3）中断返回指令（RETI）。

中断返回指令是条件返回指令，助记符为 RETI，可以根据先前逻辑条件从中断程序返回。梯形图如图 4-57 所示。

4）中断允许指令（ENI）。

中断允许指令，其助记符为 ENI。梯形图如图 4-58 所示。

5）中断禁止指令（DISI）。

中断禁止指令，其助记符为 DISI。梯形图如图 4-59 所示。

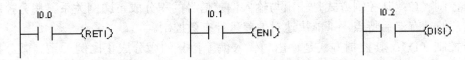

图 4-57　中断返回指令梯形图　　　图 4-58　中断允许指令梯形图　　　图 4-59　中断禁止指令梯形图

6）中断程序编程步骤。

① 建立中断程序 INTn（同建立子程序方法相同）。

② 在中断程序 INTn 中编写应用程序。

③ 编写中断连接指令 ATCH 和中断允许指令 ENI。

④ 如果需要，编写中断分离指令 DTCH。

关于定时中断：定时中断 0 和定时中断 1，定时周期以 1ms 为增量单位，范围为 5～255ms。SMB34 存放定时中断 0 的时间周期，SMB35 存放定时中断 1 的时间周期，当定时时间到，执行定时中断程序。通常使用定时中断来对模拟量输入信号进行采样或执行一个 PID 控制回路。

定时中断读取一个模拟量输入的编程举例，梯形图如图 4-60 所示。其中主程序 OB1

只有一个网络，其功能是当 PLC 通电以后首次扫描（SM0.1=1），并进行初始化，然后设定定时中断 0 时间间隔为 100ms。传送指令 MOV 把 100 存入 SMB34 中，即定时中断 0 的时间间隔为 100×1ms=100ms，而定时连接指令 ATCH 则是把定时中断 0 的中断程序入口号设为 INT0，中断事件号为 10，并对该事件执行允许中断 ENI 指令，只有这样中断事件才能真正被执行。

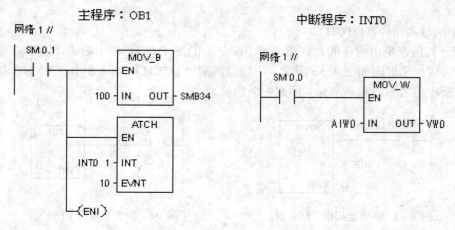

图 4-60　定时中断读取一个模拟量的编程

中断服务程序 INT0 的功能是每 100ms 执行一次读取模拟量 AIW0 的操作，并将这个数值传送给 VW0。

2. PID 控制指令

S7-200 CPU 提供 PID 控制指令，PID 控制是比例、积分、微分闭环控制。

比例控制（P）：其控制方式是输出与输入的偏差信号成比例关系。比例控制是一种最简单的控制方式，其特点是反应快，控制及时，但不能消除余差。

积分控制（I）：其控制方式是输出与输入偏差信号的积分成正比例关系。积分控制可以消除余差，但具有滞后特点，不能快速对偏差进行有效控制。

微分控制（D）：其控制方式是输出与输入偏差信号的微分成正比例关系。微分控制具有超前作用，它能预测偏差变化的趋势，避免较大的偏差出现，但不可以消除余差。

P、I、D 控制有各自的优缺点，一起使用它们可以相互制约，只要合理地选择 PID 参数值，就可以获得较高的控制质量。

（1）PID 算法

PID 闭环控制系统框图如图 4-61 所示。PID 控制输出数值 $Y(t)$，是将偏差 $e(t)$ 调整为零，使系统达到稳定运行状态。偏差 $e(t)$ 是给定值 $SP(t)$ 和过程变量值 $PV(t)$ 的差。如系统控

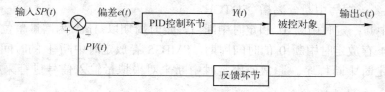

图 4-61　PID 闭环控制系统框图

制温度，则偏差就是给定的温度值与现场实际温度值的差。PID 控制是以以下离散化公式为基础，进行逐项分析，其中输出 $Y(t)$ 被表示成比例项、积分项和微分项的函数。

离散化的 PID 输出运算模型：

$$Yn= Kc *(SPn-PVn)+ Kc*Ts/Ti(SPn-PVn)+YX+ Kc*Td/Ts(PVn-l-PVn)$$

其中：Yn 为采样时刻，PID 运算输出；

Kc 为 PID 运算的比例系数；

SPn 为 PID 运算的设定值；

PVn 为 PID 运算的实际采样值；

Ts 为 PID 运算的采样时间；

Ti 为 PID 运算的积分时间；

Td 为 PID 运算的微分时间；

YX 为 PID 运算的积分前项；

$PVn-l$ 为 PID 运算的实际采样前值。

（2）PID 控制指令

PID 控制指令是由 PID 控制指令助记符（PID）、指令启动条件输入端 EN、PID 运算参数表 TBL 和 PID 指令的回路号 LOOP 构成。梯形图如图 4-62 所示。PID 控制指令必须用在定时中断程序中。当定时中断被允许时，PID 控制指令根据参数表 TBL 中的数据定时进行 PID 运算，运算的结果送回参数表 TBL 中，并得到输出控制量。其中 TBL 表为连续的 36 个字节 VB 存储器，LOOP 为常数（0～7）最多可控制 8 个过程变量，如温度、压力、流量等。

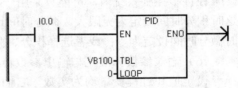

图 4-62 PID 控制指令梯形图

（3）PID 控制 TBL 参数表

PID 控制指令是根据参数表（TBL）内的输入/输出参数信息进行 PID 运算，程序内可使用 8 条 PID 控制指令。每一条 PID 控制指令必须有自己的参数表 TBL 和回路 LOOP 号。PID 控制的参数表有 9 个参数，占用 36 个字节的空间，具体见表 4-28。

表 4-28　PID 控制参数表（TBL 表）

偏移地址（VB）	变量名	数据格式	输入/输出类型	取值范围
0	过程反馈变量 PVn	双字实数	输入	在 0.0～1.0
4	设定值 SPn	双字实数	输入	在 0.0～1.0
8	输出值 Yn	双字实数	输入/输出	在 0.0～1.0
12	增益 Kc	双字实数	输入	比例常数，可正可负
16	采样时间 Ts	双字实数	输入	以秒为单位，是正数
20	积分时间 Ti	双字实数	输入	以分为单位，是正数
24	微分时间 Td	双字实数	输入	以分为单位，是正数
28	积分前项值 YX	双字实数	输入/输出	在 0.0～1.0
32	过程变量前值 $PVn-l$	双字实数	输入/输出	最后一次 PID 运算的过程变量值

（4）PID 参数说明

1）PLC 可同时对多个生产过程（回路）实行闭环控制。由于每一个生产过程的具体情况不同，其 PID 算法的参数也不同。因此，需要建立每一个控制过程的参数表，用于存放控制算法的参数和过程中的其他数据。需要作 PID 运算时，从参数表中读取数据进行运算，待运算完毕后，将数据结果再送回参数表。

2）参数表中的设定值 SPn 和过程反馈变量值 PVn 为 PID 算法的输入数据，只可由 PID 控制指令读取，而不可更改；通常设定值来自人机对话设备，如拨码盘、TD200 触摸屏、组态监控系统等，而过程反馈变量值来自模拟量输入模块。

3）参数表中的输出值 Yn 由 PID 控制指令计算得出，仅当 PID 控制指令完全执行完毕才予以更新。该值还需要用户通过编程把 0.0～1.0 的数转换成工程标定的 16 位数字值，送往 PLC 的模拟量寄存器 AQWX。

4）参数表中增益 Kc、采样时间 Ts、积分时间 Ti 和微分时间 Td 都是用户事先编入的值。通常也可以通过人机设备写入。

5）参数表中的积分前项值 YX 和过程变量前值 $PVn-1$ 由 PID 算法更新，为下一次 PID 运算的输入值。

（5）控制方式的选择，即 PID 算法的选择

在许多控制系统内，可能只采用一种或两种控制。比如，只选择比例项（为比例控制），这时积分时间设定为无限大，微分时间设定为零；或者选择比例、积分两项（为 PI 控制），这时微分时间设定为零；或者选择积分、微分两项（为 ID 控制），这时比例系数设定为 1。

（6）输入参数标准化与输出参数转换

设定值和过程变量均为实数，它们的大小、范围及工程单位可能不同。在使用 PID 控制指令之前，必须转换为 0.0～1.0 的标准化数值，称之为归一化处理。单极性一般为设定值 /32000，双极性为设定值/64000。经过模数转换的输入量（如温度传感器的温度值），只需把整数型的数据转换为实数型的数据即可，通过以下三句指令就可以实现整数转换为实数。

```
MOVW AIW0,AC1        把模拟量输入端口 AIW0 传送到累加器 AC1
DTR   AC1,AC1        把累加器 AC1 的整数转换成实数送回累加器
MOVR AC1,VD100       把累加器 AC1 的实数传送到变量寄存器 VD100 中
```

输出量是标准化的 0.0～1.0 的实数数值。在 PLC 输出控制模拟量之前，必须转换成 16 位的、成比例的整数数值。只需要用以下两句指令就可以实数转换为双整数，双整数再转换为整数。

```
ROUND AC1, AC1
DTI    AC1, VW34
```

（7）PID 的参数整定

1）整定比例控制系数 Kc。比例控制作用由小到大，Kc 从 1.0 到 0.0 逐渐减小，观察并绘制各次响应曲线，直到得到反应快、超调量小的响应曲线。记下比例控制系数 Kc 的值，比如 0.5。

2）整定积分环节的积分时间 Ti。先将比例系数减小为 $50\%Kc$。再将积分时间置为 10min，观察测绘响应曲线，然后加减积分时间，减小或加大积分控制作用，同时相应地调

整比例系数，反复试验直至到达满意的响应曲线，确定比例和积分的参数。

3）整定微分环节的积分时间 Td。先设置微分时间 $Td=0$ 然后逐渐加大，同时相应地调整比例系数和积分时间，反复试验直至到达满意的响应曲线，确定比例、积分和微分的控制参数。

本任务的 PID 参数初次设定值为 $Kc=0.5$，$Ts=100ms$，$Ti=4min$，$Td=1min$。

4.4.4 任务实施

1. 控制要求

合上电源开关 QS 前要设定温度值为 45℃和老化时间为 72h（通过拨码开关 BCD 输入）。设定好后，合上电源开关，PLC 控制系统开始工作。按下设备起动按钮 SB1，设备运行指示灯 HL1 亮，系统开始定时检测老化房温度，当 PLC 检测到老化房的实际温度，如果小于设定值 45℃时，且小于控温精度要求的 43℃时，系统开始加热；如果大于设定值 45℃，且大于控温精度要求的 47℃时，系统开始排热气。设备开始工作后，自动接通老化产品电源，产品开始老化，当老化时间大于等于设定的老化时间 72h 后，系统自动关闭蒸汽加热器，并开启排热风机，5min 后自动停机。按下停止按钮后系统首先关闭蒸汽加热器，然后要排热 5min，之后系统停止工作。按下急停按钮切断产品老化电源，旋开急停按钮产品老化电源重新接通。

本系统测温元件选用 PT100 热敏电阻，测温范围为 0～200℃。温度的采集需要通过 PLC 的模拟量输入端口，采样周期为 100ms。加热元件是干蒸汽加热器，加热是通过控制蒸汽管道上的电动阀门，电动阀门开得大，蒸汽流量大加热快，升温迅速，电动阀门开得小，蒸汽流量小加热慢，升温较缓；控制电动阀门的输入电压为直流 0～5V。温度采用 PLC 中的 PID 控制，通过 PLC 的模拟量输出端口输出，确保控温精度。为了保证温度的均匀度，采用一个循环风机，使老化房内空气上下左右流动。还设置一个超温排热气风机，降低老化房温度，其中循环风机要有运行指示。另外，产品老化电源 AC220V，由一个接触器控制。

2. 确定老化房 PLC 控制 I/O 分配及电气原理图

（1）老化房 PLC 控制任务分析

本系统是一个老化房的 PLC 温度控制系统。在老化房的 PLC 温度控制系统中，需要 1 个设备起动按钮 SB1、1 个停止按钮 SB2 和 1 个急停按钮 SB3，还需要 1 个测温传感器 PT100，4 个设定温度和时间的拨码开关，1 个进干蒸汽电动阀门 DV，1 个保证老化房内温度分布均匀的循环风机和 1 个超温和停机排热风机，1 个产品老化电源控制接触器，以及设备运行、循环风机运行、老化电源运行和排热风机运行 4 个指示灯。

通过分析老化房的控制要求，不难看出，老化房 PLC 控制需要 19 个开关量输入端，1 个模拟量输入端，7 个开关量输出端和 1 个模拟量输出端。所以系统可以选用有 24 个开关量输入端和 16 个开关量输出端的，并能提供 DC5V，660mA 电源供扩展单元使用的 S7-200 CPU 226 PLC 和有 4 路模拟量输入和 1 路模拟量输出，消耗 DC 5V，电流 10mA 模拟量输入/输出模块 EM235，就可以满足系统控制要求。

（2）老化房 PLC 控制输入/输出（I/O）点设计

通过分析老化房控制系统的要求，列出了老化房 PLC 控制 I/O 分配表，见表 4-29。

表 4-29　老化房 PLC 控制 I/O 分配表

输入（I）			输出（O）		
输入点编号	输入设备名称	代号	输出点编号	输出设备名称	代号
I0.0	设备起动按钮	SB1	Q0.0	设备运行指示	HL1
I0.1	设备停止按钮	SB2	Q0.1	循环风机运行指示	HL2
I0.2	产品老化电源急停按钮	SB3	Q0.2	产品电源运行指示	HL3
I1.0～1.7	2 位老化温度设定开关		Q0.3	循环风机	KM1
			Q0.4	排热风机	KM2
I2.0～2.7	2 位老化时间设定开关		Q0.5	产品电源	KM3
			Q0.6	排热风机运行指示	HL4
AIW0	热电偶老化房实际温度检测		AQW0	加热器蒸汽电动阀门	YV1

（3）老化房 PLC 控制电气原理图设计

根据表 4-29，可以设计出 PLC 控制系统外部接线示意图，如图 4-63 所示。

3. 老化房 PLC 控制程序设计

本系统主要是让读者学会采用 PID 控制算法对老化房进行 PLC 恒温控制。根据老化房工作过程可以把产品老化过程分成两步。第一步是加热控温阶段。这一阶段是送循环风、送气和控温。第二步是排气、降温阶段，且输入是温度，输出是幅值可调的伺服电压和电流。模拟输入量如何处理、模拟输出量如何处理和 PID 控制指令如何使用是系统程序设计的难点。学好这一部分可以为以后编制类似程序打下一个良好的基础。

（1）列出内存变量分配表

为了便于分析程序，首先列出程序中所用的内部变量，见表 4-30。

表 4-30　老化房 PLC 控制内部变量一览表

模块号	输入变量	输入信号名称	输出变量	输出信号名称	内存变量	信号名称
CPU226	I0.0	起动按钮	Q0.0	设备运行指示灯	C0	运行时间计数器
	I0.1	停止按钮	Q0.1	循机风机运行指示灯	M0.0	起动标志
	I0.2	急停按钮	Q0.2	产品老化电源指示灯	M0.1	控温标志
			Q0.3	循环风机接触器	M0.2	控温结束标志
			Q0.4	排热风机接触器	VD0	温度中间变量
			Q0.5	产品电源接触器	VD10	时间之间变量
			Q0.6	排热风机运行指示灯	VD100	PID 测温变量
	I1.0～1.7	老化温度设定 BCD 拨码开关			VD104	温度设定值
					VD108	PID 输出值
					VD112	PID 增益 Kc
					VD116	PID 采样时间 Ts
	I2.0～2.7	老化时间设定 BCD 拨码开关			VD120	PID 积分时间 Ti
					VD124	PID 微分时间 Td
					VD128	PID 积分前项
					VD132	PID 过程变量前项
EM235	AIW0	老化房实际温度输入热电偶 TP100	AQW0	输出加热器蒸汽电动阀门的调压模块	VW310	PID 输出值转换为调压模块的输入数字量

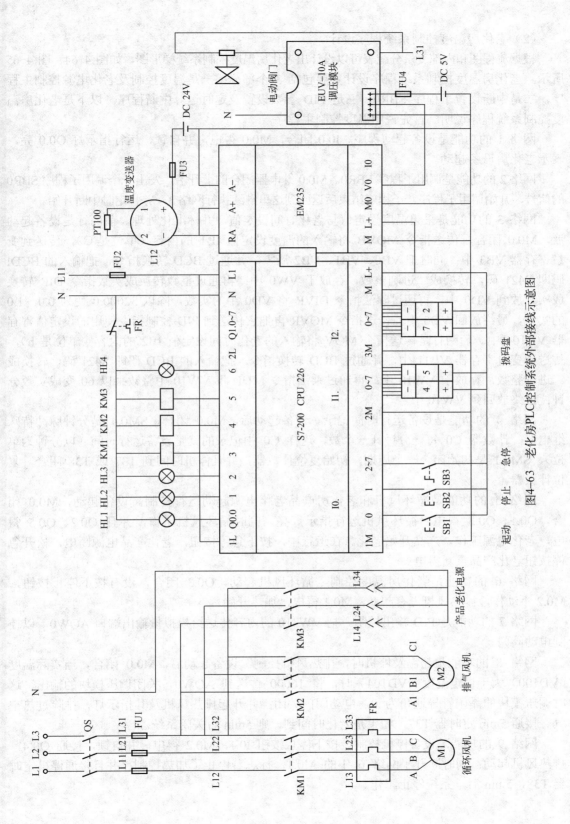

图4-63 老化房PLC控制系统外部接线示意图

223

（2）老化房温度控制系统程序设计

根据流程图和内部变量分配表可以设计出老化房温度控制系统梯形图，如图 4-64、图 4-65 所示。老化房温度控制系统程序设计主要包括 3 个部分：一是温度控制及老化电源控制主程序，二是中断设置子程序 SBR0，三是 PID 参数设置及定时运算中断程序。以下是老化房温度控制系统程序说明。首先说明温度控制主程序。

网络 1 的功能是设备起动程序。I0.0 闭合，M0.0 得电，并自锁，运行指示灯 Q0.0 亮，表示老化房设备起动。

网络 2 的功能是调用子程序 SBR0。M0.0 继电器闭合的上升沿，发出一个调用子程序 SBR0 的信号，开始调用子程序。子程序结束后返回到这里继续执行网络 3，并且定时中断开始。

网络 3 的功能是采集温度设定值与老化时间设定值，并标准化处理。前两行是设备起动后，M0.0 闭合，传送指令 MOVB 将输入的温度设定值 IB1 的内容（单位是℃），传送到变量寄存器 VB3 中；同时把 VB0、VB1、VB2 清零，并通过 BCD 转换指令，把输入的 BCDI 码即 8421 码，转换成二进制整数，存放于 VW0 中；再通过整数转换成实数指令 DIR 转换成实数放到 VD0 中，再通过除法指令 DIVR 将 VD0 中的实数，除以 32000.0 变为 0.0～1.0 的实数，最终放回 VD0 中。传送指令 MOVR 再把它传送到 PID 控制指令使用的设定值寄存器 VD104 中。后两行是传送指令 MOV 将输入的老化时间设定值 IB2 的内容（单位是 h），传送到变量寄存器 VB11 中，并通过 BCD 转换指令，把输入的 BCD 码即 8421 码，转换成二进制整数，存放于 VW10 中；再通过乘法指令 MUL 将 VW10 中整数乘以 60 变成实数分钟；最终放回到 VW10 中。

网络 4 的功能是设备运行时间记录。设备起动后，M0.0 闭合，SM0.4 是分钟脉冲特殊继电器，计数器 C0 每一分钟计一个数，这样 C0 中记录的就是设备运行时间（以分钟为单位），SM0.1 是初始闭合一个周期，初始复位计数器，并且停机时间到 T37 或 T38 闭合，复位计数器。

网络 5 的功能是循环风机和老化房产品老化电源起动运行控制。设备起动，M0.0 闭合，Q0.1、Q0.3 得电，循环风机运行指示灯亮，同时循环风机工作，并且 Q0.2、Q0.5 得电，老化电源工作，产品开始老化。在运行中，按下急停按钮，老化产品电源断电，松开急停按钮老化产品重新得电。

网络 6 的功能是老化房温度控制。循环风机起动，Q0.3 闭合，没有按下停止按钮，M0.2 不动作，排热风机没有起动，M0.1 得电，加热开始。

网络 7 的功能是 PID 输出控制。把 VW310 的内容传送给模拟量输出端口 AQW0，以控制电动阀门。

网络 8 的功能是超温及停机时，排热风机控制。设备起动后，M0.0 闭合，当实际温度（VD100）大于设定温度（VD104）时，将 16000 传送到 AQW0，关闭调压模块的输出，这时调压模块的晶闸管导通角为 0，电动阀门关闭；并开起排热风机及其指示灯，排除过热空气。接通 5min 定时器 T37，如果是老化时间到，则 5min 后关闭系统。

网络 9 的功能是设备停机控制。按下停止按钮 I0.1，M0.2 得电，并自锁，接通 Q0.4，排热风机起动；同时断开了网络 6 中的 M0.1，标志着停止了加热控制；并且接通停机定时器 T38，5min 后，系统停止工作。

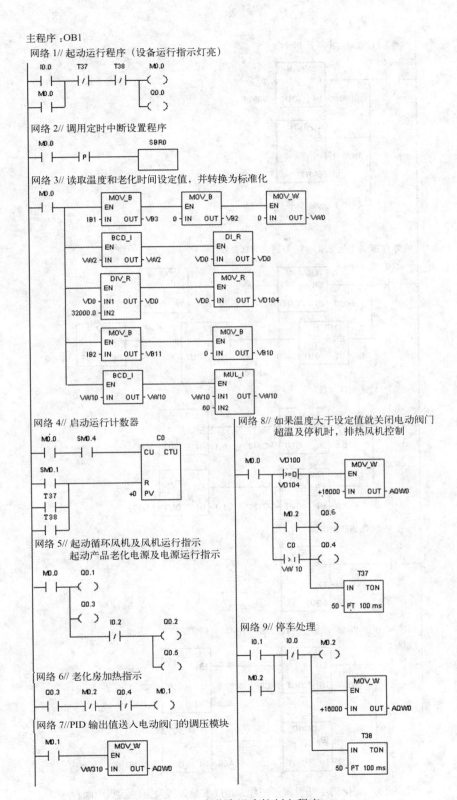

图 4-64　老化房温度控制主程序

225

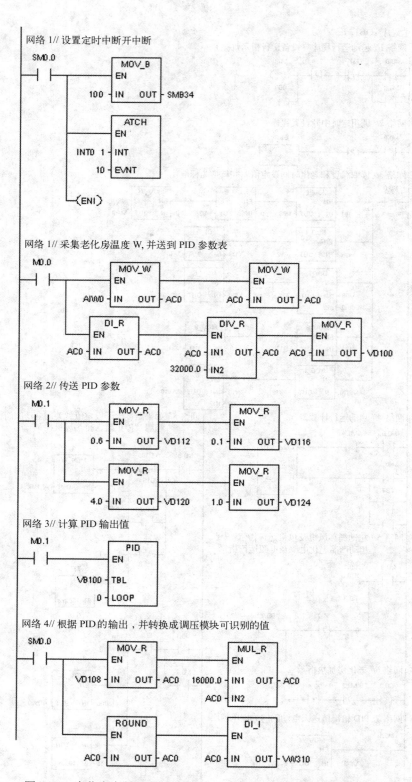

图 4-65　老化房中断设置子程序、PID 参数设置及定时运算中断程序

226

其次说明子程序 SBR0。如图 4-65 所示。SM0.0 是开机闭合特殊断电器，传送指令把 100 送给了特殊内部继电器 SM34，表示定时中断的时间间隔为 100ms，中断连接把中断 0（INT0）和中断事件 10（引起中断的事件）连接，表示为定时中断 0，中断服务程序在 INT0 中，ENI 是开启中断。

最后说明中断服务程序 INT0。INT0 的功能是定时读取老化房内部温度，根据给定的 PID 参数进行 PID 运算，对系统进行控制。

网络 1 是当前 AIW0 的数据并将其转换为标幺值，输入 VD100 中。

网络 2 是把各个 PID 参数送入 PID 数据表中。

网络 3 是进行 PID 运算，将其输出值存储于 VD108 中。

网络 4 是将 PID 的输出转换为调压模块的输入量，送到 VW310 中，通过 VW310 把数据传送到 AQW0 输出，最终控制电动阀门。

4．安装与调试

对本系统电气元件的安装调试应包括以下几个方面。

（1）电气材料检查

根据 PLC 控制系统电气材料明细表，并逐项检查电气元件及测绘，发现坏的及时更换。

（2）硬件安装与调试

按 PLC 控制系统图画出电气控制箱内元器件布局图及接线图，如图 4-66 所示，并按图安装电气元件和连接电路及调试。

1）主电路安装调试。按 PLC 控制系统元件布局图及接线图安装所有元件，并按接线图连接主电路，主要包括循环风机、排气风机和产品老化电源电路。引入老化房内部的导线采用耐高温防水电缆。本任务主电路电动机及产品老化电源接线时要采用高温电缆，以确保导线在高温时不损坏，防止故障产生。

2）控制电路安装调试。按 PLC 控制系统元件布局图和走线图安装元件，并按接线图连接控制电路，主要包括温度传感器、电动蒸汽阀门、PLC 输入、输出元件电路。连接无误后，将 PLC 模式选择开关拨到 STOP 位置。在 PLC 停止运行状态下加电，分别按下 SB1～SB3 和拨动拨码盘到 8888，观察输入指示灯 I0.0～I0.2，I1.0～I2.7 是否亮。如有不亮的，应检查该路接线是否正常。

（3）梯形图输入与系统调试

1）在断电状态下，连接好计算机与 PLC 的连接电缆 PPI。启动 PLC 与计算机。在计算机上运行 STEP7-Micro/WIN 编程软件，将梯形图程序输入到计算机中，反复检查直到无误后，进行模拟调试，直到可以满足控制要求。建立 PLC 和计算机的在线通信，将模拟调试好的梯形图程序下载到 PLC 中，并将 PLC 转换到 RUN 运行状态。

2）空载调试。断开主电路，并将 PLC 模式选择开关拨到 RUN 位置，接通 PLC 控制电路。如果有误，应检查梯形图是否输入正确，改正后，重新调试，直到自动运行正常为止。

3）加载调试。闭合主电路，合上组合开关 QS，接通 PLC 控制电路，首先根据设计任务对系统进行调试，若出现故障，则应分别检查梯形图和接线是否有误，改正后，重新调试，直至系统按设计要求正确运行为止。

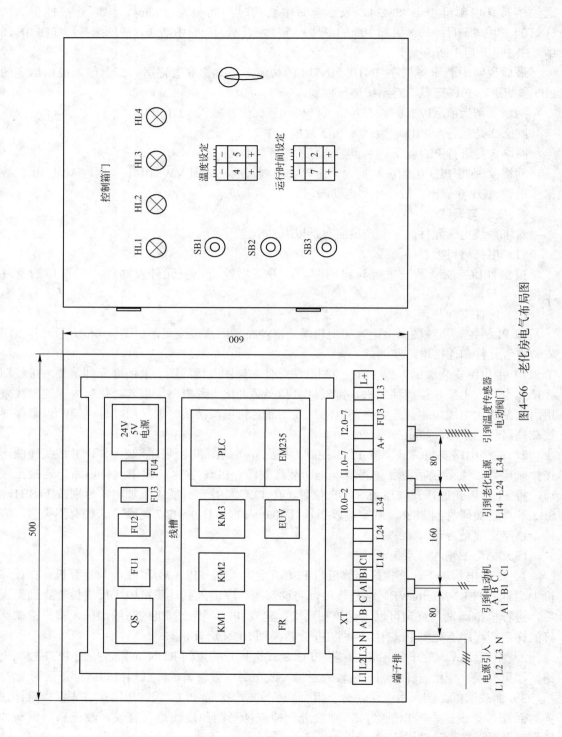

控制箱门

HL1 ⊗　HL2 ⊗　HL3 ⊗　HL4 ⊗

SB1 ◎

SB2 ◎

SB3 ◎

温度设定

－	4	5	－
＋			＋

运行时间设定

－	7	2	－
＋			＋

600

500

QS　FU1　FU2　FU3 FU4

24V
5V
电源

线槽

KM1　KM2　KM3

PLC

FR　　EUV

EM235

XT

端子排

L1	L2	L3	N	A	B	C	A	B	C

L14　L24　L34　I0.0~2　I1.0~7　I2.0~7

L14　L24　L34　A+　FU3　L13

L+

电源引入
L1 L2 L3 N

80

引到电动机
A B C
A1 B1 C1

160

引到老化电源
L14 L24 L34

80

引到温度传感器
电动阀门

图4-66　老化房电气布局图

228

4.4.5 技能考评

通过本任务的学习和实验训练，对本任务实际掌握情况进行考评，具体考核要求和考核标准见表 4-31。

表 4-31 考核要求和考核标准表

序号	操作内容	技能要求	评分标准	配分	扣分	得分
1	电气检查	能按电气元件明细表正确检查所有元件	发现 1 个元件错误扣 5 分	15		
2	电路连接	能按 PLC 接线图正确连接电路	发现 1 处接线不正确扣 5 分	30		
3	编写梯形图	能应用 S7-200 编程软件，能按 PLC 程序图正确绘制梯形图并下载	梯形图输入错误扣 30 分，下载不正确扣 5 分，发现 1 处错误扣 10 分	35		
4	PLC 调试	能按任务控制要求调试运行	空载调试未成功 1 次扣 5 分，加载调试未成功 1 次扣 10 分，3 次以上调试成功不给分	20		
本任务得分			指导老师签字： 年　月　日			

4.4.6 任务拓展

设计一个老化房。老化房要求：①老化房温度可以设定。设定值为 45℃，温度的控制精度小于等于±2℃，并且温度的均匀度小于等于 5℃。采用红外加热管加热，采样周期为 10s。②有老化房内温度显示功能，只显示整数部分。③有超温报警功能。加热器出口温度大于 100℃时，断开加热器控制电路电源；故障指示灯闪亮；蜂鸣器响，故障排除后，自动停止。

模块 5　PLC 的功能模块及通信

S7-200 PLC 包含了许多的扩展模块和特殊功能模块。当主机 I/O 点数不够用或系统要完成某些特殊功能任务时,这些模块就起到了非常重要的作用。

5.1　PLC 模数扩展模块应用

在 PLC 型号确定以后,其主机所带有的 I/O 点数及类型就已经基本确定了。但由于系统功能的需要,所需要采集的控制参数是不确定的,其模拟量输入/输出和数字量输入/输出端口有可能出现不够用的情况。这时就需要根据系统控制情况对 PLC 进行模块扩展。

5.1.1　任务 1　认识数字量扩展模块

常用的数字量扩展模块及参数见表 5-1。

表 5-1　数字量扩展模块参数

货　号	扩 展 模 块	数字量输入	数字量输出	可拆卸连接
6ES 7 2211BF220XA8	EM221 数字输入	8×DC 24V	—	是
6ES 7 2211EF220XA0	EM221 数字输入	8×AC 120/230V	—	是
6ES 7 2211BH220XA8	EM221 数字输入	16×DC 24V	—	是
6ES 7 2221BD220XA0	EM222 数字输出	—	4×DC 24V-5A	是
6ES 7 2221HD220XA0	EM222 数字输出	—	4×继电器-10A	是
6ES 7 2221BF220XA8	EM222 数字输出	—	8×DC 24V-0.75A	是
6ES 7 2221HF220XA8	EM222 数字输出	—	8×继电器-2A	是
6ES 7 2221EF220XA0	EM222 数字输出	—	8×AC 120/230V	是
6ES 7 2231BF220XA8	EM223 数字组合	4×DC 24V	4×DC 24V-0.75A	是
6ES 7 2231HF220XA8	EM223 数字组合	4×DC 24V	4×继电器-2A	是
6ES 7 2231BH220XA8	EM223 数字组合	8×DC 24V	8×DC 24V-0.75A	是
6ES 7 2231PH220XA8	EM223 数字组合	8×DC 24V	8×继电器-2A	是
6ES 7 2231BL220XA8	EM223 数字组合	16×DC 24V	16×DC 24V-0.75A	是
6ES 7 2231PL220XA8	EM223 数字组合	16×DC 24V	16×继电器-2A	是
6ES 7 2231BM220XA8	EM223 数字组合	32×DC 24V	32×DC 24V-0.75A	是
6ES 7 2231PM220XA8	EM223 数字组合	32×DC 24V	32×继电器-2A	是

1. 数字量输入

数字量输入常规分为直流和交流两种方式,通常为直流 24V(4mA)或交流 160V(6mA)\230V(9mA)。其中,直流 24V 的逻辑 1 最小值为 DC 15V(2.5mA),逻辑 0 最大值为 DC 5V(1mA)。交流 160V/230V 的逻辑 1 最小值为 AC 79V(2.5mA),逻辑 0 最大值为 AC 20V（1mA）。

几种形式的数字量输入模块接线图如图 5-1 所示。

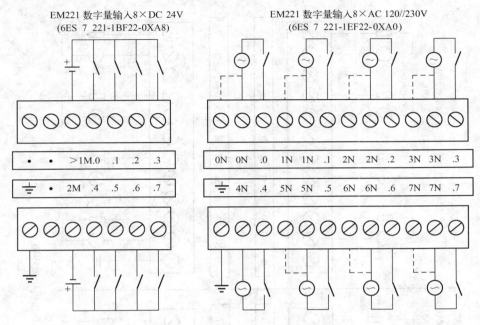

图 5-1　数字量输入模块接线图

2．数字量输出

数字量输出常规分为 DC 24V 输出（0.75A/5μA）、继电器输出（2A/10A）和 AC 120/230V 输出。

数字量输出模块使用时应注意以下几点。

1）由于是直通电路，负载电流必须是完整的 AC 波形而非半波。最小负载电流是 0.05A。当负载电流为 5mA～50mA 时，该电流是可控的，但是，由于串行电阻的存在会有额外的压降。

2）如果因为过多的感性开关或不正常的条件而引起输出过热，则输出点可能关断或被损坏。如果输出在关断一个感性负载时遭受大于 0.7J 的能量，那么输出将可能过热或被损坏。为了消除这个限制，可以将抑制电路和负载并联在一起。

3）如果是灯负载，继电器使用寿命将降低 75%，除非采取措施将接通浪涌降低到输出的浪涌电流额定值以下。

4）灯负载的功率额定值是依据额定电压的。依据正被切换的电压，按比降低功率额定值（例如 AC 120V-100W）。

5）当一个机械触点接通 S7-200 CPU 或任意扩展模块的电源时，它发送一个大约 50ms 的"1"信号到数字输出，这会导致意外的设备或过程操作，从而可能带来严重的人员伤亡以及/或者设备损坏。尤其是在使用能够响应短脉冲的设备时。

几种形式的数字量输出模块接线图如图 5-2 所示。

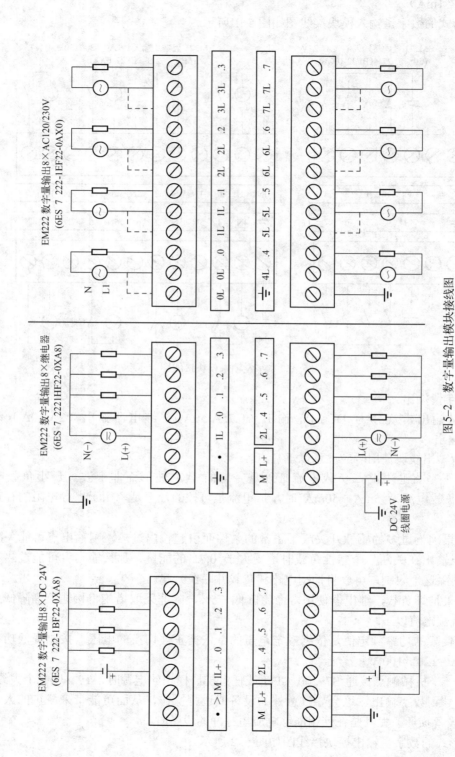

图5-2 数字量输出模块接线图

3．组合数字扩展模块

除了有独立的数字输入和输出模块外，还有组合型数字扩展模块，其规格标准与独立模块一致，只是在一个模块内既有输入又有输出。

组合数字扩展模块接线图如图 5-3 所示。

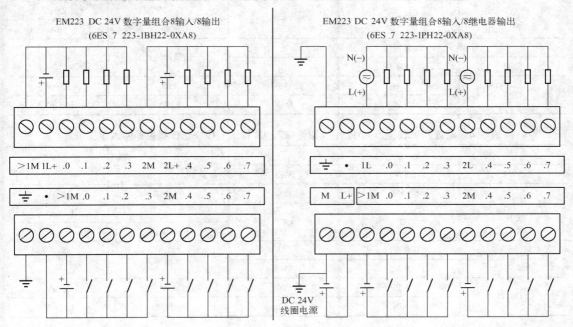

图 5-3　组合数字模块接线图

5.1.2　任务 2　认识模拟量扩展模块

常用的模拟量扩展模块见表 5-2。

表 5-2　模拟量扩展模块参数

货　　号	扩 展 模 块	输入	输出	可拆卸连接
6ES 7 231-0HC22-0XA8	EM231 模拟量输入	4		否
6ES 7 231-0HF22-0XA0	EM231 模拟量输入	8		否
6ES 7 232-0HB22-0XA8	EM232 模拟量输出		2	否
6ES 7 232-0HD22-0XA0	EM232 模拟量输出		4	否
6ES 7 235-0KD22-0XA8	EM235 模拟量组合	4	1	否

1．模拟量输入模块

模拟量输入模块（A-D 模块）是把现场连续变化的模拟信号转换成适合 PLC 内部处理的数字信号。输入的模拟信号经运算放大器放大后进行 A-D 转换，再经光耦合器为 PLC 提供一定位数的数字信号。模拟量到数字量的转换时间小于 $250\mu s$。

配置 EM231。表 5-3 和表 5-4 显示了如何使用 DIP 开关来设置 EM231 模块。表中，ON 是闭合，OFF 是断开。CPU 只在电源接通时读取开关设置，为 EM231 模拟量输入模块选择模拟量输入范围。

表 5-3　配置开关表［为 EM231 模拟量输入（4 输入）模块选择模拟量输入范围］

单 极 性			满量程输入	分 辨 率
SW1	SW2	SW3	满量程输入	分 辨 率
ON	OFF	ON	0～10V	2.5mV
	ON	OFF	0～5V	1.25mV
			0～20mA	5μA
双极性			满量程输入	分辨率
SW1	SW2	SW3	满量程输入	分辨率
OFF	OFF	ON	±5V	2.5mV
	ON	OFF	±2.5V	1.25mV

表 5-4　配置开关表［为 EM231 模拟量输入（8 输入）模块选择模拟量输入范围］

单 极 性			满量程输入	分 辨 率
SW3	SW4	SW5	满量程输入	分 辨 率
ON	OFF	ON	0～10V	2.5mV
	ON	OFF	0～5V	1.25mV
			0～20mA	5μA
双极性			满量程输入	分辨率
SW1	SW2	SW3	满量程输入	分辨率
OFF	OFF	ON	±5V	2.5mV
	ON	OFF	±2.5V	1.25mV

使用开关 1 和开关 2 来选择电流输入模式：开关 1 打开（ON）用于为通道 6 选择电流输入模式；关闭（OFF）用于选择电压模式。开关 2 打开（ON）用于为通道 7 选择电流输入模式；关闭（OFF）用于选择电压模式。

EM231 和 EM235 输入数据字格式。图 5-4 给出了 12 位数据值在 CPU 的模拟量输入字中的位置。

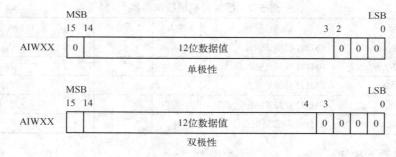

图 5-4　EM231 和 EM235 输入数据字格式

模拟量到数字量转换器的 12 位读数是左对齐的。最高有效位是符号位，其中 0 表示是正值。在单极性格式中，3 个连续的 0 使得 ADC 计数值每变化 1 个单位，数据字中则以 8 为单位变化。在双极性格式中，4 个连续的 0 使得 ADC 计数值每变化 1 个单位，数据字中则以 16 为单位变化。

几种形式的模拟量输入模块接线图如图 5-5 所示。

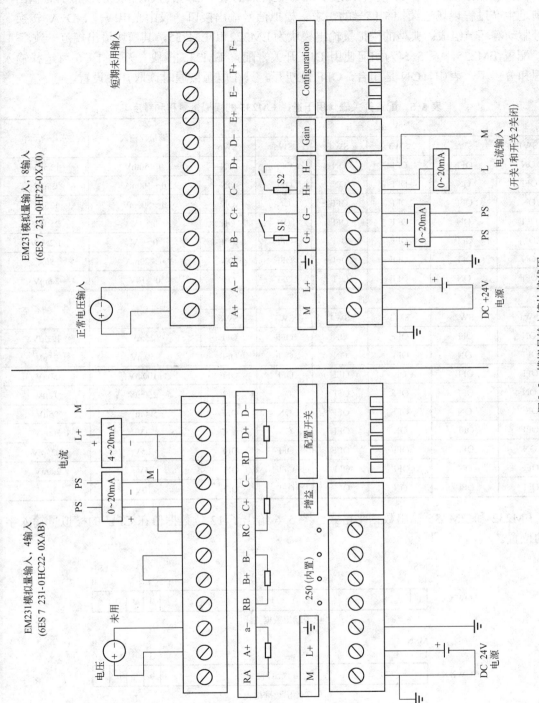

图 5-5 模拟量输入模块接线图

2．模拟量输出模块

模拟量输出模块（D-A 模块）是将 PLC 处理后的数字信号转换成相应的模拟信号输出，以满足生产过程现场连续控制信号的需求。模拟信号输出接口一般由光电隔离、D-A 转换、信号驱动等环节组成。典型的模拟量输出模块为 EM222 和 EM235，其模块输出规范一致。

配置 EM235。表 5-5 为如何使用 DIP 开关来配置 EM235 模块。开关 1～6 可选择输入量程和分辨率。表中，ON 是闭合，OFF 是断开。只在电源接通时读取开关设置。

表 5-5　配置开关表（用于选择 EM235 的模拟量量程和精度）

单 极 性						满量程输入	分 辨 率
SW1	SW2	SW3	SW4	SW5	SW6		
ON	OFF	OFF	ON	OFF	ON	0～50mV	12.5μV
OFF	ON	OFF	ON	OFF	ON	0～100mV	25μV
ON	OFF	OFF	OFF	OFF	ON	0～500mV	125μV
OFF	ON	OFF	OFF	OFF	ON	0～1V	250μV
ON	OFF	OFF	OFF	OFF	ON	0～5V	1.25mV
ON	OFF	OFF	OFF	OFF	ON	0～20mA	5μA
OFF	ON	OFF	OFF	OFF	ON	0～10V	2.5mV
双 极 性						满量程输入	分 辨 率
SW1	SW2	SW3	SW4	SW5	SW6		
ON	OFF	OFF	ON	OFF	OFF	+25mV	12.5μV
OFF	ON	OFF	ON	OFF	OFF	+50mV	25μV
OFF	OFF	ON	ON	OFF	OFF	+100mV	50μV
ON	OFF	OFF	OFF	ON	OFF	+250mV	12μV
OFF	ON	OFF	OFF	ON	OFF	+500mV	25μV
OFF	OFF	OFF	ON	ON	OFF	+1V	500μV
ON	OFF	OFF	OFF	OFF	OFF	+2.5V	1.25mV
OFF	ON	OFF	OFF	OFF	OFF	+5V	2.5mV
OFF	OFF	ON	OFF	OFF	OFF	+10V	5mV

EM232 和 EM235 输出数据字格式。图 5-6 给出了 12 位数据值在 CPU 的模拟量输入字中的位置。

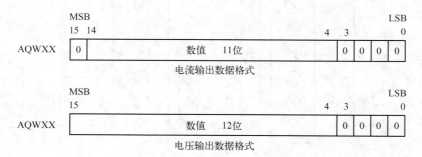

图 5-6　EM232 和 EM235 输出数据字格式

数字量到模拟量转换器（DAC）的 12 位读数在其输出数据格式中是左端对齐的。最高有效位是符号位，其中 0 表示正值。数据在装载到 DAC 寄存器之前，4 个连续的 0 是被截断的，这些位不影响输出信号值。

几种形式的模拟量输出模块接线图如图 5-7 所示。

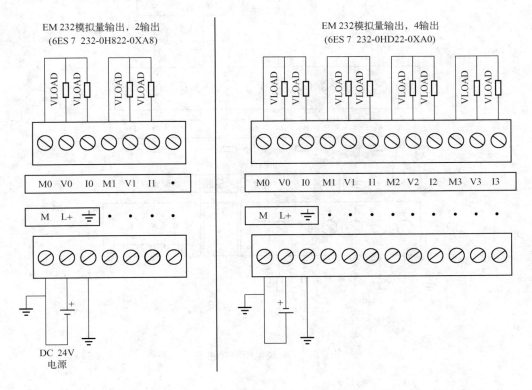

图 5-7　模拟量输出模块接线图

3．组合模拟扩展模块

组合模拟扩展模块接线图如图 5-8 所示。

EM231 和 EM235 模拟量输入模块是价格适中，高速 12 位模拟量输入模块。这些模块可在 149μs 内将模拟信号输入转换为其相应的数字值。每当用户程序存取模拟点时，模拟信号输入都将进行转换。这些转换时间必须加到用于访问模拟量输入的指令的基本执行时间上。EM231 和 EM235 提供一个未经处理的数字值（未经线性化或滤波），它对应于模拟量输入端处出现的模拟量电压或电流。由于这种模块是高速模块，它可以跟踪模拟量信号中的快速变化（包括内部和外部噪声）。对一个恒定或缓慢变化的模拟量输入，由噪声引起的信号读数之间的差异，可通过对读数值取平均的方法使其影响为最小。但由于计算平均值而增加读取信号的次数（即采样次数），会相应地降低对外部输入信号的响应速度。（建议 EM231 和 EM235 扩展模块不用于热电耦。）

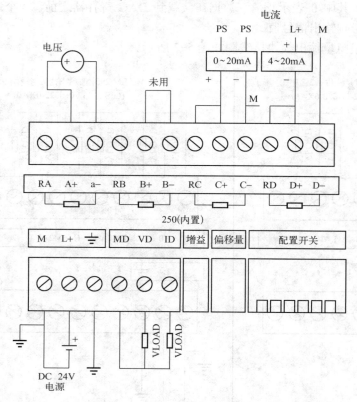

EM 235模拟量组合4输入/1输出
(6ES 7 235-OKD22-0XAB)

图 5-8 组合模拟模块接线图

5.1.3 任务 3 模拟量处理应用

1. 任务目标

1）了解模拟量的处理步骤。

2）掌握模拟扩展模块的实际使用。

2. 任务简述

在实际生产生活中，会有很多地方需要进行温度控制。这里以加热炉温度控制为例，利用 S7-200 PLC 进行加热炉工业控制设计。通过 S7-200 PLC 的模拟量输入模块，读取加热炉内的温度，并对其进行 PID 调节，实现对加热炉加热时间的控制，从而实现温度控制。

3. 相关知识

（1）模拟量扩展模块的寻址

每个模拟量扩展模块按扩展模块的先后顺序进行排序。其中，模拟量根据输入、输出不同分别排序。模拟量的数据格式为一个字长，所以地址必须从偶数字节开始。例如，AIW0、AIW2、AIW4……，AQW0、AQW2……。每个模拟量扩展模块至少占两个通道，即使第一个模块只有一个输出 AQW0，第二个模块模拟量输出地址也应从 AQW4 开始寻址，以此类推。

（2）模拟量值与 A-D 转换值

假设模拟量的标准电信号是 $A0 \sim Am$（如 $4 \sim 20mA$），则 A-D 转换后数值为 $D0 \sim Dm$（如 $6400 \sim 32000$），设模拟量的标准电信号是 A，A-D 转换后的相应数值为 D，由于是线性关系，函数关系可以表示为数学方程：

$$A = \frac{(D - D0) \times (Am - A0)}{(Dm - D0)} + A0 \text{ 或 } D = \frac{(A - A0) \times (Dm - D0)}{(Am - A0)} + D0$$

例如，CPU224，扩展模块的第一个通道（AIW0）连接一温度传感器（$0 \sim 100^\circ\text{C}$）输出范围为 $4mA \sim 20mA$，则温度显示值=(AIW0−6400)/256。

PLC 程序如图 5-9 所示，其中 VW30 中存储的为温度值。

（3）PID 调节功能

PID 控制，即比例、积分、微分控制是模拟量闭环控制较好的方法之一。

PID 的含义在 4.4.3 节已有详细介绍，在此不再赘述。PID 指令梯形图如图 5-10 所示。

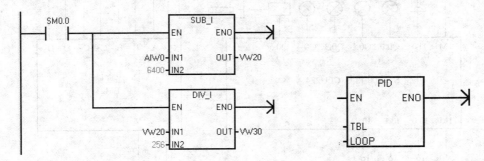

图 5-9　温度传感器 A-D 转换　　　　　图 5-10　PID 指令梯形图

PID 调用指令如下。

EN：使能端。

TBL：指定与 LOOP 相对应的 PID 参数表的起始地址。

LOOP：PID 调节回路号。

注意：PID 指令执行的数据必须是实数型，所以要用转换指令转化为实数。

4．任务实施

（1）任务分析

采用 S7-200 PLC，CPU 为 CPU 224，用 4 个灯与 1 个带有指示灯的继电器来显示加热炉加热过程的状态，分别是运行灯、停止灯、温度正常灯、温度过高灯（警示灯）和加热灯（继电器）。通过这 5 个灯的亮灭情况判断加热炉内的大概情况。K 型传感器负责检测加热炉内的温度，把温度信号转化成对应的电压信号，经过 PLC A-D 转换后进行 PID 调节，根据 PID 输出值来控制下一个工作周期（10s）内的加热时间和非加热时间。在加热时间内使继电器接通，加热炉就处于加热状态，非加热时间内，继电器断开，加热炉停止加热。维持温度在 100°C。

（2）I/O 分配表及 PLC 硬件接线图

I/O 分配表见表 5-6。

表 5-6 I/O 分配表

输入端口			输出端口		
输入继电器	输入器件	作用	输出继电器	输出器件	作用
I0.1	起动按钮	按下，设备开始运行	Q0.0	运行灯	指示作用
I0.2	停止按钮	按下，设备停止运行	Q0.1	停止灯	指示作用
I0.3	保护按钮	按下，停止加热	Q0.2	温度正常灯	指示作用
			Q0.3	温度过高灯	指示作用
			Q0.0	继电器	加热控制

PLC 控制器外部接线如图 5-11 所示。

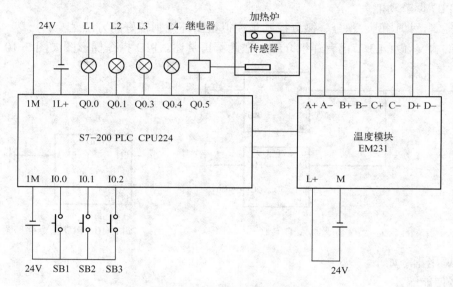

图 5-11 PLC 控制器外部接线

（3）控制程序

主程序如图 5-12 所示。

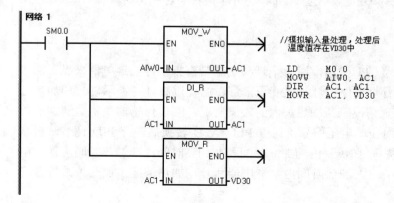

图 5-12 主程序梯形图

240

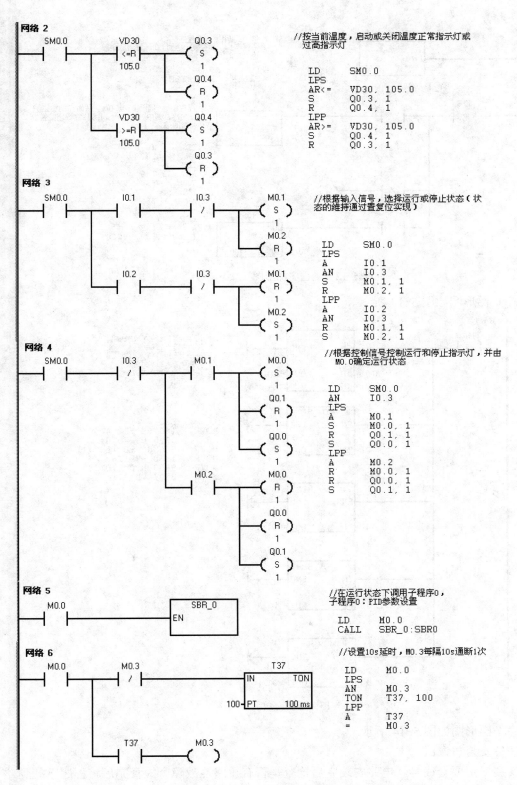

图 5-12　主程序梯形图（续）

241

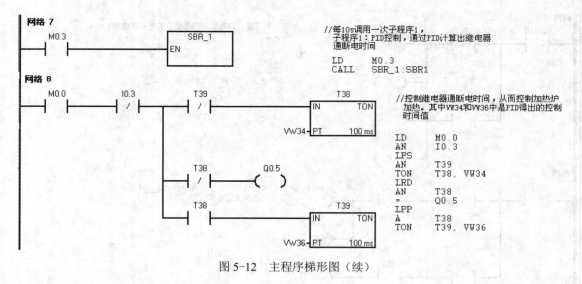

图 5-12　主程序梯形图（续）

子程序 0 梯形图如图 5-13 所示。

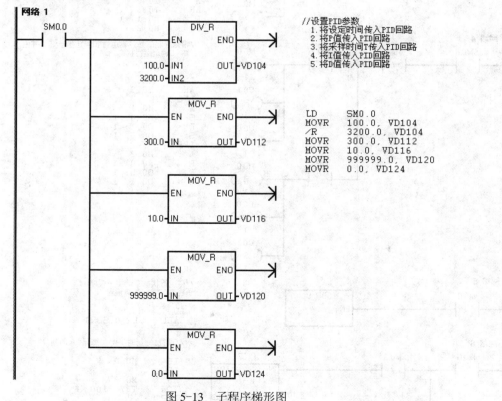

图 5-13　子程序梯形图

子程序 1 梯形图如图 5-14 所示。

（4）任务安装与调试

电路安装一定要套线号。电路安装完后检查是否有短路性故障。检查完后将程序下载到
PLC，运行试车，如有问题，则检查并排除故障。

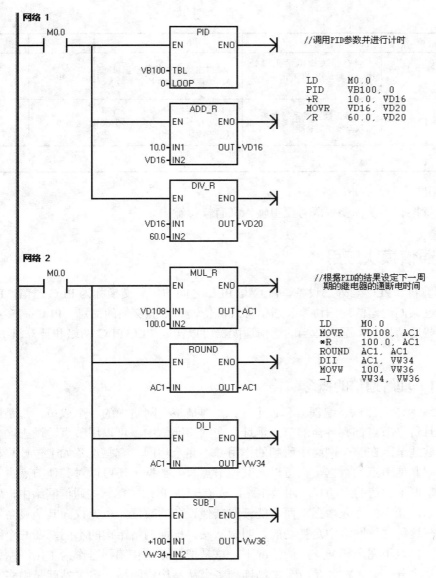

图 5-14　子程序 1 梯形图

5. 任务技能考评

通过对本任务相关知识的了解和任务实施，对实际掌握情况进行操作技能考评，具体考核要求和考核标准见表 5-7。

表 5-7　任务操作技能考核要求和考核标准

序号	操作内容	技能要求	评分标准	配　分	得　分
1	数字量扩展模块	数字量扩展模块的特点及接线规则	了解即可	10	
2	模拟量扩展模块	模拟量扩展模块的特点及接线规则	了解即可	10	

序号	操作内容	技能要求	评分标准	配　分	得　分
3	模拟量处理及 PID 指令	能对相关模拟量正确处理，正确使用 PID 指令并熟悉相关参数	能得出给定任务的模拟量转换，编程输入 PID 控制参数	40	
4	PLC 编程	能够正确完成系统要求，实现温度控制功能	1 次试运行不成功扣 5 分，2 次试运行不成功扣 10 分，3 次以上不成功不给分	40	
备注			指导老师签字　　　　　　　　　年　　月　　日		

6. 任务拓展

设计模拟量控制系统，要求既有模拟输入又有模拟输出。

5.2　PLC 通信模块应用

PLC 与计算机、PLC 与外部设备、PLC 与 PLC 之间的信息交换称为 PLC 通信。PLC 通信的目的是通过共同约定的通信协议和通信方式，传输和处理交换的信息。PLC 有多种通信模块，利用这些通信模块，配以适当的通信适配器可以构成 PLC-PLC 网络和计算机-PLC 网络。

5.2.1　任务 1　理解通信的概念

在通信网络中，上位机、编程器和各个 PLC 都是整个网络中的一个成员，都是网络中一个节点，并且每个节点都有各自的节点地址。在网络通信中，可以用节点地址去区分各个节点，但是，这些节点在整个网络中所起的作用并不完全相同。有些设备如上位计算机和编程器等可以读取其他节点的数据，也可以向其他节点写入数据，还可以对其他节点进行初始化。这类设备掌握了通信的主动权，叫做主站。还有一些 PLC，在一些通信网络中，它只能让主站读取数据，让主站写入数据，而不能读取其他设备的数据，也无权向其他设备写入数据，这类设备在这种通信网络中是被动的，叫做从站。根据网络结构的不同，在一个网络中的主站和从站数量也不完全相同。一般情况下，总是把计算机和编程器作为主站。网络也有单主站和多主站之分。单主站就是一个主站连到多个从站构成网络。多主站就是由多个主站和多个从站构成网络。

通信的基本方式可分为并行通信与串行通信两种。并行通信是指数据的各个位同时进行传输的一种通信方式。串行通信是指数据一位一位地传输的方式。

目前，串行通信主要有两种类型：异步通信和同步通信。

异步通信是把一个字符看做一个独立的信息单元，字符开始出现在数据流的相对时间是任意的，每一个字符中的各位以固定的时间传送。

同步通信方式所用的数据格式没有起始位、停止位，一次传送的字符个数可变。在传送前，先按照一定的格式将各种信息装配成一个包，该包包括供接收方识别用的同步字符一个或两个，其后紧跟着要传送的 n 个字符，再后就是两个校验字符。

PLC 通信主要采用串行异步通信，其常用的串行通信接口标准有 RS-232C、RS-422A 和

RS-485 等。

1. PLC-PLC 网络

利用 PLC 的通信模块可以组成 PLC-PLC 网络，如图 5-15 所示。由于 PLC 的性能不同，通信模块的功能也有差异，所以在配置 PLC 网络时所用的通信模块数量也不完全相同。有些 PLC 网络，中间的 PLC 装两个通信模块，末端的 PLC 装一个通信模块。每台 PLC 都有构成 PLC 网络的信息缓冲区。利用用户程序可以从一台 PLC 的信息缓冲区中读出其他 PLC 的信息，把要传递给其他 PLC 的信息写入缓冲区。各台 PLC 信息的数据交换是通过通信模块自动完成的。

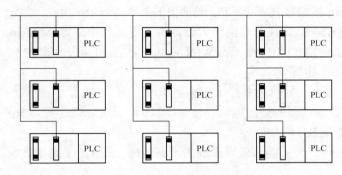

图 5-15　PLC-PLC 网络

2. 计算机-PLC 网络

利用 PLC 的通信模块也很容易实现计算机与 PLC 联网，如图 5-16 所示。较常见的有两种计算机-PLC 网络，一种是一台计算机和一台 PLC 构成的网络，称为单重通信，另一种是一台计算机与多台 PLC 之间构成的网络，称为多重通信。无论是单重通信还是多重通信，在大多数情况下，PLC 都处于被动地位。计算机向 PLC 发出的命令称为命令块，PLC 向计算机返回的数据及信息称为响应块。

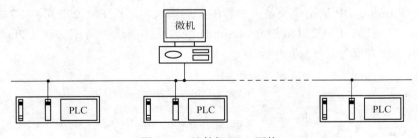

图 5-16　计算机-PLC 网络

5.2.2　任务 2　认识通信模块

随着计算机技术和网络技术的飞速发展，PLC 控制技术在性能、结构和规模等方面得到了很大程度的提高。在组建较大规模的 PLC 控制网络时，当 PLC 本身的通信口不够使用时，就需要用到 PLC 通信模块。通信模块主要包括：调制解调模块、Prof：bus-DP 通信模块、以太网通信模块、因特网通信模块和 AS-Interface Master（AS-i）通信模块。这几个通信模块对 S7-200 CPU 的兼容性见表 5-8。

表 5-8　通信模块对 S7-200 CPU 的兼容性

CPU	描　述
CPU 222 版本 1.10 或更高	CPU 222 DC/DC/DC 和 CPU 222 AC/DC/继电器
CPU 224 版本 1.10 或更高	CPU 224 DC/DC/DC 和 CPU 224 AC/DC/继电器
CPU 224XP 版本 2.0 或更高	CPU 224XP DC/DC/DC 和 CPU 224XP DC/DC/继电器
CPU 224XPsi	CPU 224XPsi DC/DC/DC
CPU 226 版本 1.00 或更高	CPU 226 DC/DC/DC 和 CPU 226 AC/DC/继电器

1．调制解调模块（EM 241）

EM 241 Modem 模块替代连于 CPU 通信口的外部 Modem 功能。与一个连有 EM 241 的 S7-200 系统进行通信，只需在远端的个人计算机上连接一个外置 Modem，并安装 STEP 7-Micro/WIN，就可以使用 STEP 7-Micro/WIN Modem 扩展向导去设置 EM 241 Modem 模块。

（1）安装 EM 241 步骤

1）将 EM 241 安装在导轨上并插上扁平电缆。

2）从 CPU 传感器电源或外部电源连接 DC 24V，装接地端连到系统的地。

3）将电话线连至 RJ11 插座。

4）设置国家代码。为了能够读取正确的国家代码，在 CPU 通电之前，必须设置这些开关。

5）CPU 通电。当绿色的 MG（模块正常）灯接通，表示 EM 241 已为通信做好准备。

（2）注意事项

1）雷击或其他不可预期的高压作用于电话线上会损坏 EM 241 Modem 模块。

2）为保护 EM 241 Modem 模块，使用经济实用的电话线冲击保护装置，比如常见的用于个人计算机 Modem 的保护装置。

3）定期检查冲击保护装置以确保 EM 241 Modem 模块能够得到持续的保护。

2．Profibus-DP 扩展从站模块（EM 277）

EM 277 Profibus-DP 从站模块是一种智能扩展模块，通过 EM 277 可将 S7-200 CPU 连接到 Profibus-DP 网络。EM 277 经过 9 针 Sub D 端口连接器连接到 S7-200 CPU。9 针 Sub D 端口连接器的引脚含义如图 5-17 所示。

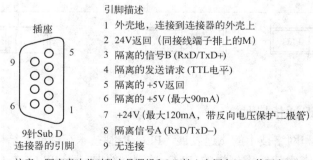

引脚描述
1　外壳地，连接到连接器的外壳上
2　24V 返回（同接线端子排上的 M）
3　隔离的信号 B（RxD/TxD+）
4　隔离的发送请求（TTL 电平）
5　隔离的 +5V 返回
6　隔离的 +5V（最大 90mA）
7　+24V（最大 120mA，带反向电压保护二极管）
8　隔离信号 A（RxD/TxD−）
9　无连接

插座
9
5
6
1
9针 Sub D
连接器的引脚

注意：隔离意味着对数字量逻辑和 24V 输入电源有 500V 的隔离。

图 5-17　9 针 Sub D 端口连接器的引脚图

Profibus-DP 网络经过其 DP 通信端口，连接到 EM 277 Profibus-DP 模块。这个端口可运行于 9600 波特～12M 波特的任何 Profibus 波特率。

作为 DP 从站，EM 277 模块接收从主站来的多种不同的 I/O 组态，向主站发送和接收不同数量的数据。这种特性使用户能修改所传输的数据量，以满足实际应用的需要。与许多 DP 站不同的是，EM 277 模块不仅仅是传输 I/O 数据，它还能读写 S7-200 CPU 中定义的变量数据块。这样，使用户能与主站交换任何类型的数据。首先将数据移到 S7-200 CPU 中的变量存储器，就可将输入值、计数值、定时器值或其他计算值送到主站。类似地，从主站来的数据存储在 S7-200 CPU 中的变量存储器内，也可移到其他数据区。

为了将 EM 277 作为一个 DP 从站使用，用户必须设定与主站组态中的地址相匹配的 DP 端口地址。从站地址是使用 EM 277 模块上的旋转开关设定的。在为新的从站地址按照顺序进行了开关改变以后，若要使改变生效，必须对 CPU 循环通电。

3．以太网模块（CP 243-1）

以太网模块是用于将 S7-200 PLC 系统连接到工业以太网（IE）的通信处理器。通过以太网，可以使用 STEP 7 Micro/WIN 来对 S7-200 PLC 进行远程组态、编程和诊断。S7-200 PLC 可以通过以太网和其他 S7-200、S7-300 和 S7-400 控制器进行通信，还可以与 OPC 服务器进行通信。每个 S7-200 CPU 只能连接一个以太网模块，其 8 位 Q 输出用做以太网功能的逻辑控制，并不直接控制任何外部信号。

工业以太网是为工业应用设计的。它可以与无噪声工业双绞线（ITP）技术，或工业标准双绞线（TP）技术结合起来。工业以太网的用途非常广泛，可用来实现多种特殊的应用，比如交换、高速冗余、快速连接和冗余网络。通过使用以太网模块，S7-200 PLC 可以和现存的范围很广的各种产品相兼容。以太网模块提供了一个预设的、全球范围内唯一的 MAC 地址，此地址不能被改变。

以太网模块功能特点如下。

1）以太网模块独立地处理在工业以太网上传输的数据。

2）通信是基于 TCP/IP 协议的可以作为通信的客户端或服务器，从而使 S7-200 CPU 可以通过以太网和其他 S7 控制系统或 PC 进行通信。最多可以建立 8 个连接。

3）集成 S7-OPC 服务器之后，可以实现计算机应用。

4）以太网模块可以使得 S7-200 PLC 编程软件 STEP 7-Micro/WIN 通过以太网直接访问 S7-200 PLC。

以太网模块可以通过 STEP 7-Micro/WIN 以太网向导来进行配置，以便将 S7-200 PLC 连接到以太网网络。以太网向导可以定义以太网模块的参数，并把组态指令放到项目指令文件夹中。要启动以太网向导，选择 "Tools" → "Ethernet Wizard" 菜单命令。向导需要下列信息：IP 地址、子网掩码、网关地址和通信连接类型。

以太网模块设有一些连接点。连接点在前盖板的盖子下面。以太网模块主要通过这些连接点进行外连接，其外形如图 5-18 所示。

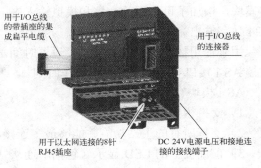

用于 I/O 总线的带插座的集成扁平电缆
用于 I/O 总线的连接器
用于以太网连接的 8 针 RJ45 插座
DC 24V 电源电压和接地连接的接线端子

图 5-18　以太网模块外形图

4. 因特网模块（CP 243-1 IT）

因特网模块是用于连接 S7-200 PLC 系统到因特网（IT）的通信处理器。可以使用 STEP 7-Micro/WIN，通过因特网对 S7-200 PLC 进行远程组态、编程和诊断。S7-200 PLC 可以通过因特网和其他 S7-200、S7-300 和 S7-400 控制器进行通信，它还可以和 OPC 服务器进行通信。因特网模块的 IT 功能构成了远程监视和远程控制，如果需要，则通过联网的计算机用 Web 浏览器可以操作自动系统。诊断信息可以通过电子邮件从系统中发送出去。通过使用 IT 功能，可以很容易地和其他计算机和控制器系统交换所有文件。

因特网模块全面兼容以太网模块。为以太网模块写的用户程序，可以在因特网模块上运行。因特网模块提供了一个预设的、全球范围内唯一的 MAC 地址，此地址不能被改变。每个 S7-200 CPU 只能连接一个因特网模块。如果连接了多于一个的因特网模块，则 S7-200 CPU 不能正确运行。

因特网模块提供下列功能。

1）S7-200 PLC 通信是基于 TCP/IP 的。

2）IT 通信。

3）配置开关。

4）看门狗定时器。

5）预设的 MAC 地址（48 位值）可以被寻址的能力。

可以使用 STEP 7-Micro/WIN 因特网向导来配置因特网模块，以将 S7-200 PLC 连接到以太网/因特网网络上。因特网模块有附加的网页服务器功能，可以使用因特网向导来设置此功能。启动因特网向导，选择"Tools"→"Internet Wizard"菜单命令。

因特网模块的外形连接与以太网模块类似。

5. AS-i 接口模块（CP 243-2）

AS-i 接口模块是 S7-200 PLC 的扩展模块，用做一个 AS-i 主站，和 S7-200 PLC 配合使用，可以使 S7-200 PLC 接入 AS-i 网络。

AS-i 是一种开放式的、符合 IEC62026 标准的设备层现场总线，是高层现场总线纵向延伸的低端。采用 AS-i 网络将在设备上远离 PLC 和相对集中的二进制元器件（如传感器、执行器、按钮、阀和继电器等），通过特殊的单根双芯电缆连接到 AS-i 网络的从站模块上，通过 AS-i 网络总线与 PLC 进行信息传递。虽然信息量的吞吐相对于高级的 Profibus 等总线少了很多，但它的实时性和可操作性很高。在一个 S7-200 PLC 上同时可操作多达两个 AS-i 接口模块，增加了可使用的数字和模拟输入/输出（每个 CP 243-2 AS-i 接口最多 124 数字输入/124 数字输出）。

由于使用按钮设置从而节省了设置时间，LED 通过显示 CP 和所连接的从站的状态以及监控 AS-i 接口主电压，减少了停车时间。

AS-i 模块有下列特性。

1）支持模拟量模块。

2）支持所有的主站功能并能够最多连接 62 个 AS-i 接口从站。

3）前面板上的 LED 显示（包括所连从站的运行状态和就绪状态）。

4）前面板上的 LED 显示错误（包括 AS-i 接口电压错误，组态错误）。

5）两个端子可直接连接 AS-i 接口电缆。

6）两个按钮显示从站的状态信息，切换运行模式，并可将现有的组态作为设置组态。

可以使用 STEP 7-Micro/WIN AS-i 向导设置 CP 243-2AS-i 模块。AS-i 向导可以帮助在组态中使用来自 AS-i 网络的数据。要启动 AS-i 向导，选择"Tools"→"AS-i Wizard"菜单命令。

值得注意的是，AS-i 接口模块触点的负载能力大约是 3A。如果 AS-i 接口模块电缆上的电流超过该值，则该 AS-i 接口则不能连接到 AS-i 电缆上，而应由一个分开的电缆来连接（这种情况下，只使用 AS-i 接口模块的一对端子）。该 AS-i 接口必须通过接地端子接到接地导体上。AS-i 接口模块有功能地的连接。该接口应以尽可能少的电阻连接至 PE 导体。

5.2.3　任务3　PLC 通信应用

1. 任务目标

1）了解通信指令的使用。

2）了解 PLC 通信网络的组建及使用规则。

3）掌握 PLC 控制系统的设计方法。

2. 任务描述

一条生产线正在灌装黄油桶并将其送到 4 台包装机（打包机）中的一台上。打包机把 8 个黄油桶包装到一个纸板箱中。一个分流机控制着黄油桶运向各个打包机。4 个 CPU221 模块用于控制打包机，一个 CPU222 模块安装了 TPC 触摸屏，用来控制分流机。S7-200 PLC 使用网络读指令不断地读取每个打包机的控制和状态信息。每次某个打包机包装完 100 箱，分流机会注意到，并用网络写指令发送一条信息清除状态字。

3. 相关知识

（1）PPI 协议

PPI 协议是 S7-200 CPU 最基本的通信方式，通过原来自身的端口（PORT0 或 PORT1）就可以实现通信，是 S7-200 PLC 默认的通信方式。PPI 是一种主-从协议通信，主-从站在一个令牌环网中，主站发送要求到从站器件，从站器件响应但不发信息，只是等待主站的要求并对要求做出响应。如果在用户程序中使能 PPI 主站模式，就可以在主站程序中使用网络读写指令来读写从站信息，而从站程序没有必要使用网络读写指令。

（2）网络读写指令

网络读指令（NETR）初始化一个通信操作，通过指定端口（PORT）从远程设备上采集数据并形成表（TBL）。网络写指令（NETW）初始化一个通信操作，通过指定端口（PORT）向远程设备写表（TBL）中的数据。只有在 PPI 通信中做主站的 CPU 才需要用 NETR/NETW。网络读写指令梯形图如图 5-19 所示。

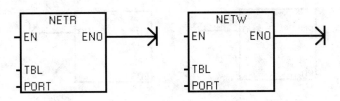

图 5-19　网络读写指令梯形图

图示中参数的意义及取值范围如下。网络读写指令的有效操作数见表 5-9。

EN：使能端，1 使能。

TBL：数据表首地址。其参数含义如图 5-20 所示。

PORT：自身端口的选择，0 为 PORT0，1 为 PORT1。

表5-9 网络读写指令的有效操作数

输入/输出	数据类型	操作数
TBL	BYTE	VB、MB、*VD、*LD、*AC
PORT	BYTE	常数 对于 CPU221、CPU222、CPU224： 0 对于 CPU224XP 和 CPU226：0 或 1

D 完成（操作已完成）：0＝未完成　1＝完成
A 有效（操作已被排队）：0＝无效　1＝有效
E 错误（操作返回一个错误）：0＝无错误　1＝错误

远程站地址：被访问的 PLC 的地址

远程站的数据区指针：被访问数据的间接指针

数据长度：远程站上被访问数据的字节数

接收和发送数据区：如下描述的保存数据的 1～16 个字节

对 NETR，执行 NETR 指令后，从远程站读到的数据放在这个数据区

对 NETW，执行 NETW 指令前，要发送到远程站的数据放在这个数据区

图 5-20　网络读写指令的 TBL 参数

网络读指令可以从远程站点读取最多 16 个字节的信息，网络写指令可以向远程站点写最多 16 个字节的信息。在程序中，可以使用任意条网络读写指令，但是在同一时间，最多只能有 8 条网络读写指令被激活。例如，在所给的 S7-200 CPU 中，可以有 4 条网络读指令和 4 条网络写指令，或者 2 条网络读指令和 6 条网络写指令在同一时间被激活。

（3）发送和接收指令

发送指令（XMT）用于在自由口模式下依靠通信口发送数据。若接收指令（RCV）启动或者终止接收信息功能，则必须为接收操作指定开始和结束条件。从指定的通信口接收到的信息被存储在数据表（TBL）中。数据缓冲区的第一个数据指明了接收到的字节数。发送和接收指令梯形图如图 5-21 所示。

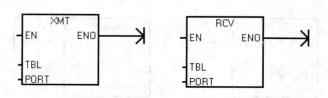

图 5-21　发送和接收指令梯形图

图示参数的意义及取值范围如下。有效操作数见表 5-10。

EN：使能端，1 使能。

TBL：数据表首地址。

PORT：自身端口的选择，0 为 PORT0，1 为 PORT1。

表 5-10　发送和接收指令的有效操作数

输入/输出	数据类型	操作数
TBL	BYTE	IB、QB、VB、MB、SMB、SB、*VD、*LD、*AC
PORT	BYTE	常数 对于 CPU221、CPU222、CPU224：0 对于 CPU224XP 和 CPU226：0 或 1

发送数据：发送指令使用户能够发送缓冲区的一个或多个字节，最多为 255 个。如果有一个中断服务程序连接到发送结束事件上，则在发送完缓冲区中的最后一个字符时，会产生一个中断（对端口 0 为中断事件 9，对端口 1 为中断事件 26）。

接收数据：接收指令使用户能够接收一个或多个字节到缓冲区，最多为 255 个。如果有一个中断服务程序连接到接收信息完成事件上，则在接收完到缓冲区的最后一个字符时，S7-200 PLC 会产生一个中断（对端口 0 为中断事件 23，对端口 1 为中断事件 24）。

发送和接收缓冲区的格式如图 5-22 所示。

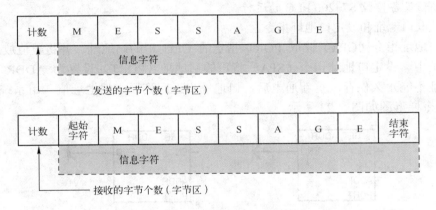

图 5-22　发送和接收缓冲区的格式

用户可以不使用中断来执行发送指令（例如向打印机发送信息）。通过监视 SM4.5 或者 SM4.6 信号，判断发送是否完成。

使用字符中断控制接收数据：为了完全适应对各种协议的支持，用户也可以使用字符中断控制的方式接收数据。接收每个字符时都会产生中断。在执行与接收字符事件相连的中断服务程序之前，接收到的字符存入 SMB2 中，校验状态（如果使能的话）存入 SM3.0。SMB2 是自由口接收字符缓冲区。在自由口模式下，每一个接收到的字符都会存放到这一位置，便于用户程序访问。SMB3 用于自由口模式。它包含一个校验错误标志位。当接收字符的同时检测到校验错误时，该位被置位，该字节的其他位被保留。利用校验位去丢弃信息或向该信息发送否定应答。

在较高的波特率下（38.4K～115.2K）使用字符中断时，中断间的时间间隔会非常短。例如，在 38.4K 时为 260ms；在 57.6K 时为 173ms；在 115.2K 时为 86ms。确保中断服务程序足够短，不会丢失字符或者使用接收指令。

（4）自由口控制模式

通过编程，可以选择自由口模式来控制 S7-200 PLC 的串行通信口。当选择了自由口模式，用户程序通过使用接收中断、发送中断、发送指令和接收指令来控制通信口的操作。当处于自由口模式时，通信协议完全由梯形图程序控制。

SMB30（对于端口 0）和 SMB130（对于端口 1，如果 S7-200 PLC 有两个端口）被用于选择波特率和校验类型。当 S7-200 PLC 处于 STOP 模式时，自由口模式被禁止，重新建立正常的通信（例如编程设备的访问）。

在最简单的情况下，可以只用发送指令（XMT）向打印机或者显示器发送信息。在每种情况下，都必须编写程序来支持在自由口模式下与 S7-200 PLC 通信的设备所使用的协议。只有当 S7-200 PLC 处于 RUN 模式时，才能进行自由口通信。要使能自由口模式，应该在 SMB30（端口 0）或者 SMB130（端口 1）的协议选择区中设置 01。处于自由口通信模式时，不能与编程设备通信。

注意：可以使用特殊寄存器位 SM0.7 来控制自由口模式。SM0.7 反映的是操作模式开关的当前位置。当 SM0.7=0 时，开关处于 TERM 位置；当 SM0.7=1 时，开关处于 RUN 位置。只有模式开关处于 RUN 位置时，才允许自由口模式，用户可以将开关改变到其他位置上，使用编程设备监控 S7-200 PLC 的运行。

（5）获取口地址和设定口地址指令

获取口地址指令（GPA）读取 PORT 指定的 CPU 口的站地址，并将数值放入 ADDR 指定的地址中。设定口地址指令（SPA）将口的站地址（PORT）设置为 ADDR 指定的数值。新地址不能永久保存。重新通电后，口地址将返回到原来的地址值（用系统块下载的地址）。指令梯形图如图 5-23 所示。

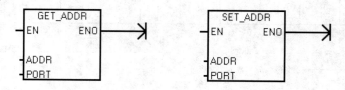

图 5-23　获取口地址和设定口地址指令梯形图

图示参数的意义及取值范围如下。有效操作数见表 5-11。

EN：使能端，1 使能。

ADDR：地址。

PORT：自身端口的选择，0 为 PORT0，1 为 PORT1。

表 5-11　获取口地址和设定口地址的有效操作数

输入/输出	数据类型	操作数
ADDR	BYTE	IB、QB、VB、MB、SMB、SB、LB、AC、*VD、*LD、*AC、常数 （常数值仅用于设定口地址指令。）
PORT	BYTE	常数　对于 CPU221、CPU222、CPU224：　0 对于 CPU224XP 和 CPU226：0 或 1

4．任务实施

（1）用网络读写指令实现分流机与#1打包机的通信控制

1）任务分析。

在分流打包通信控制系统中，主要讨论两站之间的通信控制问题，在此分流机设置为主站，#1打包机为从站。从站进行打包工作，主站实时监控打包数，当打完100包时，主站会将打包机打包计数清零。

2）CPU数据地址分配及含义如图5-24所示。

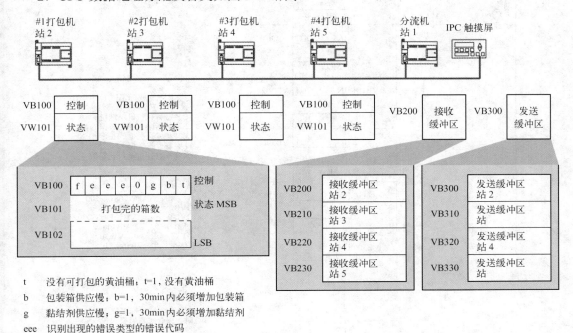

t　　没有可打包的黄油桶；t=1，没有黄油桶
b　　包装箱供应慢；b=1，30min内必须增加包装箱
g　　黏结剂供应慢；g=1，30min内必须增加黏结剂
eee　识别出现的错误类型的错误代码
f　　错误指示器；f=1，打包机检测到错误

图 5-24　数据通信地址分配图

2号站中接收缓冲区（VB200）和发送缓冲区（VB300）中的数据含义如图5-25所示。

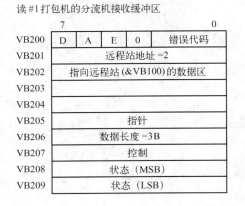

图 5-25　收发缓冲区的数据含义

3）控制程序如图 5-26 所示。

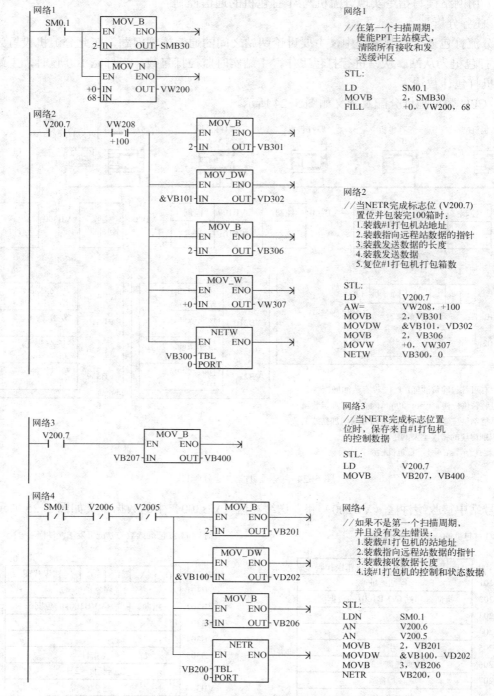

图 5-26　用网络读写指令实现的通信控制梯形图及指令表

（2）用收发指令实现分流机与#1 打包站的通信控制

1）任务分析。在分流打包通信控制系统中，主要讨论分流站接收#1 打包站的打包信息，当打包数到 100 包时，发送信息给#1 打包站，清零打包信息。（只考虑分流站的收发控制。）

2）由上例中已经对数据地址进行了分配，这里不再赘述。

3）控制程序。

主程序（MAIN）如图 5-27 所示。

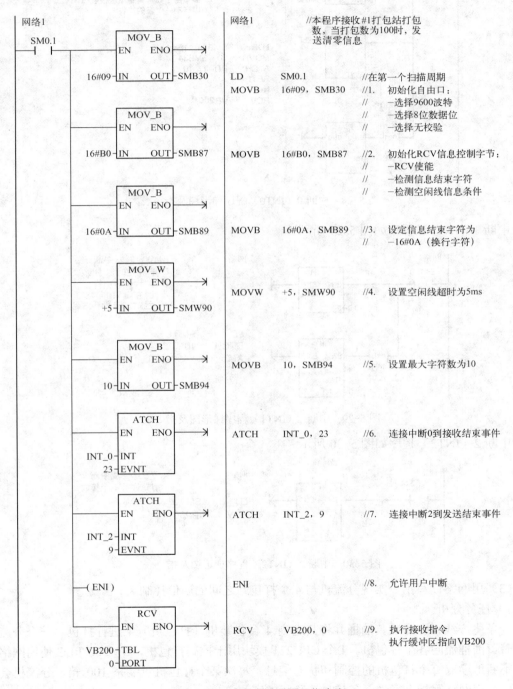

图 5-27　主程序梯形图及指令表

255

中断 0（INT0）程序如图 5-28 所示。

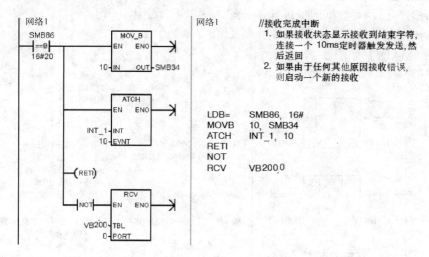

图 5-28　中断 0（INT0）程序梯形图及指令表

中断 1（INT1）程序如图 5-29 所示。

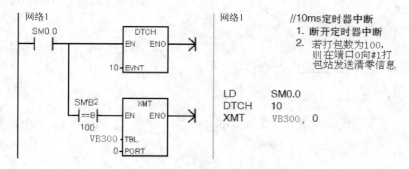

图 5-29　中断 1（INT1）程序梯形图及指令表

中断 2（INT2）程序如图 5-30 所示。

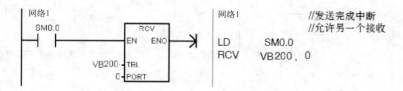

图 5-30　中断 2（INT2）程序梯形图及指令表

（3）用网络读写指令实现分流机与 4 个打包站之间的通信控制

1）任务分析。

一条生产线正在灌装黄油桶并将其送到 4 台包装机（打包机）上进行打包。一个分流机控制着黄油桶流向各个打包机。4 个 CPU221 模块用于控制打包机，S7-200 PLC 使用网络读指令不断地读取每个打包机的控制和状态信息。每次某个打包机包装完 100 箱，分流机会注意到，并用网络写指令发送一条信息清除状态字。

2）操作步骤。

① 对网络上每一台 PLC，设置其系统块中的通信端口参数，对用做 PPI 通信的端口（PORT0 或 PORT1），指定其地址（站号）和波特率。设置后把系统块下载到该 PLC。

② 利用网络接头和网络线把各台 PLC 中用做 PPI 通信的端口 0 连接，在所使用的网络接头中，#2～#5 站用的是标准网络连接器，#1 站用的是带编程接口的连接器，该编程口通过 RS-232/PPI 多主站电缆与个人计算机连接。然后利用 STEP 7 V4.0 软件和 PPI/RS-485 编程电缆搜索出 PPI 网络的 5 个站。

③ PPI 网络中主站（分流站）PLC 程序中，必须在通电第 1 个扫描周期，用特殊存储器 SMB30 指定其主站属性，从而使能其主站模式。SMB30 是 S7-200 PLC PORT0 自由通信口的控制字节。从站模式为默认模式不需初始化。

④ 编写主站网络读写程序段。如前所述，在 PPI 网络中，只有主站程序中使用网络读写指令来读写从站信息，而从站程序没有必要使用网络读写指令。

在编写主站的网络读写程序前，应预先规划好如下数据。

● 主站向各从站发送数据的长度（B）。
● 发送的数据位于主站何处。
● 数据发送到从站的何处。
● 主站从各从站接收数据的长度（B）。
● 主站从从站的何处读取数据。
● 接收到的数据放在主站何处。

这些信息已在前面有所定义，整理见表 5-12。

表 5-12　网络读写数据规划表

分流站#1	打包站#2	打包站#3	打包站#4	打包站#5
主站	从站	从站	从站	从站
发送数据的长度	2B	2B	2B	2B
从主站何处发送	VB307	VB317	VB327	VB337
发往从站何处	VB101	VB101	VB101	VB101
接收数据的长度	3B	3B	3B	3B
来自从站何处	VB100	VB100	VB100	VB100
存到主站何处	VB207	VB217	VB227	VB237

⑤ 网络读写指令可以向远程站发送或接收 16B 的信息，在 CPU 内同一时间最多可以有 8 条指令被激活。系统有 4 个从站，因此考虑同时激活 4 条网络读指令和 4 条网络写指令。

根据上述数据，即可编制主站的网络读写程序，但更简便的方法是借助网络读写向导程序。这一向导程序可以快速简单地配置复杂的网络读写指令操作，为所需的功能提供一系列选项。一旦完成，向导将为所选配置生成程序代码，并初始化指定的 PLC 为 PPI 主站模式，同时使能网络读写操作。

3）网络读写向导程序。

要启动网络读写向导程序，在 STEP 7 V4.0 软件的命令菜单中选择"工具"→"指令向导",并且在指令向导窗口中选择 NETR/NETW（网络读写），单击"下一步"后，就会出现"NETR/NETW 指令向导"界面，如图 5-31 所示。

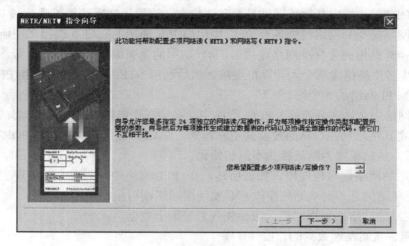

图 5-31　"NETR/NETW 指令向导"界面

本界面和紧接着的下一个界面，将要求用户提供希望配置的网络读写操作总数（设为 8）、指定进行读写操作的通信端口（0）、指定配置完成后生成的子程序名称（NET_EXE），完成这些设置后，将进入对具体每一条网络读或写指令的参数进行配置的界面。

在本例中，8 项网络读写操作安排如下：第 1～4 项为网络写操作，主站向各从站发送数据，第 5～8 项为网络读操作，主站读取各从站数据。图 5-32 为第 1 项操作配置界面，选择 NETW 操作，按表 5-12，主站（分流站）向#2 从站发送的数据都位于主站 PLC 的 VB307～VB308 处，从站在其 PLC 的 VB101～VB102 处接收数据。其他从站的网络写操作配置类似。

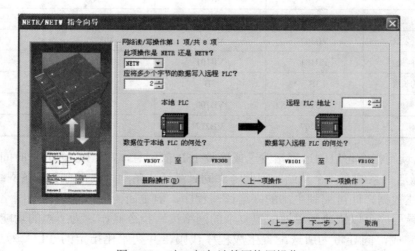

图 5-32　对#2 打包站的网络写操作

完成前 4 项数据填写后，再单击"下一步"，进入第 5 项配置，图 5-33 为第 5 项操作配置界面，选择 NETR 操作，按表 5-12，主站（分流站）从#2 从站接收的数据都位于主站

PLC 的 VB207～VB209 处，从站在其 PLC 的 VB100～VB102 处存储数据。按表中各站规划逐项填写数据，直至 8 项操作配置完成。其他从站的网络读操作配置类似。

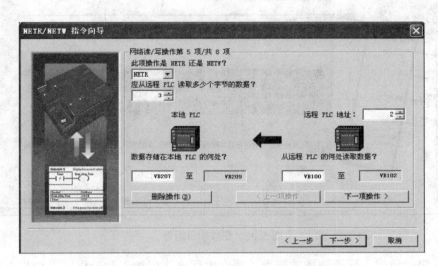

图 5-33　对#2 打包站的网络读操作

　　8 项配置完成后，单击"下一步"，向导程序将要求指定一个 V 存储区的起始地址，以便将此配置放入 V 存储区。这时若在文本框中填入一个 VB 值（例如 VB10），或单击"建议地址"，程序自动建议一个大小合适且未使用的 V 存储区地址范围，如图 5-34 所示。

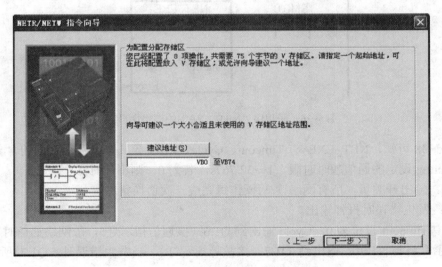

图 5-34　为配置分配存储区

　　单击"下一步"，全部配置完成，向导将为所选的配置生成项目组件，如图 5-35 所示。修改或确认图中各项目后，单击"完成"，借助网络读写向导程序配置网络读写操作的工作结束。这时，指令向导界面将消失，程序编辑器窗口将增加 NET_EXE 子程序标记。

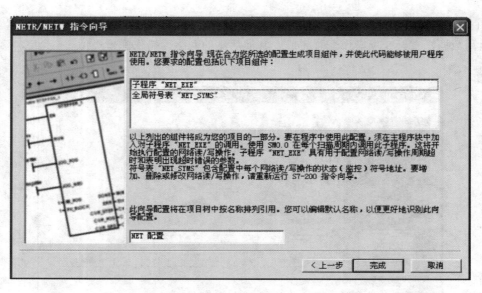

图 5-35　生成项目组件

要在程序中使用上面所完成的配置，须在主程序块中加入对子程序"NET_EXE"的调用。使用 SM0.0 在每个扫描周期内调用此子程序，将开始执行配置的网络读/写操作。梯形图如图 5-36 所示。

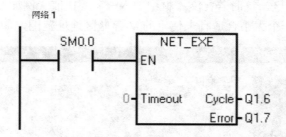

图 5-36　子程序"NET_EXE"的调用梯形图

由图 5-38 可知，NET_EXE 有 Timeout、Cycle、Error 等几个参数，它们的含义如下。

Timeout：设定的通信超时时限，1～32 767s，若为 0，则不计时。

Cycle：输出开关量，所有网络读/写操作每完成一次切换状态。

Error：发生错误时报警输出。

本例中 Timeout 设定为 0，Cycle 输出到 Q1.6（接通信指示灯），故网络通信时，Q1.6 所连接的指示灯将亮。Error 输出到 Q1.7（接故障指示灯），当发生错误时，Q1.7 所连接的指示灯将亮。

由以上可知，当从站数较多时，应用网络读写向导程序会大大简化程序。

5．任务技能考评

通过本项目的学习和实验训练，对本项目实际掌握情况进行考评，具体考核要求和考核标准见表 5-13。

表 5-13　考核要求和考核标准表

序号	主要内容	技能要求	评分标准	配分	得分
1	各通信功能模块认识	了解各模块的特点及应用	调制解调模块（EM 241） Profibus-DP 扩展从站模块（EM 277） 以太网模块（CP 243-1） 因特网模块（CP 243-1 IT） AS-i 接口模块（CP 243-2）	10	
2	PPI 模式下网络读写指令练习	掌握网络读写指令的应用	指令参数清楚，会进行相关特殊功能寄存器参数设置。编写测试程序进行测试。	30	
3	自由口控制模式下收发指令练习	掌握收发指令的应用，掌握自由控制口参数的配置	指令参数清楚，会进行相关特殊功能寄存器参数设置。自由口设置。编写测试程序进行测试。	30	
4	网络读写向导程序的练习	掌握网络读写向导应用	合理分配数据地址空间，设置个从站地址及参数配置，设置网络读写向导程序。	30	
备注			指导老师签字 　　　　　年　　　月　　　日		

6. 任务拓展

完成利用触摸屏对分流打包系统的监测控制功能。

模块 6 实验与实训项目

6.1 项目 1 四组抢答器控制系统

6.1.1 实验目的

1）进一步认识 PLC，并掌握 PLC 的接线方法。
2）熟悉 STEP 7-Micro/WIN V4.0 编程软件的使用。
3）掌握基本指令的使用方法。

6.1.2 实验设备

1）TVT-90E PLC 实验台、计算机。
2）导线若干。

6.1.3 实验内容

1）利用 PLC 实现 4 组指示灯显示抢答器控制系统，其示意图如图 6-1 所示。要求任意一组先按下抢答按钮后，该组的指示灯亮并使蜂鸣器发出响声，同时锁住其他抢答器按钮，使其他组按钮无效。抢答器设有复位按钮，复位后可重新抢答。

2）利用 PLC 实现 4 组数码管显示抢答器控制系统，其示意图如图 6-2 所示。要求任意一组先按下抢答按钮后，该组的指示灯亮，七段数码管显示该组的编号，并使蜂鸣器发出响声，同时锁住其他抢答器按钮，使其他组按钮无效。抢答器设有复位按钮，复位后数码显示器黑屏并可以重新抢答。

6.1.4 实验步骤

1）根据实验的控制要求，列出 I/O 分配表。
2）根据 I/O 分配表，设计 PLC 控制电气原理图、布局图及接线图。
3）根据接线图连接电路，并进行硬件调试。
4）编制 PLC 控制程序，下载并进行程序调试，直到满足控制要求。

6.1.5 实验报告要求

1）列出 I/O 分配表，画出 PLC 控制电气原理图、布局图和接线图。
2）写出调试好的 PLC 控制梯形图及注释说明。
3）写出编程、调试过程中出现的问题及其分析和处理方法。
4）写出本次实验的认识体会。

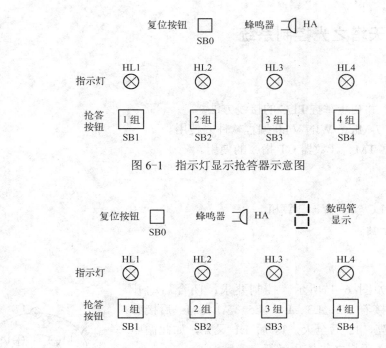

图 6-1 指示灯显示抢答器示意图

图 6-2 数码管显示抢答器示意图

提示： 抢答器 PLC 控制接线图如图 6-3 所示。

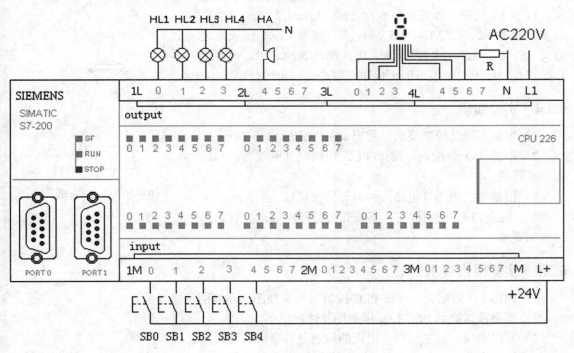

图 6-3 抢答器 PLC 控制接线图

6.2　项目 2　天塔之光控制系统

6.2.1　实验目的

1）认识 PLC，并初步掌握 PLC 的接线方法。

2）熟悉 STEP 7-Micro/WIN V4.0 编程软件的使用。

3）掌握定时器 TM、计数器 CT 指令的使用。

6.2.2　实验设备

1）TVT-90E PLC 实验台、计算机。

2）连接导线一套。

6.2.3　实验内容

1）天塔之光如图 6-4 所示。控制要求：闭合启动开关，L1 亮，1s 后接着 L2、L3、L4、L5 亮，再 1s 后接着 L6、L7、L8、L9 亮，1s 后全灭，1s 后 L1 又亮，如此循环下去。断开启动开关天塔之光停止运行。

2）控制要求：按下启动按钮，L1 亮，1s 后接着 L2、L3、L4、L5 亮，再 1s 后接着 L6、L7、L8、L9 亮，1s 后全灭，1s 后 L1 又亮，如此循环 5 次之后，L6、L7、L8、L9 亮 1s 灭，接着 L2、L3、L4、L5 亮 1s 灭，接着 L1 亮 1s 灭，之后又 L6、L7、L8、L9 亮 1s 灭，如此循环 5 次之后，再重新开始往复循环下去。按下停止按钮天塔之光停止运行。

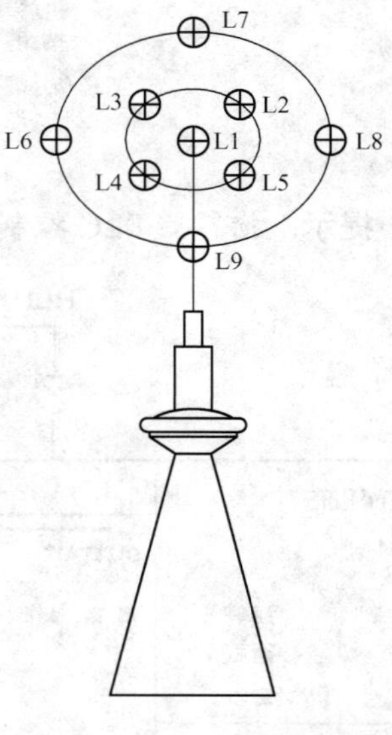

6.2.4　实验步骤

1）根据实验的控制要求，列出 I/O 分配表。

2）根据 I/O 分配表，设计 PLC 控制电气原理图、布局图及接线图。

3）根据接线图连接电路，并进行硬件调试。

4）编制 PLC 控制程序，下载并进行程序调试，直到满足控制要求。

图 6-4　天塔之光示意图

6.2.5　实验报告要求

1）列出 I/O 分配表，画出 PLC 控制电气原理图、布局图及接线图。

2）写出调试好的 PLC 控制梯形图及注释说明。

3）写出编程、调试过程中出现的问题及其分析和处理方法。

4）写出本次实验的认识体会。

6.3　项目 3　交通灯控制系统

6.3.1　实验目的

1）认识 PLC，并初步掌握 PLC 的接线方法。
2）熟悉 STEP 7-Micro/WIN V4.0 编程软件的使用。
3）进一步掌握定时器、计数器指令的使用及其编程方法。

6.3.2　实验设备

1）TVT-90E PLC 实验台、计算机。
2）连接导线一套。

6.3.3　实验内容

1）交通灯系统如图 6-5 所示。控制要求：按下启动按钮，东西：绿灯亮 4s 后闪 2s 灭，黄灯亮 2s 灭，红灯亮 8s 灭；依次循环。对应南北：红灯亮 8s 灭，绿灯亮 4s 后闪 2s 灭，黄灯亮 2s 灭。按下停止按钮，交通灯停止工作。

2）控制要求：按下启动按钮，东西：绿色数码管开始 6s 倒计时，计到 0 后灭，同时黄色数码管开始 2s 倒计时，计到 0 后灭，同时红色数码管开始 8s 倒计时，计到 0 后灭，又绿色数码管开始 6s 倒计时，如此循环。对应南北：红色数码管开始 8s 倒计时，计到 0 后灭，同时绿色数码管开始 6s 倒计时，

图 6-5　交通灯系统示意图

计到 0 后灭，同时黄色数码管开始 2s 倒计时，计到 0 后灭，红色数码管又开始 8s 倒计时，如此循环。按下停止按钮，交通灯停止运行。

6.3.4　实验步骤

1）根据实验的控制要求，列出 I/O 分配表。
2）根据 I/O 分配表，设计 PLC 控制电气原理图、布局图及接线图。
3）根据接线图连接电路，并进行硬件调试。
4）编制 PLC 控制程序，下载并进行程序调试，直到满足控制要求。

6.3.5　实验报告要求

1）列出 I/O 分配表，画出 PLC 控制电气原理图、布局图及接线图。

2）写出调试好的 PLC 控制梯形图及注释说明。

3）写出编程、调试过程中出现的问题及其分析和处理方法。

4）写出本次实验的认识体会。

6.4　项目4　水塔水位自动控制系统

6.4.1　实验目的

1）认识 PLC，并初步掌握 PLC 的接线方法。

2）熟悉 STEP 7-Micro/WIN V4.0 编程软件的使用。

3）掌握顺序控制的编程方法，巩固所学指令的使用。

6.4.2　实验设备

1）TVT-90E PLC 实验台、计算机。

2）连接导线一套。

6.4.3　实验内容

1）水塔水位自动控制示意图如图 6-6 所示。控制要求：合上起动开关，运行指示灯 HL1 亮，当水池水位低于低水位传感器（S4 为 OFF）时，进水电磁阀 Y 自动打开给水池进水（S4 为 ON 表示水位高于水池低水位传感器），当水位高于水池高水位传感器（S3 为 ON）时，电磁阀关闭。当水塔水位低于低水位传感器（S2 为 OFF）且水池水位高于水池低水位传感器（S4 为 ON）时，水泵 M 自动工作，给水塔上水，当水塔水位高于水塔高水位传感器（S1 为 ON）时，水泵 M 关闭停止上水。断开起动开关设备停止运行，指示灯灭。

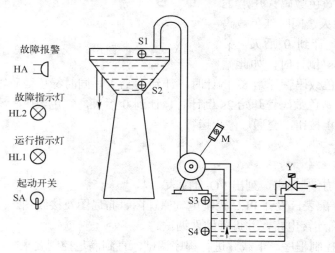

图 6-6　水塔水位自动控制示意图

2）控制要求：在 1 的要求下增加进水阀故障报警。合上起动开关，当水池水位低于低水位传感器时，进水电磁阀 Y 自动打开给水池进水，同时定时器开始计时，10s

266

后，如果不进水，那么进水阀 Y 指示灯 HL2 每隔一秒闪烁，表示进水阀坏，且故障蜂鸣器 HA 响。

6.4.4 实验步骤

1）根据实验的控制要求，列出 I/O 分配表。
2）根据 I/O 分配表，设计 PLC 控制电气原理图、布局图及接线图。
3）根据接线图连接电路，并进行硬件调试。
4）编制 PLC 控制程序，下载并进行程序调试，直到满足控制要求。

6.4.5 实验报告要求

1）列出 I/O 分配表，画出 PLC 控制电气原理图、布局图及接线图。
2）写出调试好的 PLC 控制梯形图及注释说明。
3）写出编程、调试过程中出现的问题及其分析和处理方法。
4）写出本次实验的认识体会。

6.5 项目 5 循环数字显示系统

6.5.1 实验目的

1）认识 PLC，并初步掌握 PLC 的接线方法。
2）熟悉 STEP 7-Micro/WIN V4.0 编程软件的使用。
3）掌握比较、传送指令的使用及其编程方法。

6.5.2 实验设备

1）TVT-90 PLC 实验台。
2）连接导线一套。

6.5.3 实验内容

1）控制要求：按下起动按钮后，数码管开始 3、2、1、0 倒计时，到 0 后停止运行，再按下起动按钮后，又开始 3、2、1、0 倒计时，按下停止按钮，停止运行，并且无显示。
2）控制要求：按下起动按钮后，数码管每隔一秒循环显示数字 0～9，按下停止按钮，停止运行，并且无显示。

6.5.4 实验步骤

1）根据实验的控制要求，列出 I/O 分配表。
2）根据 I/O 分配表，设计 PLC 控制电气原理图、布局图及接线图。
3）根据接线图连接电路，并进行硬件调试。
4）编制 PLC 控制程序，下载并进行程序调试，直到满足控制要求。

6.5.5 实验报告要求

1）列出 I/O 分配表，画出 PLC 控制电气原理图、布局图及接线图。

2）写出调试好的 PLC 控制梯形图及注释说明。

3）写出编程、调试过程中出现的问题及其分析和处理方法。

4）写出本次实验的认识体会。

6.6 项目6 多种液体自动混合控制系统

6.6.1 实验目的

1）认识 PLC，并初步掌握 PLC 的接线方法。

2）熟悉 STEP 7-Micro/WIN V4.0 编程软件的使用。

3）进一步掌握顺序控制的编程方法及所学指令。

6.6.2 实验设备

1）TVT-90 PLC 实验台。

2）连接导线一套。

6.6.3 实验内容

1）多种液体混合示意图如图 6-7 所示。控制要求如下。

初始状态：容器是空的，YV1、YV2、YV3、YV4 电磁阀和搅拌机均为 OFF，液面传感器 L1、L2、L3 均为 OFF。

起动操作：按下起动按钮，开始下列操作。

① 电磁阀 YV1 得电打开（YV1=ON），开始注入液体 A，至液面高度为 L3（L3=ON）时，停止注入液体 A（YV1=OFF），同时电磁阀 YV2 得电打开（YV2=ON），开始注入液体 B，当液面高度为 L2（L2=ON）时，停止注入液体 B（YV2=OFF），同时电磁阀 YV3 得电打开（YV3=ON），开始注入液体 C，并且搅拌机 M 得电旋转（M=ON），当液面高度为 L1（L1=ON）时，停止注入液体 C（YV3=OFF）。

② 继续搅拌 10s。

③ 开始放出混合液体（YV4=ON），至液面高度降为 L3 后，再经 5s 停止放出液体（YV4=OFF）。开始循环①、②、③。

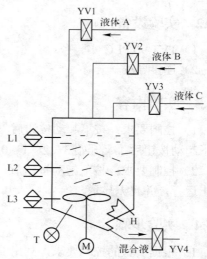

图 6-7 多种液体混合示意图

停止操作：按下停止按钮后，完成本次混合后停止设备运行，回到初始状态。

2）控制要求：在 1）的要求下再加入温度控制要求。当液体温度低于 50℃时，温度开关 T 不动作（T=OFF），加热器 H 开始加热（H=ON）。当混合液温度达到规定温度（大于等于 50℃时），温度开关 T 动作（T=ON），加热器 H 停止加热（H=OFF）。

6.6.4　实验步骤

1）根据实验的控制要求，列出 I/O 分配表。
2）根据 I/O 分配表，设计 PLC 控制电气原理图、布局图及接线图。
3）根据接线图连接电路，并进行硬件调试。
4）编制 PLC 控制程序，下载并进行程序调试，直到满足控制要求。

6.6.5　实验报告要求

1）列出 I/O 分配表，画出 PLC 控制电气原理图、布局图及接线图。
2）写出调试好的 PLC 控制梯形图及注释说明。
3）写出编程、调试过程中出现的问题及其分析和处理方法。
4）写出本次实验的认识体会。

6.7　项目 7　自动送料装车控制系统

6.7.1　实验目的

1）认识 PLC，并初步掌握 PLC 的接线方法。
2）熟悉 STEP 7-Micro/WIN V4.0 编程软件的使用。
3）能熟练应用所学指令及顺序控制编程方法。

6.7.2　实验设备

1）TVT-90 PLC 实验台。
2）连接导线一套。

6.7.3　实验内容

1）自动送料装车系统示意图如图 6-8 所示。控制要求：按下起动按钮后红灯 HL1 灭，绿灯 HL2 亮，允许汽车开进。装卸料电磁阀 YV1、YV2，电动机 M1、M2、M3 皆为 OFF。当汽车到来时（用 S2=ON 表示），红灯 HL1 亮，绿灯 HL2 灭，同时电磁阀 YV1 打开，给料斗加料，加满后关闭电磁阀 YV1(S1=ON 表示料斗满)；给料斗加料的同时电动机 M1 工作，2s 后电动机 M2 运行，再 2s 后电动机 M3 运行，同时电磁阀 YV2 打开，开始往传送带上放料。通过三段传送带的传送，到达汽车，给汽车装料，当汽车装满料后（用 S3=ON 表示），装料电磁阀 YV2 关闭，2s 后关闭电动机 M1，再 2s 后关闭电动机 M2，再 2s 后 M3 关闭，卸空传送带，同时绿灯 HL2 亮，红灯 HL1 灭，允许汽车开走，又开来一辆。按下停止按钮，完成本次装车任务后设备停止运行。

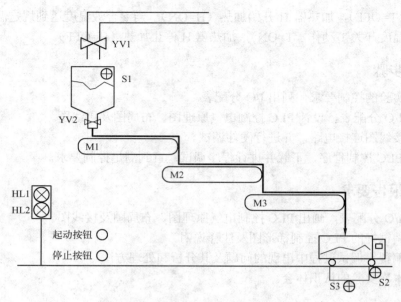

图 6-8 自动送料装车系统示意图

2）控制要求：在 1）的要求下增加电动机 M1、M2、M3 的点动控制。

6.7.4 实验步骤

1）根据实验的控制要求，列出 I/O 分配表。
2）根据 I/O 分配表，设计 PLC 控制电气原理图、布局图及接线图。
3）根据接线图连接电路，进行硬件调试。
4）编制 PLC 控制程序，下载并进行程序调试，直到满足控制要求。

6.7.5 实验报告要求

1）列出 I/O 分配表，画出 PLC 控制电气原理图、布局图及接线图。
2）写出调试好的 PLC 控制梯形图及注释说明。
3）写出编程、调试过程中出现的问题及其分析和处理方法。
4）写出本次实验的认识体会。

6.8 项目 8 五轴机械手自动控制系统

6.8.1 实验目的

1）认识 PLC，并初步掌握 PLC 的接线方法。
2）熟悉 STEP 7-Micro/WIN V4.0 编程软件的使用。
3）熟悉顺序控制系统编程方法和步进指令的使用。

6.8.2 实验设备

1）五轴自由机械手 PLC 实验台。

2）连接导线一套。

6.8.3 实验内容

机械手是一种可改变的和反复编程的机电一体化自动化机械装置，特别适用于多品种，变批量的柔性生产。改变其 PLC 控制程序，就可以改变其工作模式。图 6-9 机械手结构示意图。

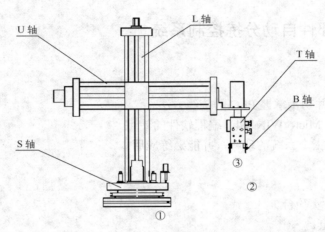

图 6-9　机械手结构示意图

机械手控制要求如下。

① 初次通电，按序完成 U 轴收缩到行程开关接通、L 轴上升至行程开关接通、S 轴顺时针旋转至行程开关接通、T 轴顺时针旋转至行程开关接通、B 轴松开。

② 搬运模式 1：通过 S1 按钮起动一次搬运过程：

将工件 A 从 1 号位搬运到 2 号位；

将工件 B 从 3 号位搬运到 1 号位。

③ 搬运模式 2：通过 S2 按钮起动一次搬运过程：

将工件 A 从 1 号位搬运到 2 号位；

将工件 B 从 3 号位搬运到 2 号位；

延时 10s（模拟加工过程）；

将工件 B 搬运到 1 号位；

将工件 A 搬运到 3 号位。

用顺序控制继电器法完成机械手控制要求。

6.8.4 实验步骤

1）根据实验的控制要求，列出 I/O 分配表，画出顺序功能图。

2）根据 I/O 分配表，设计 PLC 控制原理图、布局图及接线图。

3）根据接线图连接电路，并调试。

4）编制 PLC 控制程序，下载并调试程序。

6.8.5 实验报告要求

1）列出 I/O 分配表，功能图，画出 PLC 接线图，画出布局图。

2）写出调试好的 PLC 控制梯形图及注释说明。

3）写出编程、调试过程中出现的问题及其分析和处理方法。

4）写出本次实验的认识体会。

6.9 项目9 邮件自动分拣控制系统

6.9.1 实验目的

1）认识 PLC，并初步掌握 PLC 的接线方法。

2）熟悉 STEP 7-Micro/WIN V4.0 编程软件的使用。

3）加深对 PLC 指令系统的理解，并能熟练应用。

6.9.2 实验设备

1）TVT-90 PLC 实验台。

2）连接导线一套。

6.9.3 实验内容

1）邮件分拣系统示意图如图 6-10 所示。控制要求：按下起动按钮 SB1 后，绿灯 HL2 亮表示可以进邮件，S2 为 ON 表示检测到邮件，拨码器（XC～XF）模拟邮件的邮码，从拨码器读到邮码的正常值为 1、2、3、4、5，若非此 5 个数，则红灯 HL1 闪烁，表示出错，电动

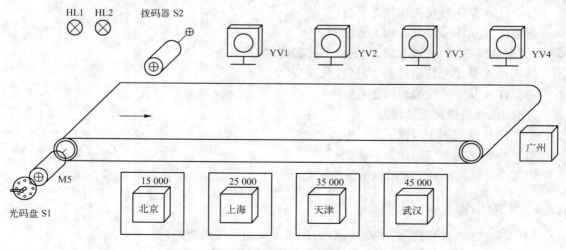

图 6-10　邮件自动分拣系统示意图

机 M5 停机；重新起动后，能重新运行，若为此 5 个数中的任一个，则红灯 HL1 亮，绿灯 HL2 灭，不能放邮件，电动机 M5 运行，将邮件分别分拣到 1 北京、2 上海、3 天津、4 武汉、5 广州的箱内，YV1、YV2、YV3、YV4 为推邮件气缸电磁阀，完成分拣邮件任务后 HL1 灭 HL2 亮，表示可以继续进邮件。S1 是 M5 步进电动机转速测量光码盘，发出高速脉冲。按下停止按钮完成本次分拣任务，设备停止运行。

2）控制要求：在 1）的控制要求下增加步进电动机的点动控制和手动推邮件。

6.9.4　实验步骤

1）根据实验的控制要求，列出 I/O 分配表。
2）根据 I/O 分配表，设计 PLC 控制原理图、布局图及接线图。
3）根据接线图连接电路，并调试。
4）编制 PLC 控制程序，下载并调试程序。

6.9.5　实验报告要求

1）列出 I/O 分配表，画出 PLC 接线图，画出布局图。
2）写出调试好的 PLC 控制梯形图及注释说明。
3）写出编程、调试过程中出现的问题及其分析和处理方法。
4）写出本次实验的认识体会。

6.10　项目 10　三层电梯的自动控制系统

6.10.1　实验目的

1）认识 PLC，并初步掌握 PLC 的接线方法。
2）熟悉 STEP 7-Micro/WIN V4.0 编程软件的使用。
3）熟悉常用指令的功能和使用方法，并能熟练应用。

6.10.2　实验设备

1）TVT-90 PLC 实验台。
2）连接导线一套。

6.10.3　实验内容

三层电梯的自动控制系统示意图如图 6-11 所示。电梯的上升与下降运行由一台三相异步电动机拖动，电动机正转时电梯上升，反转时电梯下降，电动机运行分为高速和低速，检修时为低速，由一台变频器控制电动机的起动、调速与制动。在 1～3 层的电梯门外分别装有电源开关 SA1，呼叫电梯的按钮 SB1、SB2、SB3、SB4，呼唤指示灯 HL1、HL2、HL3、HL4。轿厢运行的井道内装有 1～3 层的到位行程开关 SQ1、SQ2、SQ3。在井道的上、下行程终端装有限位保护行程开关 SQ4、SQ5。在电梯轿箱内装有楼层显示数码管 LED、检修开关 SA2，上下楼按钮 SB5、SB6、SB7，手动报警按钮和报警电铃 HA，以及手动点动上下运行按钮 SB8、SB9。电梯轿厢顶上装有开关门电动机 M2。

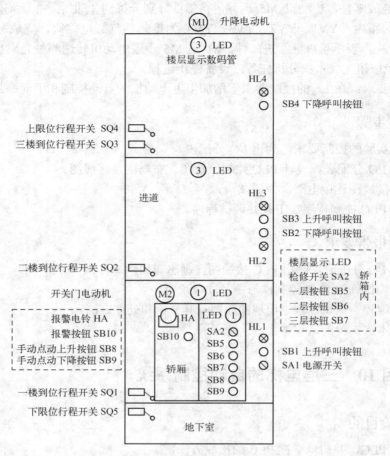

图6-11　电梯自动控制系统示意图

1）控制要求：起始位置轿厢在一楼。打开电源开关 SA1，数码管 LED 亮，并显示数字1，这时有人呼叫电梯可以运行。运行方法如下（不考虑多人呼叫的情况）：

① 轿厢在本层，本层外有人呼叫，呼叫后 1s 电梯门自动打开上人，等 5s 后电梯门自动关闭，等待有人按下到哪层按钮，或呼叫按钮。

② 轿厢不在本层，本层外有人呼叫，轿厢先运行到本层，在运行过程中，数码管随楼层改变而改变其显示的数字，轿厢到达本层 1s 后轿厢门自动打开上人，等 5s 后轿厢门自动关闭，等待有人按下到哪层按钮，或呼叫按钮。

③ 轿厢内有人按上上下楼层按钮，电梯运行到该楼层后开门下上人，停留 5s 后关门等待，在运行过程中，数码管随楼层改变而改变其显示的数字，等待有人按下到哪层按钮，或呼叫按钮。

④ 轿厢内有人呼叫本层，电梯不运行，等待重新有人呼叫，或按下到哪层按钮。

2）控制要求：在 1）的控制要求下增加检修功能。轿厢内有人闭合检修开关，轿厢内外呼叫按钮失效，电梯只能低速点动升降，由变频器控制速度。

3）控制要求：在 1）、2）的控制要求下增加多层呼叫功能（先按下者优先，有顺便功

274

能）。例如：

① 轿厢在一楼，三楼有人呼叫。电梯从一楼运行到二楼，如果二楼有人上楼，电梯停；无人上楼，电梯不停。电梯直接上到三楼停，开门上下人后等 5s 自动关门，门关好后电梯下楼，运行到二楼，如果二楼有人下楼，电梯停；无人下楼，电梯不停，直接运行到一楼停，开门上下人，等 5s 自动关门，等待呼叫或有人按下到哪层按钮。

② 轿厢在一楼，二楼有人呼叫。电梯起动后，若一楼又有人呼叫上楼则不响应一楼，电梯上到二楼停，开门停 5s 上下人后，自动关门，门关好后电梯上三楼，上到三楼停，开门停 5s 上下人后，自动关门，再响应一楼呼叫，等待有人呼叫。

③ 轿厢在一楼，三楼有人呼叫下楼后，二楼又有人呼叫上楼。如果电梯先上三楼停，则开门上下人停 5s 后自动关门，门关好后电梯下楼，下到二楼停，开门上下人，停 5s 后自动关门，再下到一楼停，开门上下人，等待呼叫。

④ 轿厢在二楼，一楼、二楼都有人呼叫上楼，电梯先下到一楼停，开门停 5s 上下人后，自动关门，门关好后电梯上三楼，上到三楼停，开门停 5s 上下人后，自动关门，等待有人呼叫。

6.10.4 实验步骤

1）根据实验的控制要求，列出 I/O 分配表。
2）根据 I/O 分配表，设计 PLC 控制原理图、布局图及接线图。
3）根据接线图连接电路，并调试。
4）编制 PLC 控制程序，下载并调试程序。

6.10.5 实验报告要求

1）列出 I/O 分配表，画出 PLC 接线图，画出布局图。
2）写出调试好的 PLC 控制梯形图及注释说明。
3）写出编程、调试过程中出现的问题及其分析和处理方法。
4）写出本次实验的认识体会。

附　录

附录 A　电气图形符号一览表

符号名称	图形符号	符号名称	图形符号
直流		全波桥式整流器	
交流		N 沟道结型场效应管	
正极	+	P 沟道结型场效应管	
负极	−	电感器	
接地		带铁心电感器	
保护接地		双绕组变压器	
接机壳或接底板		在一个绕组上有抽头的变压器	
无噪声接地（抗干扰接地）		有铁心的双绕组变压器	
导线		交流电动机	
导线的连接		三相交流电动机	
端子	o	直流发电机	
端子板		交流发电机	
插座		直流电动机	
插头		直流伺服电动机	
电阻器		交流伺服电动机	
电位器		单极开关	
PNP 型晶体管		三极开关	
NPN 型晶体管		单极隔离开关	

符号名称	图形符号	符号名称	图形符号
三极隔离开关		可变电容器	
单极负荷开关		半导体二极管	
三极负荷开关		发光二极管	
断路器		光敏二极管	
熔断器式开关		稳压二极管	
熔断器式隔离开关		变容二极管	
手动开关		常开按钮	
旋钮开关		常闭按钮	
熔断器		复合按钮	
热元件		电磁铁线圈（YA）	
热继电器常闭触点		电磁制动器	
热继电器常开触点		接触器线圈（KM）	
接触器线圈（KM）		操作线圈常开触点	
电铃（HA）		操作线圈常闭触点	
蜂鸣器（HA）		指示灯（HL）	
扬声器		通电延时线圈	
电容器		断电延时线圈	
极性电容器		通电延时常闭触点	

符号名称	图形符号	符号名称	图形符号
断电延时常闭触点		通电延时常开触点	
电压表	Ⓥ	断电延时常开触点	
电流表	Ⓐ	位置开关常开触点	
电能表	kWh	位置开关常闭触点	
功率因数表	cosφ	转速表	ⓝ
		检流计	

附录 B　S7-200 PLC 常用特殊内部寄存器和指令表

S7-200 系列常用特殊存储器位

特殊存储器位	功能	特殊存储器位	功能
SM0.0	始终为 1	SM1.0	操作结果为 0 时置 1
SM0.1	首次扫描为 1	SM1.1	结果溢出或非法值时置 1
SM0.2	保持数据丢失为 1	SM1.2	结果为负数时置 1
SM0.3	开机进入 RUN 时为 1，一个扫描周期	M1.3	被 0 除时置 1
SM0.4	时钟脉冲：30s 闭合、30s 断开	SM1.4	超出表范围时置 1
SM0.5	时钟脉冲：0.5s 闭合、0.5s 断开	SM1.5	空表时置 1
SM0.6	时钟脉冲：1 个扫描周期闭合 1 个扫描周期断开	SM1.6	BCD 转二进制出错时置 1
SM0.7	开关在 RUN 时为 1	SM1.7	ASCII 码转十六进制出错时置 1

S7-200 系列 PLC 指令表

数字、增减指令			
指令	功能	指令	功能
+I　IN1, OUT +D　IN1, OUT +R　IN1, OUT	整数、双整数、实数加法 IN1 + OUT = OUT	-I　IN2, OUT -D　IN2, OUT -R　IN2, OUT	整数、双整数、实数减法 IN1 - OUT = OUT
MUL　IN1, OUT *I　IN1, OUT *D　IN1, OUT *R　IN1, OUT	整数安全乘法 整数、双整数、实数乘法 IN1 * OUT = OUT	DIV　IN2, OUT /I　IN2, OUT /D　IN2, OUT /R　IN2, OUT	整数安全除法 整数、双整数、实数除法 IN1 / OUT = OUT

数字、增减指令

指令	功能	指令	功能
SQRT IN, OUT LN IN, OUT EXP IN, OUT SIN IN, OUT COS IN, OUT TAN IN, OUT	平方根 自然对数 自然指数 正弦 余弦 正切	INCB OUT INCW OUT INCD OUT	字节、字、双字增 1
DECB OUT DECW OUT DECD OUT	字节、字、双字减 1	PID TABLE, LOOP	PID 回路

布尔指令

指令	功能	指令	功能
LD N LDI N LDN N LDNI N	装载 立即装载 取反后装载 取反后立即装载	A N AI N AN N ANI N	与 立即与 取反后与 取反后立即与
O N OI N ON N ONI N	或 立即或 取反后或 取反后立即或	LDBx IN1, IN2	装载字节比较的结果 IN1（x: <, <=, =, >=, >, <>）IN2
ABx IN1, IN2	与字节比较的结果 IN1（x: <, <=, =, >=, >, <>）IN2	OBx IN1, IN2	或字节比较的结果 IN1（x: <, <=, =, >=, >, <>）IN2
LDWx IN1, IN2	装载字比较的结果 IN1（x: <, <=, =, >=, >, <>）IN2	AWx IN1, IN2	与字比较的结果 IN1（x: <, <=, =, >=, >, <>）IN2
OWx IN1, IN2	或字比较的结果 IN1（x: <, <=, =, >=, >, <>）IN2	ODx IN1, IN2	或双字比较的结果 IN1（x: <, <=, =, >=, >, <>）IN2
LDDx IN1, IN2	装载双字比较的结果 IN1（x: <, <=, =, >=, >, <>）IN2	ADx IN1, IN2	与双字比较的结果 IN1（x: <, <=, =, >=, >, <>）IN2
LDRx IN1, IN2	装载实数比较的结果 IN1（x: <, <=, =, >=, >, <>）IN2	ARx IN1, IN2	与实数比较的结果 IN1（x: <, <=, =, >=, >, <>）IN2
ORx IN1, IN2	或实数比较的结果 IN1（x: <, <=, =, >=, >, <>）IN2	S S_BIT, N R S_BIT, N SI S_BIT, N RI S_BIT, N	置位一个区域 复位一个区域 立即置位一个区域 立即复位一个区域
NOT	堆栈取反		
EU ED	检测上升沿 检测下降沿	= N = IN	赋值 立即赋值

程序控制指令

指令	功能	指令	功能
END	程序的条件结束	STOP	切换到停止模式
WDR	定时器监视（看门狗） 复位（300ms）	JMP N LBL N	跳到定义符号 定义一个跳转的符号
CALL N [N1, ...] CRET	调用子程序[N1, ...] 从子程序条件返回	FOR INDX, INIT NEXT FINAL	FOR/NEXT 循环
LSCR N SCRT N SCRE	顺控继电器段的启动、转换 和结束		

传送、移位、循环和填充指令

指令	功能	指令	功能
MOVB IN，OUT MOVB IN，OUT MOVW IN，OUT MOVD IN，OUT	字节、字、双字和实数传送	BIR IN，OUT BIW IN，OUT	立即读取物理出入点字节 立即写物理出入点字节
BMB IN，OUT，N BMW IN，OUT，N BMD IN，OUT，N	字节、字和双字块传送	SWAP IN	交换字节
SHRB DATA S_BIT，N	移位寄存器	SRB OUT，N SRW OUT，N SRD OUT，N	字节、字和双字右移 N 位
SLB OUT，N SLW OUT，N SLD OUT，N	字节、字和双字左移 N 位	RRB OUT，N RRW OUT，N RRD OUT，N	字节、字和双字循环右移 N 位
RLB OUT，N RLW OUT，N RLD OUT，N	字节、字和双字循环左移 N 位	FILL IN，OUT，N	用指定元素填充存储空间

实时时钟指令

指令	功能	指令	功能
TODR T	读实时时钟	TODW T	写实时时钟

表、查找和转换指令

指令	功能	指令	功能
ATT TABLE，DATA	把数据加到表中	LIFO TABLE，DATA FIFO TABLE，DATA	从表中取数据： 后入先出 先入先出
FND=TBL，PATRN， INDX FND<>TBL，PATRN， INDX FND<TBL，PATRN， INDX FND>TBL，PATRN， INDX	根据比较条件在表中查找数据	ATH IN，OUT，LEN HTA IN，OUT，LEN ITA IN，OUT，FM DAT IN，OUT，FM RTA IN，OUT，FM	ASCII 码转换成十六进制数 十六进制数转换成 ASCII 码 整数转换成 ASCII 码 双整数转换成 ASCII 码 实数转换成 ASCII 码
DTR IN，OUT ROUND IN，OUT	双字转换成整数 实数转换成双整数	BTI IN，OUT IBT IN，OUT DTI IN，OUT ITD IN，OUT	字节转换成整数 整数转换成字节 双整数转换成整数 整数转换成双整数
BCDI OUT IBCD OUT	BCD 码转换成整数 整数转换成 BCD 码	DE COIN，OUT ENCO IN，OUT	译码 编码
SEG IN，OUT	段码		

定时器和计数器指令

指令	功能	指令	功能
TON Txxx，PT TOF Txxx，PT TONR Txxx，PT	接通延时定时器 断开延时定时器 有记忆接通延时定时器	CTU Txxx，PV CTD Txxx，PV CTUD Txxx，PV	增计数 减计数 增/减计数

逻辑操作指令

指令	功能	指令	功能
ALD OLD	触点组串联 触点组并联	AENO	对 ENO 进行与操作
LPS LDS	推入堆栈 装入堆栈	LRD LPP	读栈 出栈
ANDB IN1，OUT ANDW IN1，OUT ANDD IN1，OUT	字节、字和双字逻辑与	ORB IN1，OUT ORW IN1，OUT ORD IN1，OUT	字节、字和双字逻辑或

逻辑操作指令			
指令	功能	指令	功能
XORB IN1，OUT XORW IN1，OUT XORD IN1，OUT	字节、字和双字逻辑异或	INVB OUT INVW OUT INVD OUT	字节、字和双字逻辑取反

中断指令			
指令	功能	指令	功能
CRETI	从中断条件返回		建立中断事件与中断程序的 连接
EN1 DISI	允许中断 禁止中断	ATCH INT，EVENT DTCH EVENT	解除中断事件与中断程序的 连接

通信指令			
指令	功能	指令	功能
XTM TABLE，PORT RVC TABLE，PORT	自由端口发送信息 自由端口接受信息	NETR TABLE，PORT NETW TABLE，PORT GPA ADDR，PORT SPA ADDR，PORT	网络读 网络写 获取口地址 设置口地址

高速指令			
指令	功能	指令	功能
HDEF HSC，Mode	定义高速计数器模式	HSC N	激活高速计数器
PLS Q	脉冲输出		

参 考 文 献

[1] 殷洪义，吴建华. PLC 原理与实践 [M]. 北京：清华大学出版社，2008.

[2] 曹菁. 三菱 PLC、触摸屏和变频器应用技术[M]. 北京：机械工业出版社，2010.

[3] 李向东. 电气控制与 PLC[M]. 北京：机械工业出版社，2007.

[4] 胡汉文. 电气控制与 PLC 应用[M]. 北京：人民邮电出版社，2009.

[5] 华满香. 电气控制与 PLC 应用[M]. 北京：人民邮电出版社，2009.

[6] 胡晓林，廖世海. 电气控制与 PLC 应用技术[M]. 北京：北京理工大学出版社，2010.

[7] 刘敏，钟苏丽. 可编程控制器技术项目化教程[M]. 北京：机械工业出版社，2010.

[8] 殷洪义，吴建华. PLC 原理与实践[M]. 北京：清华大学出版社，2008.

[9] SIEMENS 公司. MICROMASTER440 通用型变频器使用大全. 2003.

[10] 西门子（中国）有限公司. S7-200 CN 可编程序控制器系统手册. 2005.